Fachberichte Simulation

Herausgegeben von D. Möller und B. Schmidt
Band 4

Dynamik des Waldsterbens

Mathematisches Modell und Computersimulation

Herausgegeben von
H. Bossel · W. Metzler · H. Schäfer

Springer-Verlag
Berlin Heidelberg GmbH 1985

Herausgeber:

Dr. D. Möller
Physiologisches Institut
Universität Mainz
Saarstraße 21
6500 Mainz

Prof. Dr. B. Schmidt
Informatik IV
Universität Erlangen-Nürnberg
Martensstraße 3
8520 Erlangen

Hartmut Bossel
Wolfgang Metzler
Heiner Schäfer

Gesamthochschule Kassel
Interdisziplinäre Arbeitsgruppe Mathematisierung
Fachbereich Mathematik
Heinrich-Plett-Straße 40
3500 Kassel

CIP-Kurztitelaufnahme der Deutschen Bibliothek

Dynamik des Waldsterbens: Mathematisches Modell und Computersimulation
hrsg. von H. Bossel...

(Fachberichte Simulation; Bd. 4)

ISBN 978-3-540-15475-4   ISBN 978-3-662-11587-9 (eBook)
DOI 10.1007/978-3-662-11587-9

NE: Bossel, Hartmut Hrsg., GT

Inhaltsverzeichnis

Die nicht durch Namen gekennzeichneten Beiträge resultieren aus der gemeinsamen Arbeit aller Projektteilnehmer.

Projektteilnehmer waren: Wolfgang Beau, Hartmut Bossel, Dieter Gockert, Holger Krieger, Karin Mathes (bis Ende 1983), Wolfgang Metzler, Heiner Schäfer, Karl-Heinz Simon, Norbert Trost, Anton Überla, Wilfried Wischniewsky (bis Anfang 1984).

Manuskriptbearbeitung: Marlies Gottschalk, Ursula Marquardt

1 Einleitung

Keine einfache Antwort kann es nach B. ULRICH (LOELF 1982) auf die Frage
geben: "Läßt sich Schädigung beweisen? - Wie werden Waldökosysteme durch
Deposition und Akkumulation von Luftverunreinigungen geschädigt?"

"Das Waldökosystem besteht nicht nur aus Bäumen, die größte Artenvielfalt
liegt vielmehr bei den im Boden lebenden Mikroorganismen und Tieren vor,
deren Aufgabe im Ökosystem die Recyclierung der von den Pflanzen gebildeten
Biomasse ist. Die einzelnen Glieder eines Waldökosystems sind so eng miteinander vernetzt und aufeinander angewiesen, daß man nicht eines verändern
oder schädigen kann, ohne damit auch andere zu beeinflussen" (a.a.O., S. 9).

"Am Anfang objektiver Erkenntnis", so fährt ULRICH fort, "steht also nicht
das Experiment, sondern die Beobachtung und der Entwurf eines ganzheitlichen
Bildes, in dem alles vorhandene Wissen und alle Beobachtungen integriert
sind. Die Beobachtungen müssen sich auf das gesamte Ökosystem erstrecken,
also nicht nur auf die oberirdischen Baumteile oder gar nur auf den Zuwachs, sondern auch auf die Wurzeln, auf die Mikroorganismen und auf die
an der Zersetzung beteiligte Tiergemeinschaft. Ein Geschehen von der Komplexität der Schädigung eines Waldökosystems kann grundsätzlich nicht be-
wiesen werden, weil weder die Kausalkette im einzelnen nachvollzogen werden
kann (analytischer Beweis (Änderung durch d. Hrsg.)) noch die simpelste
Voraussetzung eines experimentellen naturwissenschaftlichen Beweises gegeben ist: die beliebige Wiederholbarkeit (statistischer Wahrscheinlich-
keitsbeweis)."

2

Die Länge dieses Eingangszitates ist ungewöhnlich. Doch es umreißt prägnant wie kein anderes das grundlegende (ideale) Ziel des Projektes, über das hier berichtet wird:

> Entwurf eines ganzheitlichen Bildes der Schädigung eines Waldökosystems, in dem möglichst viel vorhandenes Wissen und alle Beobachtungen integriert sind.

Außerdem waren B. ULRICHs erkenntnistheoretische Vorüberlegungen gerade für den Start des Projektes im Herbst 1982 in zweierlei Hinsicht wichtig:

Zum einen bestärkten sie uns damals in unserem Mut, zur Erklärung des Phänomens 'Waldsterben' ein systemanalytisches Modell zu entwickeln mit dem Ziel, mögliche Maßnahmen zur Rettung des Waldes auf dem Computer zu simulieren.

Zum anderen gab uns B. ULRICH wesentliche Hinweise zur Modellierung der im Boden ablaufenden Schädigungsvorgänge und zur Strukturierung des Gesamtsystems.

Wir konnten uns jedoch auch maßgeblich auf eigene Vorarbeiten stützen. Im Oktober 1982 berichteten wir unter dem Titel "Dynamik von Waldökosystemen - Mathematisches Modell und Computersimulation" (IAGM (Hrsg.) 1982) erstmals über Resultate aus einem interdisziplinären Forschungsprojekt, das wir an der Gesamthochschule Kassel unter dem Namen <u>Ökosimulation</u> durchgeführt haben.

Bei der damaligen Arbeit handelt es sich um eine mathematische Abbildung der Sukzessionsdynamik - d.h. des Wachsens und Verschwindens von Pflanzengemeinschaften in gegenseitiger Konkurrenz um Licht und Nährstoffe - eines 'Halbtrockenrasens' mit den ihm nachfolgenden Entwicklungsstadien 'Strauchschicht' und 'Buchenwald' als dynamisches Simulationsmodell.

Ausgangsbasis waren damals empirische Erhebungen im Rahmen eines ökologischen Praktikums, in dem Daten einer Trockenrasenfläche sowie angrenzender Waldflächen in Nordhessen erfaßt worden waren. Diese Daten, die die Boden- und Lichtverhältnisse sowie Pflanzenbewuchs verschiedener Sukzessionsstadien wiedergeben, bildeten damals neben Literaturwerten und theoretischen Überlegungen das Ausgangsmaterial für die Modellerstellung.

Unter anderem wurde dabei das Ziel verfolgt, die Konsequenzen verschiedener Bewirtschaftungsmaßnahmen (z.B. Beweidung, Abholzung oder Streuentnahme) untersuchen zu können, die zu einer Stabilisierung der Trockenrasenvegetation führen könnten.

Für die Formulierung der Modelle sowie die Modellrechnungen haben wir bereits damals ein spezielles interaktives Simulationsprogramm, das "Allgemeine Simulationssystem" (ASS) eingesetzt (s. Kap. 4). Es besitzt eine blockorientierte Sprache, die es gestattet, Modelle anhand von sogenannten Simulationsdiagrammen direkt in den Rechner zu übertragen, ohne in der üblichen Weise programmieren zu müssen.

Sicherlich nicht unbeeinflußt von der im Jahre 1982 massiv einsetzenden öffentlichen Diskussion, nahmen wir im Anschluß an die Arbeiten über die Wachstumsdynamik von Pflanzengesellschaften unter "normalen" Umwelt- und Wachstumsbedingungen das Projekt "Dynamik des Waldsterbens" in Angriff mit dem Ziel, den dynamischen Prozeß des Baumsterbens im mathematischen Modell darzustellen und ihn damit der Computersimulation zu öffnen (s. Kap. 5). Zwei Teilziele sollen vorab bereits an dieser Stelle herausgestellt werden:

(a) Das Modell soll es ermöglichen, die längerfristige Dynamik der Bodenversauerung, die Akkumulation von Schadstoffen und das 'plötzliche Umkippen' von Wäldern zu erklären, und

(b) es soll nach Möglichkeit auch Hinweise darauf geben können, welche Maßnahmen unternommen werden können - oder müssen -, um das Waldsterben wirksam zu bekämpfen.

Der Erfolg dieser systemanalytischen Beschreibung des Baumes ist daran zu messen, inwieweit das Simulationsmodell das dynamische Verhalten des realen Systems Baum richtig beschreiben kann. Läßt sich diese Gültigkeit nachweisen, so müssen Schlußfolgerungen aus den Simulationen (s. Kap. 11), etwa über notwendige Emissionsbegrenzungen, ernst genommen werden.

Um das Systemverhalten unter Immissionsbedingungen darzustellen, bedarf es einer detaillierten systemaren Darstellung der Lebensfunktionen eines Baumes in Abhängigkeit von den jahreszeitlichen Einflüssen, vom

Nährstoff- und Wasserangebot sowie von den Schadstoffeinträgen (s. Kap. 6).
Während die Schadwirkung am Blatt (Nadel) als direkte akkumulierte Schädigung modelliert wird, läßt sich eine Schadeinwirkung über die Wurzeln nur unter Einbeziehung komplexer bodenchemischer und mikrobieller Prozesse richtig beschreiben. Das Herzstück 'System Baum' wurzelt daher in einem Boden, der künstlich aufgegliedert ist in die Funktionen 'Bodenchemie' (Kap. 7), 'Mineralisierung' (Kap. 8) und 'Bodenwasser' (Kap. 9).

Mit einer Ausnahme ('Bodenchemie') handelt es sich um kybernetische Flußmodelle, in denen Material-, Energie und Informationsflüsse über Netze aus Knoten und Verbindungen modelliert werden. Ihre mathematischen Entsprechungen sind (i.a. nichtlineare) Differentialgleichungssysteme. Die Ausnahme, das Teilmodell 'Bodenchemie', bestimmt die chemischen Konzentrationen im Zeittakt der Computersimulation als numerische Lösungen eines (nichtlinearen) algebraischen Gleichungssystems.

Zum Jahreswechsel 1983/84 sind die Wirkungsbeziehungen des Baumes von uns erstmals grob quantifiziert und auf einem Mikrorechner durchgerechnet worden. Vorgänge im Boden waren nicht miteinbezogen, die jeweiligen Eingangsgrößen konstant gesetzt. Für uns alle überraschend in ihrer Deutlichkeit zeigte dieses Pilotmodell bereits folgende Verhaltensweisen des schadstoffbelasteten Baumes:

(a) Normales Wachstum, wenn atmosphärische Schadstoffbelastungen fehlen.

(b) Reduziertes Wachstum ohne Zusammenbruch bei unterkritischer Belastung der Blätter (Nadeln) oder der Feinwurzeln.

(c) Sehr schneller Zusammenbruch bei Überschreiten bestimmter Belastungsschwellen. Dabei ist das Zusammenbruchsverhalten unabhängig davon, ob die Einwirkung primär über die Blätter oder über die Wurzeln erfolgt (ähnliche Schadbilder).

Die Simulationsläufe des nunmehr vorliegenden verkoppelten Gesamtmodells 'System Baum ↔ Mineralisierung ↔ Bodenchemie ↔ Bodenwasser' lassen weitaus differenziertere Beurteilungen der Schadensverläufe und möglicher Gegenmaßnahmen zu (s. Kap. 11). Bemerkenswert ist aber, daß die Resultate sehr umfangreicher Simulationsläufe dieses komplexen Modells im Kern mit den obigen Aussagen (a), (b) und (c) übereinstimmen. Mit anderen Worten: <u>richtige qualitative Grundaussagen</u> zur Dynamik des Waldsterbens lassen sich bereits mit einfacheren systemanalytischen Modellansätzen gewinnen; siehe hierzu Kap. 12.

In diesem Sinne verstehen wir die Veröffentlichung dieses Projektberichtes auch als Ermutigung und Aufforderung an den Leser, vernetzte ökologische Fragestellungen mit einfachen Computersimulationen (auf kleinen Rechnern) <u>selbst</u> zu modellieren und zu beantworten.

2 Bestandsaufnahme der Waldschäden und der Luftbelastungen

H. Schäfer

2.1 Das Ausmaß des Waldsterbens

1982 wurde die erste bundesweite Erhebung zum Ausmaß des Waldsterbens durchgeführt. Dabei ergab sich ein Schadensumfang von rund 8 % der Waldfläche (siehe Tab. 2.1).

Schadensflächen und Schädigungsprozente nach Baumarten 1982			
	Baumartenfläche insges. (in Mio. ha)	Schadensfläche (in Mio. ha)	Schädigungsanteil
Fichte	2,93	0,27	9 %
Tanne	0,16	0,10	60 %
Kiefer	1,90	0,09	5 %
Buche	1,30	0,05	4 %
Eiche	0,60	0,02	4 %
sonstige	0,40	0,03	4 %
Durchschnittliches Schädigungsprozent über alle Baumarten: 7,7 %			

Schadensflächen nach Bundesländern 1982		
	in ha der Waldfläche	Anteil an Waldfläche
Schleswig-Holstein	ca. 26 000	18 %
Niedersachsen	ca. 124 000	13 %
Nordrhein-Westfalen	ca. 72 000	9 %
Hessen	ca. 41 000	5 %
Rheinland-Pfalz	ca. 6 000	1 %
Baden-Württemberg	ca. 130 000	10 %
Bayern	ca. 160 000	7 %
Saarland	ca. 3 000	4 %
Bundesrepublik	ca. 562 000	7,7 %

Tab. 2.1: Waldschadenserhebung 1982.
Quelle: ARBEITSKREIS CHEMISCHE INDUSTRIE / KATALYSE-UMWELTGRUPPE (Hrsg.) (1984)

Da diese Erhebung noch auf Schätzungen durch teilweise nicht ausreichend geschultes Personal beruhte, kann von einer Unterschätzung des damaligen Schadensausmaßes ausgegangen werden. 1983 erfolgte eine zweite Erhebung, die für die Bundesrepublik eine Schadensfläche von 34 % erbrachte (siehe Tab. 2.2).

Schadensflächen und Schädigungsprozente nach Baumarten 1983		
	Schadensfläche (in Mio. ha)	Schädigungsprozent der Baumartenfläche
Fichte	1,194	41 %
Tanne	0,134	76 %
Kiefer	0,636	43 %
Buche	0,332	26 %
Eiche	0,091	15 %
sonstige Baumarten	0,158	17 %
Alle Baumarten	2,545	34 %

Schadensflächen nach Bundesländern 1983			
	geschädigte Waldfläche	Anteil der Waldfläche	Art der Schadensermittlung
Schleswig-Holstein	16 000 ha	12 %	Schätzung
Niedersachsen	165 000 ha	17 %	Schätzung
Nordrhein-Westfalen	295 000 ha	35 %	einfache Inventur
Hessen	120 000 ha	14 %	Schätzung
Rheinland-Pfalz	180 000 ha	23 %	Schätzung
Baden-Württemberg	645 000 ha	49 %	Inventur
Bayern	1 115 000 ha	46 %	Inventur
Saarland	9 000 ha	11 %	Schätzung
Bundesrepublik	2 545 000 ha	34 %	

Tab. 2.2: Waldschadenserhebung 1983.

Quelle: ARBEITSKREIS CHEMISCHE INDUSTRIE / KATALYSE-UMWELTGRUPPE (Hrsg.) (1984)

Diese - auch bei Berücksichtigung der Fehler der ersten Erhebung - rasante Entwicklung hat sich im letzten Jahr fortgesetzt; bundesweit ist nun jeder zweite Baum erkrankt (siehe Tab. 2.3). Diese Zahlen werden durch zusätzliche, länderweise durchgeführte Inventuren, die nach objektiveren Kriterien und durch besonders geschultes Personal durchgeführt werden, bestätigt oder sogar noch übertroffen. Es zeigt sich außerdem, daß zwar immer noch ein Süd-Nord-Gefälle der Schädigung festzustellen ist, aber längst nicht mehr so ausgeprägt wie noch 1983.

Der Wald ist jedoch nicht nur bundes-, sondern weltweit in seiner Existenz aufs höchste gefährdet, wie die Schadmeldungen aus anderen Ländern belegen (SCHÜTT 1984, AFZ 1984).

Das zum Teil äußerst rasche Fortschreiten der Krankheit wird auch auf Dauerbeobachtungsflächen für Tanne und Fichte deutlich (siehe Abb. 2.1).

Land	Fichte	Kiefer	Tanne	Buche	Eiche	Sonstige Baumarten	Waldschäden insgesamt in Prozent der Waldfläche
			Waldschäden in Prozent der Baumartenfläche				
Schleswig-Holst.	55	72	98	10	8	14	27
Niedersachsen	40	36	45	43	40	22	36
Nordrhein-Westf.	40	78	33	38	34	36	42
Hessen	27	66	36	49	42	23	42
Rheinland-Pfalz	37	64	97	47	42	23	42
Baden-Württ.	65	78	89	64	66	44	66
Bayern	58	64	86	59	51	36	57
Saarland	26	41	0	42	33	13	31
Bremen	.	.	.	.	.	.	.
Hamburg	67	60	0	64	35	50	56
Berlin	0	78	0	0	24	13	53
Bundesrepublik	51	59	87	50	43	31	50

Tab. 2.3: Waldschadenserhebung 1984.
Quelle: LÖLF-Mitteilungen 9 (4) (1984)

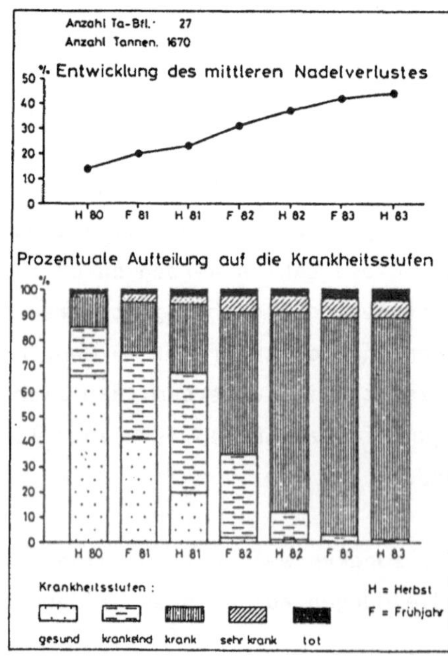

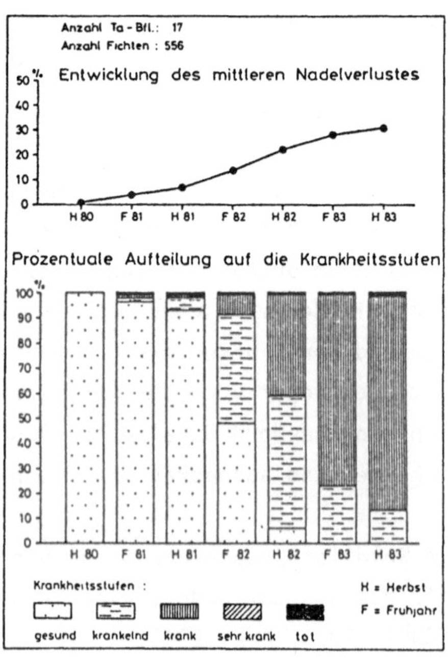

Abb. 2.1: Krankheitsverlauf und Entwicklung des Nadelverlustes von Tannen
(links) und Fichten (rechts) auf Beobachtungsflächen in Tannen-
und Tannen-Fichten-Mischbeständen.
Quelle: MOOSMAYER, H.-U. / SCHÖPFER, W. / KÖNIG, E. (1984)

Besonders dramatisch ist das sprunghafte Ansteigen der Schäden an Laubbäumen, wie es beispielhaft aus den Zahlen von Hessen abgelesen werden kann
(siehe Tab. 2.4).

Baumart	1982	1983	1984
Fichte	3,7	19,2	27,2
Tanne	keine Aufnahme	33,3	36,5
Douglasie	(in Fichte enthalten)	2,8	9,3
Kiefer	11,3	19,2	66,2
sonst. Nadelbäume	0,8	8,7	25,3
Buche	2,7	12,8	49,0
Eiche	1,3	3,6	42,0
sonst. Laubbäume	0,2	4,2	27,7
Summe:	4,7	14,3	42,4

Tab. 2.4: Schadflächenanteile in Prozent (Land Hessen).
Quelle: HMLFN, Waldschadenserhebung 1984

Tab. 2.5 zeigt, daß auch innerhalb der einzelnen Bundesländer aufgrund der
allgemein hohen Schadenssituation keine eindeutigen Schadensschwerpunkte
in den einzelnen Wuchsgebieten mehr ausgemacht werden können.

	Aufnahme 1983	1984
Odenwald	21 %	38 %
Hess. Rhein-Main-Ebene	26 %	57 %
Wetterau und Gießener Becken	8 %	45 %
Spessart	14 %	42 %
Rhön	23 %	43 %
Vogelsberg und östlich angren- zende Buntsandsteingebirge	13 %	38 %
Taunus	14 %	35 %
Westerwald	6 %	31 %
Nördl. Hess. Schiefergebirge	11 %	45 %
Nordwesthess. Bergland	11 %	44 %
Nordosthess. Bergland	12 %	44 %
Weserbergland	17 %	47 %

Tab. 2.5: Gebietsweise Waldschadenssituationen in Hessen. Aufteilung
der Schäden auf die Wuchsgebiete (alle Baumarten, alle Altersklassen, alle Schadstufen)
Quelle: HMLFN, Waldschadenserhebung 1984

Bei den Zahlen für die prozentuale Schädigung der einzelnen Baumarten muß
berücksichtigt werden, daß sich die Schadsymptome nicht in gleichem Ausmaß
über alle Altersklassen erstrecken, sondern Altbestände am stärksten betroffen sind (siehe Abb. 2.2 und Tab. 2.6).

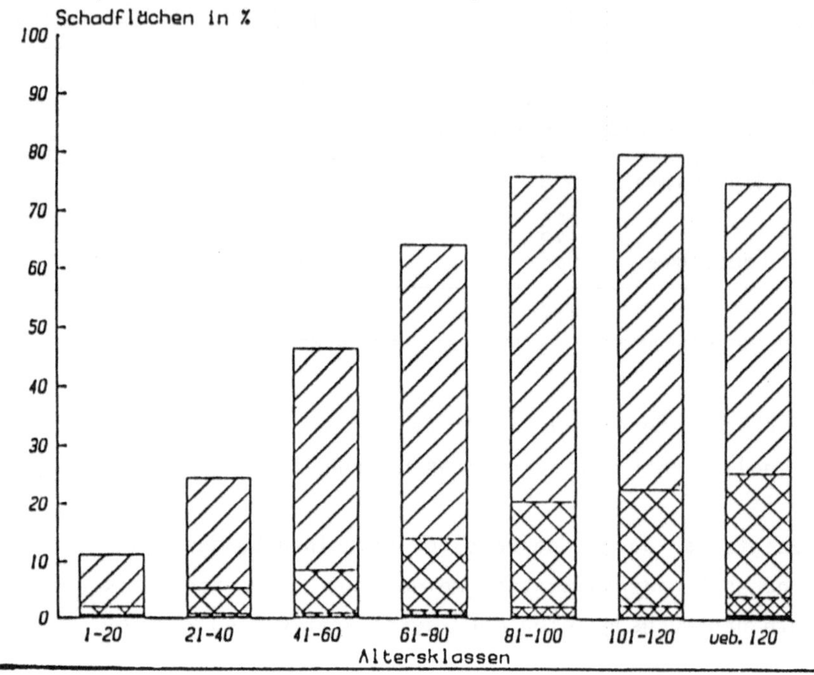

Abb. 2.2: Schadensverteilung nach Altersklassen bei Fichte.
Quelle: KENNEL, E. (1984)

Baumart	Schadfläche (alle Schadstufen) in % der Baumartenfläche	
	bis 60jähr. Bestände	über 60jähr. Bestände
Fichte	32	82
Kiefer	47	73
Tanne	73	95
Buche	36	58
Eiche	26	51
sonstige Baumarten	27	51
insgesamt	35	69

Tab. 2.6: Vergleich der Schadflächen der einzelnen Baumarten für die bis
60jährigen und die über 60jährigen Bestände.
Quelle: BML, Waldschadenserhebung 1984 (Auszug)

Hier kann der Anteil der geschädigten Bäume regional auf 100 % ansteigen,
während die jetzt noch äußerlich gesund erscheinenden oder nur schwach
erkrankten Jungbestände in den Schaden (und den Tod) erst hineinwachsen.
Insgesamt ist bei der Angabe der geschädigten Waldflächen außerdem zu beachten, daß Bäume bzw. Bestände, die infolge der schweren Schädigung durch
Immissionen (vorzeitig) eingeschlagen wurden, aufgrund der dreiklassigen
Schadeinteilung nicht mehr erfaßt werden. Hier würde eine kumulative Auf-
führung auch dieser Anteile in einer gesonderten Rubrik ein wesentlich
genaueres Bild des Ausmaßes des Waldsterbens ergeben.

2.2 Emissionen und Immissionen von Luftschadstoffen

Für das Waldsterben wird eine ganze Reihe von Luftschadstoffen verantwortlich gemacht. Je nach regionaler Situation (Standort, Schadensverlauf,
Immissionsbelastung usw.) und Ursachenhypothese werden Schwefeldioxid,
Photooxidantien und deren mögliche Vorstufen Stickoxide bzw. Kohlenwasserstoffe, Chlor- und Fluorwasserstoff sowie Schwermetalle einzeln oder in
unterschiedlicher Kombination für auslösend bzw. verstärkend erachtet.

In den folgenden Graphiken und Tabellen soll ein kurzer Überblick über
Emission und Immission bzw. Deposition der obengenannten Schadstoffe in
der BRD gegeben werden.

a) Emissionen:

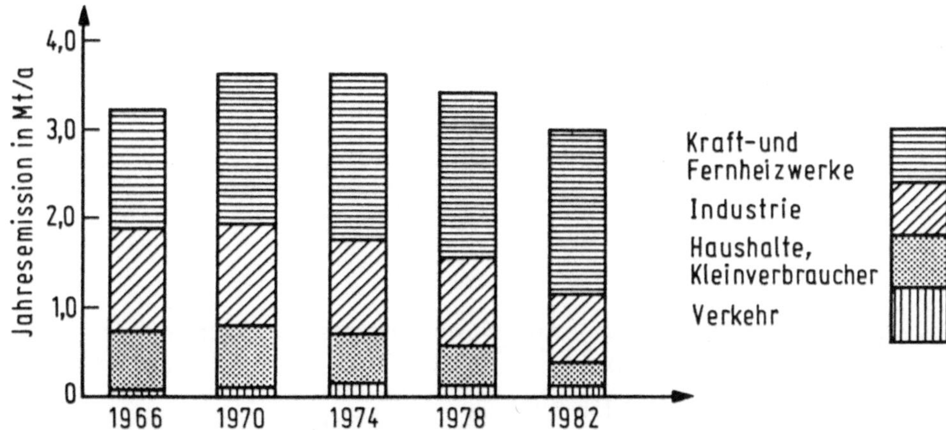

<u>Abb. 2.3:</u> Entwicklung der Schwefeldioxid-Emissionen nach Emittentengruppen.
Quelle: BMI, 3. ISB 1984

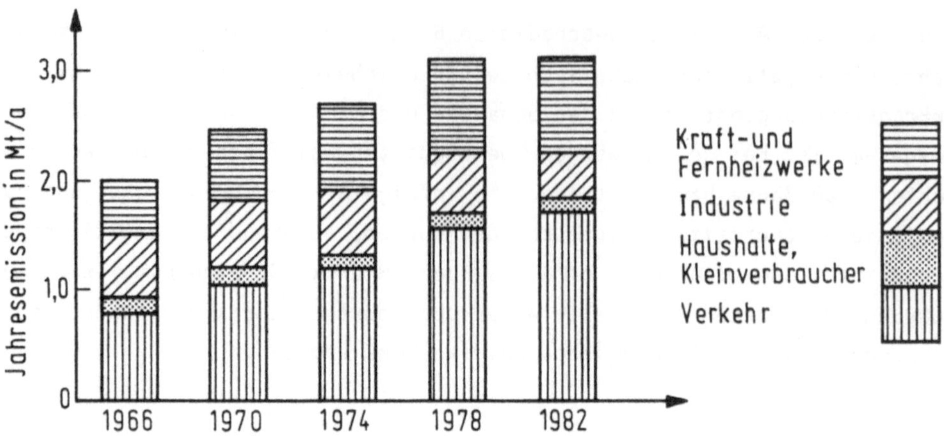

Abb. 2.4: Entwicklung der Stickstoffoxid-Emissionen (als NO_2) nach Emittentengruppen.
Quelle: BMI, 3. ISB 1984

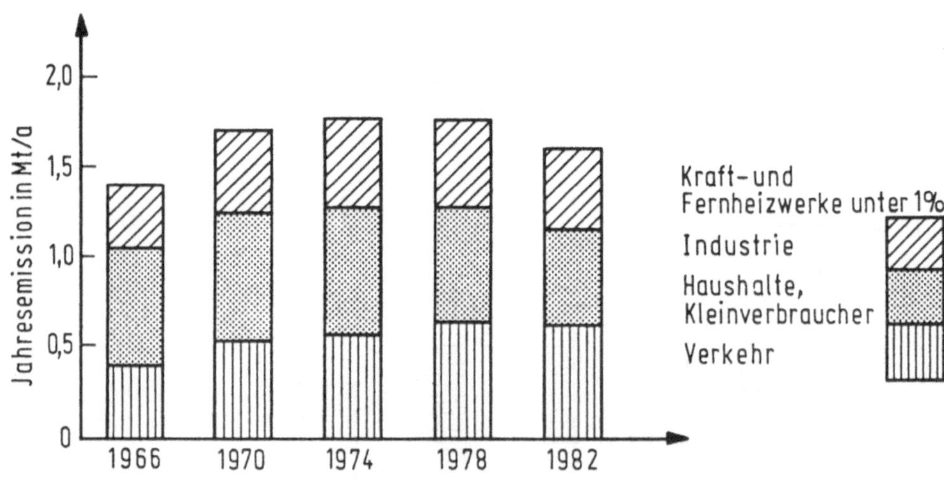

Abb. 2.5: Entwicklung der Emissionen von organischen Verbindungen nach Emittentengruppen.
Quelle: BMI, 3. ISB 1984

Emittentengruppe	1966	1970	1974	1978
Kraftwerke/Fernheizwerke	83 000	97 000	100 000	102 000
Steinkohle	73 000	84 000	82 000	83 000
Braunkohle	10 000	13 000	18 000	19 000
Industriefeuerung	18 650	10 390	5 950	4 940
Steinkohle	18 000	10 000	5 670	4 650
Braunkohle	649	388	278	293
Müllverbrennung (Hausmüll)	8 200	16 000	22 000	23 000
Steine und Erden (Grobkeramik) ...	210	210	210	210
Nichteisenmetalle (Umschmelzaluminium)	1 300	1 400	1 500	1 300

<u>Tab. 2.7:</u> Emissionen anorganischer gasförmiger Chlorverbindungen ausge-
wählter Emittentengruppen (Angaben in t/a, gerechnet als Chlorwasserstoff)
Quelle: SR-U 1983

Emittentengruppe	1966	1970	1974	1978
Kraftwerke/Fernheizwerke	6 650	7 730	7 640	7 690
Steinkohle	6 400	7 400	7 200	7 220
Braunkohle	252	332	445	472
Industriefeuerung	2 560	1 440	820	680
Steinkohle	2 500	1 400	790	650
Braunkohle	65	39	28	29
Müllverbrennung (Hausmüll)	70	130	210	240
Steine und Erden (Grobkeramik) ...	8 700	6 100	2 900	3 300
Nichteisenmetalle	2 160	2 160	1 540	1 200
Hüttenaluminium	1 870	1 860	1 240	960
Umschmelzaluminium	290	300	300	280

<u>Tab. 2.8:</u> Emissionen anorganischer gasförmiger Fluorverbindungen ausge-
wählter Emittentengruppen (Angaben in t/a, gerechnet als Fluorwasserstoff)
Quelle: SR-U 1983

Zu den Gesamt-Emissionen der verschiedenen Schwermetalle liegt noch kein
ausreichend gesichertes Datenmaterial vor. Beispielhaft sind in Tab. 2.9-
2.11 die Zahlen für Blei, Zink und Cadmium angegeben. Wie aus Tab. 2.9 zu
ersehen ist, kommen verschiedene Studien zu recht unterschiedlichen Emis-
sionswerten; dies gilt auch für Cadmium, bei dem die Schätzungen von 18 -
83,5 t/a (Tab. 2.10) reichen (SR-U 1983, S. 23).

Autoren	[1]	[2]	[3]	[4]
Branche/Bereiche	(1974) t/a	(1979/80) t/a	(1979) t/a	(1980/81) t/a
Eisen und Stahl	2 334	1 220	2 000	920
– Roheisen	1 871	1 000		760
– Stahl	463	150		74
– Kupolöfen	–	50		86
NE-Metallindustrie	267	220	250	198
– Blei und Zink	238	190		185
– Kupfer......................	29	30		13
Feuerungen	595	210	450[5]	133
– Steinkohle	570	140		122
– Braunkohle	25	50		6
– Öl..........................	–	20		5
Therm. Abfallbehandlung	3	200	5	55
Steine und Erden	–	50		30
Akkumulatorenherstellung	–	–		2,5
Sonstige Anlagen	–	–		6,5
Zwischensumme	3 199	1 880	2 705	1 345
Verkehr[6]	8 284 (6 900[7])		3 750	3 200[8]

Anmerkungen:
[1] SCHADE, GLIWA (1978)
[2] DAVIDS, GÜTHNER, LANGE, LOHRER, VAHRENHOLT (1980)
[3] SCHLADOT, NÜRNBERG (1982), Bezugsjahr 1979
[4] JOCKEL et al. (1982)
[5] nur Kohleverfeuerung
[6] berechnet aus dem Benzinverbrauch und dem zulässigen Benzinbleigehalt des Bezugsjahres unter der Annahme einer Blei-Emissionsrate von 75 %
[7] nach UBA (1976)
[8] Bezugsjahr 1980

Quelle: JOCKEL, HARTJE, KÖRBER (1982), ergänzt um Spalte 3

<u>Tab. 2.9:</u> Vergleich verschiedener Studien über die Bleiemissionen in der Bundesrepublik Deutschland
Quelle: SR-U 1983

Die Unzulänglichkeit der Erhebung von Emissionsdaten – nicht nur für Schwermetalle – kommt auch in der oft fehlenden oder unzureichenden Übereinstimmung mit Depositionsdaten (siehe Tab. 2.15 und 2.16) zum Ausdruck. Sowohl Emissionsmessungen (-schätzungen) und Ausbreitungsmodelle zur atmosphärischen Verfrachtung von Schadstoffen als auch die Bestimmung von Depositionsraten – besonders an/auf biotischen Akzeptorflächen – bedürfen noch einer weitgehenden Verbesserung. Darüber hinaus finden die Bindungsformen und chemischen Umsetzungsprozesse von Luftschadstoffen in der Atmosphäre bisher zu wenig Berücksichtigung.

Quelle	geschätzte mittlere Emission t/a
Cadmiumhersteller und Verarbeiter .	6,55
davon:	
Zinkhütten	4,5
Sekundärprozesse und Legierungsherstellung	0,5
Pigmente	0,9
Stabilisatoren	0,15
Batterien	0,4
Sonstige	0,1
Sonstige Quellen	42,0
davon:	
Erz- und Sinterstäube	15,0
Roheisengewinnung	15,0
Rohstahlerzeugung in SM-Öfen . .	6,5
Primärbleihütten	0,4
Müllverbrennungsanlagen	5,0
Autoreifenabrieb	0,1
Cadmium aus Feuerungsanlagen . . .	35,0
davon:	
Kohle	30,0
Heizöl	5,0
Emissionen insgesamt	83,5

Emittenten	Emission t/a
Eisen- und Stahlerzeugung	3 720
Reifenabrieb	1 240
Verarbeitung von NE-Metallen	1 105
davon:	
Zink-Produktion	725
Kupfer-Produktion	350
Blei-Produktion	30
Kohleverbrennung	505
davon:	
Kraftwerke	320
Haushalt und Kleingewerbe	175
Industriefeuerungen	10
Sonstige	425
Summe	6 995

__Tab. 2.10:__ Quellenübersicht und geschätzte Cadmiumemissionen in die Luft in der Bundesrepublik Deutschland
Quelle: SR-U 1983

__Tab. 2.11:__ Zinkemissionen in der Bundesrepublik Deutschland (Bezugsjahr 1978)
Quelle: SR-U 1983

b) Immissionen:

In Tab. 2.12 sind durchschnittliche Luftschadstoffkonzentrationen für das Gebiet der Bundesrepublik Deutschland zusammengestellt. Zur Demonstration der lokalen Schwankungen und der Höhe der Spitzenwerte und deren Unabhängigkeit von den Jahres- bzw. Monatsmittelwerten sind in Tab. 2.13 und 2.14 die Schwefeldioxidgehalte der Luft in Oberfranken bzw. am Kleinen Arber aufgeführt. Weder Mittelwerte noch 95-Percentil-Werte lassen einen Schluß auf Maximalkonzentrationen zu.

Komponente	Reinluftverhältnisse	Konzentration: Bundesrepublik Deutschland Klammerwerte = Rhein-Ruhr-Gebiet		
		ländliche Gebiete	Ballungsgebiete	Umgebung von Emittenten
SO_2	$\lesssim 3\ \mu g/m^3$ (natürl. Pegel)	$20\ \mu g/m^3$	$70{-}140\ \mu g/m^3$	
NO_2	$\gtrsim 1\ \mu g/m^3$	$10{-}20\ \mu g/m^3$	$50{-}100\ \mu g/m^3$	
PAH *)		$(0,5{-}40\ ng/m^3)$		
Benzo(a) anthracen		$(5\ {-}40\ ng/m^3)$		
Benzo(a) pyren		$\lesssim 10\ ng/m^3$		
Ozon	sommers: $\lesssim 80\ \mu g/m^3$ winters: $20{-}30\ \mu g/m^3$	sommerliche Episoden: $>200\ \mu g/m^3$ kurzzeitig: $>300\ \mu g/m^3$		
HF		$0,1\ \mu g/m^3$	$0,5\ \mu g/m^3$	$\gtrsim 1\ \mu g/m^3$ (vereinzelt: $1{-}2\ \mu g/m^3$; kurzzeitig: $3{-}4\ \mu g/m^3$)
HCl		$10\ \mu g/m^3$	$\lesssim 25\ \mu g/m^3$ kurzzeitig: $\lesssim 100\ \mu g/m^3$	
Pb	$5{-}40\ ng/m^3$	$150{-}200\ ng/m^3$	$2\ \mu g/m^3$	$0,6{-}2\ \mu g/m^3$
Cd	$\lesssim 0,4\ ng/m^3$	$0,8\ ng/m^3$ (Taunus)	$5{-}13\ ng/m^3$ ($\lesssim 10\ ng/m^3$)	(vereinzelt: $\gtrsim 20\ ng/m^3$)
Zn		$2,5{-}5\ \mu g/m^3$		

*) Einzelkomponenten

<u>Tab. 2.12:</u> Synopse der Immissionskonzentrationen (Jahresmittelwerte, falls nicht anders vermerkt)
Quelle: SR-U 1983

Ort	Jahr	Max. Monats-mittel mg/m³	Monat	max. 95 % Wert mg/m³	Monat	max. ½ h Wert mg/m³	Monat	Zahl der Monate über 0,06 mg/m³
Hof..............	1979	0,17	Januar	0,56	Januar	1,18	Oktober	5
Bayreuth	1979	0,14	Januar	0,33	Januar	0,80	Januar	3
Hof..............	1980	0,21	Januar	0,64	Januar	1,27	Januar	7
Bayreuth	1980	(0,08)	Februar	(0,30)	Februar	0,60	Februar	?
Hof..............	1981	0,19	Februar	0,55	Februar	1,05	Februar	5
Bayreuth ....,	1981	0,12	Februar	0,30	Februar	0,71	Februar	3
Tröstau	1979	(0,11)	Februar	(0,32)	Februar	0,75	Februar	?
Hohenberg	1979	(0,15)	Februar	(0,33)	Februar	0,83	Oktober	?
Arzberg	1980	0,17	Januar	0,51	Februar	1,68	Februar	3
Lichtenberg	1980	(0,05)	April/Nov.	—	—	0,86	Feb./Dez.	?
Arzberg	1981	0,17	Dezember	0,51	Dezember	1,00	Dezember	4
Lichtenberg	1981	(0,12)	Februar	(0,23)	Dezember	1,16	April	?
Selb	1980	(0,06)	November	(0,22)	November	0,50	November	?
Weiden	1980	(0,08)	Nov./Dez.	(0,20)	November	0,80	September	?
Selb	1981	0,17	Dezember	0,51	Dezember	0,95	Dezember	4
Weiden	1981	0,11	Februar	0,31	Dezember	0,97	Dezember	3

Die Zahlen in Klammern entstammen unvollständigen Meßreihen, tatsächliche Maxima sind höher!

<u>Tab. 2.13:</u> Schwefeldioxid-Gehalt der Luft in Oberfranken
Quelle: SR-U 1983, korrigiert

Monat	Mittel- wert	Höchst- wert ($^{1}/_{2}$ h)	95 %- Wert
Januar 1982	14,5	131	46
Februar 1982	20,2	216	72
März 1982	20,5	144	72
April 1982	—	131	—
Mai 1982	14,6	203	39
Juni 1982	—	—	—
Juli 1982	13,1	189	33

Tab. 2.14: Monatsmittel, Höchstwerte und 95 %-Werte der Schwefeldioxid-Konzentrationen am Kleinen Arber, Bayerischer Wald, nach Messungen des Bayerischen Landesamtes für Umweltschutz (Angaben in $\mu g/m^3$)
Quelle: SR-U 1983

c) Deposition:

In Tab. 2.15 sind die Depositionsraten für einige relevante Schadstoffe aufgeführt. Zu beachten ist dabei, daß es z.B. selbst in relativ gering immissionsbelasteten Buchenwäldern kleinräumig zu sehr hohen Schadstoffeinträgen mit den entsprechenden Auswirkungen kommen kann (GLAVAC & KOENIES 1985, JOCHHEIM 1985, SCHÄFER 1985).

Auch für Fichtenwälder dürften die Werte für Stickstoff und Schwefel aufgrund der hohen Interzeption oft noch höher liegen als für Ballungsgebiete angegeben.

Beispielhafte jährliche Depositionen von vier polyzyklischen aromatischen Kohlenwasserstoffen in einen Fichten- und einen Buchenwald sowie auf eine Freifläche des Solling sind in Tab. 2.16 angegeben; sie verdeutlichen ebenfalls die große Filterwirkung von Wäldern.

Depositionsraten sind wichtig für Stoffe, die im Ökosystem akkumulieren oder verlagert werden. Ozon dagegen wirkt direkt auf die Assimilationsorgane, ist somit als Immissionskomponente bedeutsam, wird jedoch wegen seines raschen Abbaus kaum deponiert.

Komponente	Deposition Bundesrepublik Deutschland Klammerwerte = Rhein-Ruhr-Gebiet		
	gering belastete Gebiete	Ballungsgebiete	Umgebung von Emittenten
SO_2	$1,5$ g/m² a	15 g/m² a	
NO_2 a) $V_D = 0,04$ cm/s	$3,8$ g/m² a	13 g/m² a	
b) $V_D = 0,04$ cm/s	$2,1$ g/m² a	$3,6$ g/m² a	
CL^-	$0,6$ g/m² a (Schwarzwald)	$2,4$ g/m² a (Essen)	$4,4$ g/m² a (Schleswig)
Pb	13 mg/m² a	90 mg/m² a	580 mg/m² a (Goslar-Oker)
Cd	$\leq 0,4$ mg/m² a	$1,5$ mg/m² a	>3 mg/m² a kurzzeitig: $36{-}110$ mg/m² a
Zn {	28 mg/m² a (≤ 110 mg/m² a)	130 mg/m² a ($110 - 275$ mg/m² a)	
Ni	($\leq 4,4$ mg/m² a)	($4,4{-}11$ mg/m² a)	
As	($<1,8$ mg/m² a)	($\leq 3,7$ mg/m² a; vereinzelt: $7,3$ mg/m² a)	

__Tab. 2.15:__ Synopse der Depositionswerte (Jahresmittelwerte, falls nicht anders vermerkt)

Quelle: SR-U 1983

mg / ha	Fichte	Buche	Freiland (FN)
__3.4-Benzpyren__			
Kronentraufe	210 ± 123	160 ± 21	110 ± 8
Stammablauf		24	
Streufall	610 ± 140	200 ± 20	
Gesamtdeposition	820 ± 190	384 ± 29	110 ± 8
__Fluoranthen__			
Kronentraufe	880 ± 130	580 ± 100	680 ± 66
Stammablauf		90	
Streufall	1840 ± 200	710 ± 66	
Gesamtdeposition	2720 ± 240	1380 ± 120	680 ± 66
__1.12-Benzoperylen__			
Kronentraufe	660 ± 140	520 ± 60	400 ± 28
Stammablauf		80	
Streufall	520 ± 80	240 ± 30	
Gesamtdeposition	1180 ± 160	840 ± 67	400 ± 28
__Indeno(1,2,3-cd)pyren__			
Kronentraufe	410 ± 40	430 ± 110	360 ± 50
Stammablauf		60	
Streufall	470 ± 50	230 ± 30	
Gesamtdeposition	880 ± 64	720 ± 118	360 ± 50

__Tab. 2.16:__ Jährliche Gesamtdepositionen einiger Kohlenwasserstoffe in Wäldern und im Freiland (Niederschlagsdeposition) des Solling

Quelle: ULRICH & MATZNER (1983)

3 Einige Hinweise auf vergleichbare Projekte

K.-H. Simon

Im folgenden werden einige Hinweise auf Projekte gegeben, die sich, in ähnlicher Weise wie der hier vorgestellte Ansatz, mit der systemanalytischen Erfassung der Wirkungszusammenhänge beim Waldsterben befassen. Die Auswahl ist eher zufällig bzw. aufgrund von Arbeitskontakten getroffen worden. Es gibt zwar eine ganze Reihe von systemanalytischen Arbeiten, die sich z.B. mit der Wachstumsdynamik und anderen ausgewählten Gesichtspunkten befassen (man werfe einen Blick in die letzten Jahrgänge von 'Ecological Modeling'), Gesamtuntersuchungen zum Problemkomplex 'Waldsterben' sind aber nach wie vor rar.

Um zu vermeiden, daß es bei einem ersten flüchtigen Durchblättern zu einer Verwechselung der hier vorgestellten Modelle mit unserem eigenen Modell kommt, wurde in diesem Kapitel auf Abbildungen weitgehend verzichtet.

Es wird ein Projekt aus dem Programm 'Mensch und Biosphäre' (MaB) der UNESCO besprochen, in dem es um den Einfluß des Menschen auf Hochgebirgsökosysteme geht, sowie um ein Projekt des US-amerikanischen Electrical Power Research Institute (EPRI), in dem die Versauerung von Oberflächengewässern untersucht wird. Zusätzlich werden einige Hinweise auf ein Simulationsmodell des Instituts für Energie und Umweltforschung (IFEU) in Heidelberg gegeben. Die kurze Darstellung soll unseren Ansatz in einen Kontext von Vorhaben zum Themenkomplex 'Auswirkungen von Luftschadstoffen' stellen und eine erste Einschätzung der Leistungsfähigkeit und Adäquatheit unserer Methode ermöglichen. Aufgrund der methodischen Nähe und der gut verfügbaren Dokumentation des Modells von Grossmann liegt bei der Darstellung dieses Ansatzes ein gewisses Übergewicht.

3.1 Ökosystemforschung Berchtesgaden

3.1.1 Projektkontext und Ansatz

Im Rahmen des UNESCO-Programms 'Mensch und Biosphäre' wird seit geraumer Zeit eine Systemstudie zum Alpennationalpark im Berchtesgadener Land erstellt, in welcher insbesondere die Einflüsse des Menschen (Touristik, anthropogene Schadstoffquellen usw.) untersucht werden sollen. Besonders interessant in unserem Zusammenhang sind Teilprojekte aus dem Gesamtvorhaben, die sich mit den Auswirkungen der sauren Niederschläge auf die Waldgebiete der Region befassen. Bei dem Projekt wurde besonderer Wert darauf gelegt, flächenbezogene Daten zu verarbeiten; Datenbasis ist ein komplexes System von aufeinander bezogenen Datenbanken bzw. -sammlungen mit Angaben über Objekte und Strukturen in Fläche und Raum. Diesen Datenbeständen zugeordnet sind kybernetische Wirkungsmodelle, mit denen Spezialaufgaben bearbeitet sowie dynamische Vorgänge eingebracht werden. Solche Spezialaufgaben sind z.B. Einfluß von Wanderwegen auf Rückzugsgebiete bestimmter Tierarten. Die Teilmodelle werden von Spezialisten bearbeitet und meist von außen in das Projekt eingebracht. Das hier kurz vorgestellte Modell von Grossmann ist das Ergebnis der Bearbeitung einer solchen Teilaufgabe zum Einfluß der sauren Niederschläge auf die Waldbestände der Untersuchungsregion. Bei der Interpretation des Modells muß im Auge behalten werden, daß es sich um eine erste exemplarische Anwendung handelt, die in späteren Projektphasen ausgeweitet und überarbeitet werden soll.

W.D. Grossmann arbeitet in dem Projektzusammenhang vor allem mit der Methode der kybernetischen Modellierung (hier 'system dynamics') und dies unter Berücksichtigung 'neuerer' systemtheoretischer Konzepte wie Mehrebenenansatz und Orientierung an der 'Überlebensfähigkeit von Systemen' (viability-approach). Exemplarisch wurde der Ansatz bislang an einem Modell zum Waldsterben eingesetzt. Für ihn stellt sich die systemische Erfassung von komplexen Problembereichen als Hierarchie dar, die von der Ebene 'harter' physikalischer und technischer Fakten bis hin zu allgemeinen Systemzusammenhängen reicht, wo mehr oder weniger verbindliche Handlungsanweisungen und Entwicklungsvarianten vorgegeben sind. Hier ist auch an den Einsatz von Szenarien gedacht, die zukünftige Entwicklungsgänge des Systems vorzeichnen, und die als eine Art Kontrollinstanz angesehen werden können, mit der Teile des Systems gesteuert werden und verschiedene alternative Entwicklungsmöglichkeiten verglichen werden können. Auf einer verbindenden mittleren Ebene zwischen diesem 'oben' und 'unten' sind schließlich kybernetische Modelle angesiedelt, wo sowohl hinsichtlich der Daten als auch der Strukturen zwar oft Unsicherheit herrscht, wo aber, in der Regel, zur Begründung von Modellteilen ausreichende Kenntnisse aus den Fachdisziplinen vorhanden sind.

Besonders interessant ist nun die Verbindung, die Grossmann zwischen kybernetischen Modellen und den flächenbezogenen Datensammlungen vornimmt. Seine These ist, daß durch diese Verbindung ein weiterer Schritt in Richtung einer praktischen Modellvalidierung gegangen werden kann, indem Ergebnisse der Modellrechungen über gespeicherte Bodenparameter auf konkrete Flächenstücke bezogen werden und so unterschiedliche Karten (z.B. zur Waldschadensverteilung) anhand unterschiedlicher Modellhypothesen (z.B. hinsichtlich des Hauptschadensverursachers – Ozon oder SO_2) erzeugt werden können. Diese Modellergebnisse sollten dann die reale Schadensverteilung wiedergeben.

Zum aktuellen Zeitpunkt (Frühjahr 1985) wird exemplarisch für ein ausgewähltes Gebiet ein solcher Test durchgeführt, der zeigen soll, ob die Methode in der Lage ist, Ergebnisse zu produzieren, die einer empirischen Überprüfung standhalten.

3.1.2 Die Bestandsgrößen des Modells von Grossmann

Das Modell enthält ca. 40 Systemelemente, von denen 7 Zustandsgrößen sind:

- Luftbelastung (LB)
- Bodenbelastung (BB)
- Pufferkapazität (PK)
- Waldbiomasse (WB)
- Bodendeckschicht (BD)
- Bodenleben (BL)
- Waldsterben (WP)

Zu diesen Bestandsgrößen hinzu kommt als ein zentrales weiteres Systemelement:

- Biologische Funktionsfähigkeit (BF).

Die groben Wirkungszusammenhänge zwischen diesen zentralen Größen sehen wie folgt aus: Die Größe 'Biologische Funktionsfähigkeit' wird sowohl von der Bodenbelastung wie auch von der Luftbelastung her negativ beeinflußt, d.h. wenn diese Belastungsindikatoren steigen, dann nimmt die Funktionsfähigkeit ab. Im Modell ist vorgesehen, daß Luft- und Bodenbelastung mit un-

terschiedlicher Stärke auf die Funktionsfähigkeit einwirken können. Die
Funktionsfähigkeit wirkt ihrerseits auf die Größen 'Waldbiomasse', 'Bodenleben' und 'Bodendeckschicht', ebenfalls gleichgerichtet, d.h. eine Abnahme bewirkt auch bei den beeinflußten Größen eine Abnahme.

In der Kürze der Darstellung kann nicht auf jede der genannten Größen
ausführlich eingegangen werden. Nur soviel: Die Waldbiomasse faßt den
gesamten Baumbestand auf der zugrundegelegten Waldfläche zusammen. Mit dem
Komplex Bodenleben wird die Bodenbiologie, im wesentlichen Mikroorganismen, die die Zersetzung der Streuauflage und die Mineralisierung vorneh-
men, in das Modell eingebracht. Bei der angenommenen Beziehung zwischen
Bodenleben und Schadstoffabbau ist insbesondere an eine Verarbeitung von
Stickstoffverbindungen gedacht.

Doch zurück zu den Wirkungszusammenhängen. Die Waldbiomasse beeinflußt positiv das Bodenleben, d.h. je gesünder der Waldbestand ist, desto bessere
Bedingungen bestehen auch in bodenbiologischer Hinsicht. Die Waldbiomasse
(im Modell vermittelt über eine Größe 'Walddichte') wirkt auch positiv auf
die Größe 'Bodendeckschicht' ein. Je mehr die Walddichte zurückgeht, desto
größer wird die Bodenerosion, wodurch die schützende und biologisch aktive
Deckschicht zunehmend verschwindet.

Auf der anderen Seite wird die Bodenbelastung durch die Schadstoffeinträge
beeinflußt, wobei z.B. die Walddichte selbst die Höhe der Deposition mit-
bestimmt. Dieser Belastung entgegen wirkt der Schadstoffabbau im Boden
aufgrund der Pufferungskapazität, wobei diese wiederum von der Größe 'Bodendeckschicht' mit beeinflußt wird. Als letzte Verbindung auf dieser Mo-
dellebene sei der Zusammenhang zwischen Schadstoffabbau und biologischer
Aktivität erwähnt, der von einer gegengerichteten Verbindung zwischen den
Größen 'Bodenleben' und 'Bodenbelastung' repräsentiert wird.

Es muß im Auge behalten werden, daß diese Darstellung nur sehr schematisch
und abstrakt die wichtigsten Modellzusammenhänge wiedergibt; das Modell
ist natürlich sehr viel detaillierter und komplexer.

Um die grundlegende Dynamik einer ersten Einschätzung zu unterziehen, sei
auf zwei der grundlegenden Rückkopplungsschleifen im Modell (wieder auf
der abstrakten Ebene wie oben) eingegangen. Die '+'- oder '-'-Zeichen an

den Verbindungspfeilen geben an, ob die Einwirkung eine gleichgerichtete
oder eine gegengerichtete ist (vgl. Abschnitt 4.1).

$$BB \xrightarrow{-} BF \xrightarrow{+} BL \xrightarrow{-} BB$$

Wenn die Bodenbelastung zunimmt, dann wird die biologische Funktionsfähigkeit vermindert, was wiederum zu einer Verminderung der boden-
biologischen Vorgänge führt. Da diese am Schadstoffabbau im Boden
beteiligt sind, nimmt dann die Bodenbelastung zu, was sich wiederum
negativ auf die Funktionsfähigkeit auswirkt...

$$BB \xrightarrow{-} BF \xrightarrow{+} WB \xrightarrow{+} BD \xrightarrow{+} PK \xrightarrow{-} BB$$

Ebenso wird bei Zunahme der Bodenbelastung (wieder vermittelt über
die Funktionsfähigkeit) die Waldbiomasse reduziert. Dadurch nimmt
dann die Bodendeckschicht ab (hier sind Erosionsvorgänge im Spiel),
was wiederum die Pufferungskapazität des Bodens negativ beeinflußt.
Dadurch findet ein geringerer Schadstoffabbau statt, und die Bodenbelastung steigt an ...

Es soll nun für zwei zentrale Stellen im Modell anhand der wichtigsten
Faktoren eine nähere Darstellung der Zusammenhänge gegeben werden. Anschließend werden dann die Ergebnisse, die mit dem Modell erzielt wurden,
kurz vorgestellt werden. Hinsichtlich der 'Reichweite' des Modells sei
noch erwähnt, daß in dem ursprünglichen Modell (in MaB 1983a und 1983b dokumentiert) versucht wird, die Situation der Luftverschmutzung in Westdeutschland als ganzem über eine Bilanzierung aus Schadstoffeintrag, Deposition, Im- und Exporten und daraus resultierender Schadstoffkonzentration
im Luftkörper zu beschreiben, daß aber inzwischen weitere 'regionalisier-
te' Modelle vorliegen, die zu ausgewählten Gebieten Aussagen gestatten
sollen.

a) Komplex Bodenbelastung

Grossmann geht davon aus, daß es zwei Mechanismen für den Schadstoffabbau
im Boden gibt: Den Abbau durch die Pufferungsfähigkeit durch entsprechende
Bodeninhaltsstoffe und den Abbau durch die Tätigkeit von Bodenorganismen.
Ersteres setzt die kurzfristige Mobilisierbarkeit von Ca-, Al-Ionen u.a.

voraus (langfristig kann von einer genügenden Zufuhr durch Verwitterungs-
vorgänge ausgegangen werden). Der andere Mechanismus ist auf ein funktio-
nierendes Bodenleben angewiesen, wobei im Modell hierüber eine ganze Reihe
von Modellhypothesen formuliert sind. Insbesondere wird ein Zusammenhang
zwischen Bodenleben und Walddichte gesehen, da davon ausgegangen wird, daß
in Waldböden eine höhere biologische Aktivität vorgefunden wird als in
sonstigen Nutzungsarten (die Belege können der Originalarbeit entnommen
werden). Selbstverständlich besteht auch eine enge Verbindung zwischen der
biologischen Funktionsfähigkeit und dem Bodenleben. Grundsätzlich wird angenommen, daß der Abbau durch Mikroorganismen um ein Mehrfaches den Schadstoffabbau durch die Pufferungsfähigkeit des Bodens übersteigt, wobei beachtet werden muß, daß hierbei die Schadstoffe nicht differenziert betrachtet werden, und – ohne daß dies besonders ausgewiesen wäre – hier an
den Abbau von NO-Verbindungen gedacht ist.

Der zweite Mechanismus betrifft den Schadstoffabbau durch Abpufferung.
Hierbei ist die zentrale Variable eine Bestandsgröße 'Pufferkapazität'
(PK), die zum einen mit einer bestimmten Zeitkonstante regeneriert werden
kann ('Regeneration' PR), zum anderen aber im Zuge der Pufferung von
Schadstoffen auch vermindert wird. Der Regenerationsmechanismus wird u.a.
von der Bodendeckschicht (Humusschicht) beeinflußt. Es wird unterstellt,
daß längerfristig die Pufferungsfähigkeit auf einem bestimmten Niveau erhalten bleibt, also immer wieder entsprechende Stoffe durch Verwitterung
u.a. nachgeliefert werden können, daß aber kurzfristig – und damit im doch
relativ kurz bemessenen Simulationszeitraum – durchaus eine signifikante
Verminderung eintreten kann.

b) Komplex Biologische Funktionsfähigkeit

Waldwachstum, Bodenleben und Humusgehalt hängen von einer zentralen Variablen 'Biologische Funktionsfähigkeit' (BF) ab, die selbst einen Indikator
für die Umweltbelastung darstellt. Die Größe wird über eine Zwischengröße
von der Luftbelastung und der Bodenbelastung beeinflußt; die Zwischengröße 'Umweltbelastung total' dient dazu, die beiden Belastungsangaben
(aus Luft- und Bodenbelastung) hinsichtlich angenommener 'Normalwerte' zu
justieren. Grossmann gibt selbst an, daß es sinnvoll sein könnte, für jede
der beeinflußten Größen (Waldbiomasse, Bodenleben, Humusschicht) eine ei-

gene Variable zu haben, die die Auswirkungen von Boden- und Luftbelastung
auf diese Größe individuell erfassen könnte. Er geht aber andererseits davon aus, daß dies derzeit aufgrund fehlender Erkenntnisse über die genauen
Wirkungsketten nicht geleistet werden kann, und er zeigt dann auch einen
Standardlauf, in dem die Einwirkungen aus Luft und Boden als gleichwertig
angesehen werden. Andererseits bietet das Modell die Möglichkeit, für die
eine oder andere Einwirkung unterschiedliche Gewichtungen einzusetzen.

3.1.3 Einige Ergebnisse der Modellrechnungen

Da das Modell von Grossmann einen anderen räumlichen Bezug hat als das
Modell unserer Arbeitsgruppe, sind die Ergebnisse der Modelle nicht anhand
der gelieferten Zahlenwerte vergleichbar. Verglichen werden können aber
die zeitliche Dynamik und die Entwicklungstrends, die aufgrund einer angenommenen Belastungssituation für die Zukunft des Baumbestandes ermittelt werden. Auf einen strukturellen Vergleich der beiden Modelle hinsichtlich der verwendeten Größen und der Wirkungsbeziehungen sowie auf
eine Diskussion des jeweiligen theoretischen Hintergrundes, wird an dieser
Stelle verzichtet. Die der Beschreibung der Ergebnisse zugrundeliegenden
Simulationsläufe gehen über einen Zeitraum von 1978 bis 2002.

Aufgrund der oben skizzierten Wirkungsschleifen und der Tatsache, daß ein
hohes Maß an Schadstoffbelastung bereits gegeben ist, sind einige der
Trends, die die Modelle liefern, nicht verwunderlich. Andererseits ergeben
sich aus dem Zusammenspiel der verschiedenen Modellelemente doch Effekte,
die nicht ohne weiteres von vornherein erwartet werden würden; ganz abgesehen vom Vorteil, hier nicht auf ein intuitives Verständnis der Zusammenhänge angewiesen zu sein. Einige der Ergebnisläufe zeigen zudem interessante Effekte, die vom komplexen inneren Wirkungsgefüge herrühren.

a) Gesamtsituation

Sowohl die Luft- wie auch die Bodenbelastung, ausgedrückt durch die Konzentrationen ausgewählter Schadstoffklassen, steigt an. Ist diese Entwicklung bei der Bodenbelastung nicht weiter verwunderlich, so ist der Anstieg der Luftbelastung bei gleichbleibenden externen Einträgen, bzw. sogar leichten Rückgängen, durch die Schädigung des Waldbestandes bedingt.
Durch einen Rückgang der Walddichte nimmt die Filterwirkung ab, so daß die
Luftschadstoffkonzentration, die bereits zu einer Schädigung geführt hat,

noch weiter ansteigt. Der Rückgang der Walddichte wird dadurch weiter beschleunigt. Aus diesem Grund geht die Schadstoffdeposition während des Si-
mulationszeitraums kontinuierlich zurück, ohne daß damit jedoch eine entscheidende Entlastung des Bodenkörpers einherginge, da gleichzeitig ein
Rückgang des Schadstoffabbaus durch biologische Aktivität stattfindet.

b) Bodenleben

In diesem Bereich sind von den Hauptentwicklungslinien her ebenfalls keine
Überraschungen zu erwarten. Die biologische Aktivität im Bodenkörper geht
ab dem Jahre 1990 drastisch zurück. Über den gesamten Zeitraum geht die
biologische Funktionsfähigkeit kontinuierlich zurück, erreicht aber nicht
den extrem niedrigen Wert des Bodenlebens, welches nahe bei 0 endet, sondern stabilisiert sich auf einem niedrigen Niveau (hier ab dem Jahr 1998),
worin sich das Auftreten resistenter Arten widerspiegelt.

c) Bodenkörper

Es wurde bereits erwähnt, daß im Modell der Waldbestand im Simulationszeitraum weitgehend zum Verschwinden kommt. Aufgrund der oben aufgezeigten
Wirkungszusammenhänge geht damit eine Entwicklung einher, die ab dem Jahre
1996 zu einem dramatischen Abbau der Bodendeckschicht führt. Im Zeitraum
bis 1988 ist sogar eine gewisse Verbesserung zu beobachten, welche auf den
erhöhten Abwurf von organischem Material (Nadeln, Laub u.a.), und eine
vorübergehende Zunahme der Deckschicht, zurückgeführt werden kann.

3.1.4 Kopplung an die Flächendaten

Die Ergebnisse der oben kurz skizzierten Modellrechnungen beschreiben allgemeine Entwicklungstrends. Grossmann geht einen Schritt weiter und nutzt
die Möglichkeiten in dem MaB Projektumfeld aus, indem er die allgemeinen
Tendenzen durch Einbeziehung lokaler Gegebenheiten und Unterschiede modifiziert und konkretisiert. Er koppelt dazu das dynamische Modell an die
mit Daten für Testgebiete gefütterte geographische Datenbank an, mit dem
Ziel, nun für verschiedene Modellhypothesen, wie z.B. Schädigung durch
Ozon, durch SO_2 u.a., die möglichen Auswirkungen auf die Region zu berechnen und die daraus resultierenden unterschiedlichen Schadensverteilungen
mit empirischen Befunden zu vergleichen.

In einer ersten Stufe werden Angaben über Erosions- und Hangrutschrisiko in den Testgebieten verwendet. Dazu werden Tabellen eingegeben, die für verschiedene Bodenparameter verschiedene Risikostufen definieren, z.B. für den Zusammenhang zwischen Bodentyp und Gesteinslabilität. Ein weiterer zentraler Datenkomplex betrifft die "potentielle Vegetationslabilität für Waldzusammenbruch", wo u.a. die verschiedenen Baumarten, die Exposition und die Pufferkapazität der Böden eine Rolle spielen.

Die so gewonnenen statischen Angaben können nun durch Einsatz des kybernetischen Modells dynamisiert werden. Für bestimmte Zeitschnitte können die Ergebnisse aus den Simulationsläufen mittels der definierten Tabellen auf die Flächenangaben in der Datenbank übertragen werden. Es kann z.B. eine Karte erstellt werden, die zeigt, wie nach Rückgang des Waldbestandes die Verteilung von Risikoflächen im Untersuchungsgebiet zunehmen wird, wobei hierfür vor allem der enge Zusammenhang zwischen Pflanzendecke und Erosions- und Hangrutschneigung verantwortlich ist. Allerdings sollte klar sein, daß die hier vorgestellte Methode nur ein erster Schritt sein kann, da z.B. fraglich ist, inwieweit es legitim ist, dynamische Vorgänge derart eng mit statischen Festlegungen in den erwähnten Tabellen zu verbinden.

3.1.5 Modellvergleich

Wie bereits gesagt, soll hier auf einen Strukturvergleich der beiden Modelle verzichtet werden, also keine Auflistung der einzelnen Modellelemente sowie empirischer Korrelate und der angenommenen Verbindungen vorgenommen werden.

Eine Aussage zur 'Reichweite' der Modelle: Das Modell, welches in den folgenden Kapiteln vorgestellt werden wird, geht von einem 'idealtypischen' Waldbestand aus, speziell von einem normalentwickelten 60-jährigen Bestand. Nahezu alle verwendeten Daten beziehen sich auf Durchschnittswerte. Letzteres trifft auch für das Modell von Grossmann zu, jedoch geht er nicht von einem fiktiven Bestand aus, sondern er versucht eine Gesamtbetrachtung für die Situation der Bundesrepublik. Er hat hierzu eine Bilanzierungskomponente im Modell, die für Einträge ausgewählter Schadstoffarten und unter Berücksichtigung der Im- und Exporte die Schadstoffkonzentrationen berechnet. In unserem Modell werden solche Konzentrationen vorgegeben und für verschiedene Testläufe auch verändert. Grossmann hat aber darüber hinaus geplant, das Modell für die Untersuchung konkreter Standorte verfügbar zu machen, eine Konkretisierungsstufe, die zumindest für die aktuelle Entwicklungsstufe unseres Modells noch nicht erreichbar ist.

Unser Modell hat aber andererseits eine ganze Reihe von Prozessen sehr viel genauer erfaßt. So sind z.B. jahreszeitliche Verläufe modelliert, da nur so saisonale Schwankungen und deren Einfluß z.B. auf die Aktivität der Mikroorganismen simuliert werden können. Nur durch diese feinere zeitliche Unterteilung können verschiedene wichtige Vorgänge wie Stickstoffauswaschung, Streuschichtabbau u.a. sinnvoll modelliert werden. Auch ist der Einsatz eines eigenen Modellteils für die Berechnung der bodenchemischen Gleichgewichtsvorgänge von Vorteil, da hierdurch genauer, als dies bei globalen Betrachtungen möglich wäre, die Entwicklung der Pufferkapazität und ähnlicher Größen berücksichtigt werden kann.

Gerade weil unser Modell eine Reihe von Vorgängen, die mit Mineralisierung, Veränderung von Bodenparametern und dem Wasserhaushalt zusammenhängen, detaillierter berücksichtigt, andererseits aber keine Gesamtbilanzierung der Schadstoffe durchgeführt wird, und keine Anbindung an flächenbezogene Datenbestände möglich ist, wäre es spannend, beide Ansätze einmal zu kombinieren.

Von den Ergebnissen her geben Experimente mit beiden Modellen zu größten Befürchtungen Anlaß. Es soll den Ergebnissen hier nicht weiter vorgegriffen werden, sondern nur darauf hingewiesen werden, daß bei dem Modell von Grossmann zwar auch offensichtlich wird, daß dann, wenn Waldschäden wahrgenommen werden, eine Rettung des Baumbestandes eher unwahrscheinlich ist, daß aber die Abruptheit des Zusammenbruchs, wie sie in den folgenden Kapiteln aufgezeigt wird, nicht in der Extremheit auftritt, ein Unterschied, der durch die unterschiedlichen zeitlichen Bezugsebenen, speziell der Berücksichtigung von saisonalen Schwankungen und der Simulation wochenweise in unserem Modell, erklärbar ist.

3.2 EPRI: Integrated Lake-Water Acidification Study (ILWAS-Modell)

3.2.1 Übersicht über das Projekt

Bei dem Projekt des 'Electrical Power Research Institute (EPRI)' geht es

um die Modellierung des Zusammenhangs zwischen sauren Niederschlägen und
der Versauerung von Oberflächengewässern. Es wurde dazu ein Modell erstellt, welches sowohl meteorologische, hydrologische, wie auch geochemi-
sche Vorgänge zu erfassen sucht. Die Modellsimulationen werden mit einem
FORTRAN-Programm ausgeführt, welches aus verschiedenen Programmmoduln aufgebaut ist.

Interessant sind die verschiedenen Modellzwecke: In der Anfangsphase des
Projektes ging es darum, den 'Datenbedarf' zu klären und Feld- und Labor-
studien gezielt anzugehen, um vorhandene Lücken aufzufüllen. Spätere Pha-
sen dienen dazu, Hypothesen über verschiedene Versauerungsvorgänge zu te-
sten und die Auswirkungen veränderter Schadstoffeinträge aufgrund umwelt-
politischer Maßnahmen zu untersuchen. Dieser enge Zusammenhang von Empirie
und Modellanalyse kann als ideal angesehen werden.

In unserem Zusammenhang sind vor allem diejenigen Modellteile interessant,
die sich mit der Modellierung der bodenchemischen Vorgänge und des Boden-
wasserhaushaltes befassen, nicht aber das Gesamtmodell des Einzugsgebietes
eines Oberflächengewässers.

3.2.2 Modellaufbau

Die Autoren gehen davon aus, daß es sich bei dem zu untersuchenden Gegen-
stand um ein in hohem Maße heterogenes System handelt, welches durch ein
Netzwerk von miteinander verkoppelten homogenen Kompartimenten erfaßt werden kann. Z.B. wird der Bodenkörper in verschiedene Schichten unterteilt,
für die dann bestimmte Größen, man denke an die Temperatur, als konstant
angesehen werden. Ähnliche Kompartimente sind z.B. der Pflanzenbewuchs und
verschiedene Schichten in dem modellierten Gewässer. Die Kompartimente
sind hauptsächlich durch den Durchlauf von Wassermengen durch das System,
ausgelöst durch Niederschläge in Form von Regen oder Schnee, miteinander
verbunden, wobei hier besonders der Transport gelöster Stoffe von Interesse ist. Für die einzelnen chemischen Elemente, die in dem Modell berücksichtigt werden, ergeben sich die aktuellen Werte innerhalb der einzelnen
Kompartimente durch Verrechnung der Ein- und Abgänge und nach Prinzipien
der Massenerhaltung, der Reaktionskinetik oder durch vorgegebene Gleichgewichtsbedingungen. Berücksichtigt werden im Modell z.B. SO_2, NO_x, H^+, aber
auch Ca^{2+}, K^-, Al^{3+}, F^- oder organische Säuren.

Die einzelnen Kompartimente sind über einige wenige Verbindungskanäle für
den Stoffaustausch miteinander verbunden. Ausgangspunkt ist der "atmosphärische Schadstoffeintrag" in der Form von nasser und trockener Deposition.
Die Pflanzendecke (canopy) wird als erstes Kompartiment behandelt, wo eine
Ausfilterung der Schadstoffe vorgenommen wird. Vor dem eigentlichen Bodenkörper, der hier in drei Schichten modelliert wird, ist in dem Modell die
Schneeauflage als Zwischenspeicher beim Stofftransport vorgeschaltet. Der
Bodenkörper selbst wurde in eine Auflageschicht, eine organische Schicht
(dem Ah-Horizont vergleichbar) und eine inorganische Schicht (B-Horizont
u.a.) aufgeteilt. Zwischen diesen Schichten werden Transportvorgänge von
'oben' nach 'unten' aufgrund der Versickerung von Wasser modelliert.

Von diesen verschiedenen Kompartimenten aus sind weitere Querverbindungen
zum ebenfalls im Modell berücksichtigten Oberflächengewässer vorhanden,
über welche der Wasser- und damit Schadstofftransport aus dem Bodenkörper
heraus (Oberflächenabfluß, Abfluß von den verschiedenen Bodenschichten)
modelliert wird. Das Oberflächengewässer ist selbst über eine Hierarchie
einzelner Schichten Teil des Modells.

Für unseren Zusammenhang ist besonders die Berechnung des pH-Wertes in den
einzelnen Kompartimenten aufschlußreich. Ohne daß dies hier näher erläutert werden soll, kann darauf hingewiesen werden, daß die Autoren dies
über eine genaue Bilanzierung der Alkalinität, d.h. der Bindungskapazität
für Säuren, wie sie durch das Vorhandensein von Ca- und Al-Verbindungen
u.a. gegeben ist, erreichen wollen.

Von der Vielzahl von Vorgängen, die im Modell berücksichtigt werden, sollen als Beispiel diejenigen, die mit den biochemischen Prozessen im Ah-Horizont zu tun haben, zusammen mit den zugehörigen Systemelementen kurz
aufgelistet werden. Es handelt sich hierbei um den Ausschnitt aus einer
Tabelle der Originalarbeit die für die Wiedergabe übersetzt wurde. Diese
Aufstellung soll nur als Beispiel verstanden werden; das Gesamtmodell ist
sehr viel komplexer.

Bei der Simulation der Prozeßzusammenhänge werden die Kompartimente als sogenannte "continuously stirred tank reactors (CSTRs)" behandelt, für die dann zu
jedem Rechenzeitpunkt die Rahmenbedingungen aktualisiert werden (z.B. Temperatur, Stoffmengen u.a.) und die aktuellen Konzentrationen unter Verwendung

Vorgang	Einflußgrößen
Evapotranspiration	Temperatur, Feuchtegehalte
Zersetzung	Humusmasse, Temperatur, organische Säuren, Kohlendioxid
Nitrifikation	Ammonium, Nitrat, Temperatur
Nährstoffaufnahme	Stickstoff-, Kalzium- und Kaliumverbindungen
Wurzelatmung	Kohlendioxid
Löslichkeit von Aluminium	pH-Wert
CO_2-Austausch	Kohlendioxidkonzentration
Kationen-Austausch	Kationen, Austauscherkapazität (CEC)
chemisches Gleichgewicht	pH-Wert, Alkalinität, organische Säuren

Tab. 3.1: Ausschnitt aus dem EPRI-Modell

eines Lösungsverfahrens für simultane Gleichungssysteme bestimmt werden. Die
Abbildung 3.1 versucht das Verfahren zu verdeutlichen.

Im Originalbericht sind die verwendeten Gleichungen vollständig angegeben;
es wird hier nicht weiter darauf eingegangen. Leider enthält der Bericht
keine Dokumentation von durchgeführten Simulationsläufen, so daß hier
keine Ergebnisplotts zum Vergleich mit unseren Ergebnissen vorgestellt
werden können.

3.2.3 Modellvergleich

Das EPRI-Modell unterscheidet sich sowohl von dem Grossmann-Modell als
auch von unserem Modell zum einen von der Thematik her. Der Modellzweck
ist ein sehr viel eingeschränkterer als bei den anderen beiden Ansätzen,
da mehr die Auswirkungen der Schadstoffeinträge auf den Bodenkörper und
die Versauerung der Oberflächengewässer untersucht werden, nicht jedoch
eine ökosystemare Gesamtbetrachtung angestrebt wird. Das führt zu einem
weiteren, grundlegenden Unterschied. Der Ansatz verharrt auf einer chemisch-physikalischen Ebene mit einem Schwergewicht auf Stofftransport und
der Ermittlung von Gleichgewichtszuständen und bringt keine kybernetischen Modellzusammenhänge ein. Zwar hat dies den Vorteil, daß für die
chemisch-physikalischen Zusammenhänge in der Regel direkte empirische
Belege herangezogen werden können, was für die informationellen Verknüpfungen in einem Regel- und Wirkungsgefüge nicht immer gelingt, jedoch
bringt diese Beschränkung auch Nachteile mit sich. So beschneidet man sich

der Möglichkeit, Aussagen für das Gesamtsystem aus Stofftransport, Stoff-
umsetzung und Reaktion der Pflanzendecke treffen zu können sowie langfri-
stige Trends über die Entwicklung eines solchen Systemzusammenhangs begründen zu können.

Andererseits enthält der Ansatz auch in der geschilderten Beschränktheit
eine Vielzahl interessanter Details, z.B. ein methodisch einwandfreies und
gut verständliches 'Modell' für die Ermittlung der Stoffkonzentrationen,
daß der Ansatz im Zusammenhang mit unserem Simulationsmodell interessante
Anregungen vermitteln kann.

Von der Simulationstechnik her unterscheiden sich die Ansätze ebenfalls.
Während sowohl Grossmann wie auch wir im Kontext der 'system dynamics'
Methode arbeiten, wird im EPRI-Modell auf der Ebene eines Gleichungssystems gerechnet. Der Unterschied ist nicht nur einer der Form, der ver-
nachlässigt werden könnte, sondern drückt sich z.B. auch darin aus, daß in
der Regel dann keine Tabellenfunktionen verwendet werden, sondern versucht
wird, alle Zusammenhänge analytisch (mit algebraischen Gleichungen und
Differentialgleichungen) zu behandeln.

3.3 Das IFEU-Modell

In einem Projektzusammenhang "Wirksamkeitsanalyse emissionenvermindernder
Maßnahmen" hat D. Teufel vom Institut für Energie- und Umweltforschung in
jüngster Zeit ein Baummodell auf der Ebene von kybernetischen Wirkungszusammenhängen entwickelt, welches nahezu identische Ergebnisse hinsichtlich
des Zusammenbruchsverhaltens wie unser Simulationsmodell liefert. Die Ergebnisse sind bis jetzt (März 1985) noch nicht veröffentlicht; wie beziehen uns für die kurzen Hinweise auf eine persönliche Mitteilung.

Auch bei diesem Modell ist der zentrale Punkt ein angenommener Assimilate-
speicher im Wirkungsgefüge des Baumorganismus (vgl. zu diesem Punkt den
Abschnitt 6.1) von dem aus die Assimilateverteilung aufgrund des Bedarfs
und des Angebotes gesteuert wird. Sind Überschüsse vorhanden, über den
Bedarf zur Aufrechterhaltung der Lebensvorgänge hinaus, so können diese
für einen Holzuwachs eingesetzt werden. Der geschädigte Baum verfügt nicht
mehr über solche Überschüsse und es stehen so für den Holzaufbau oder –

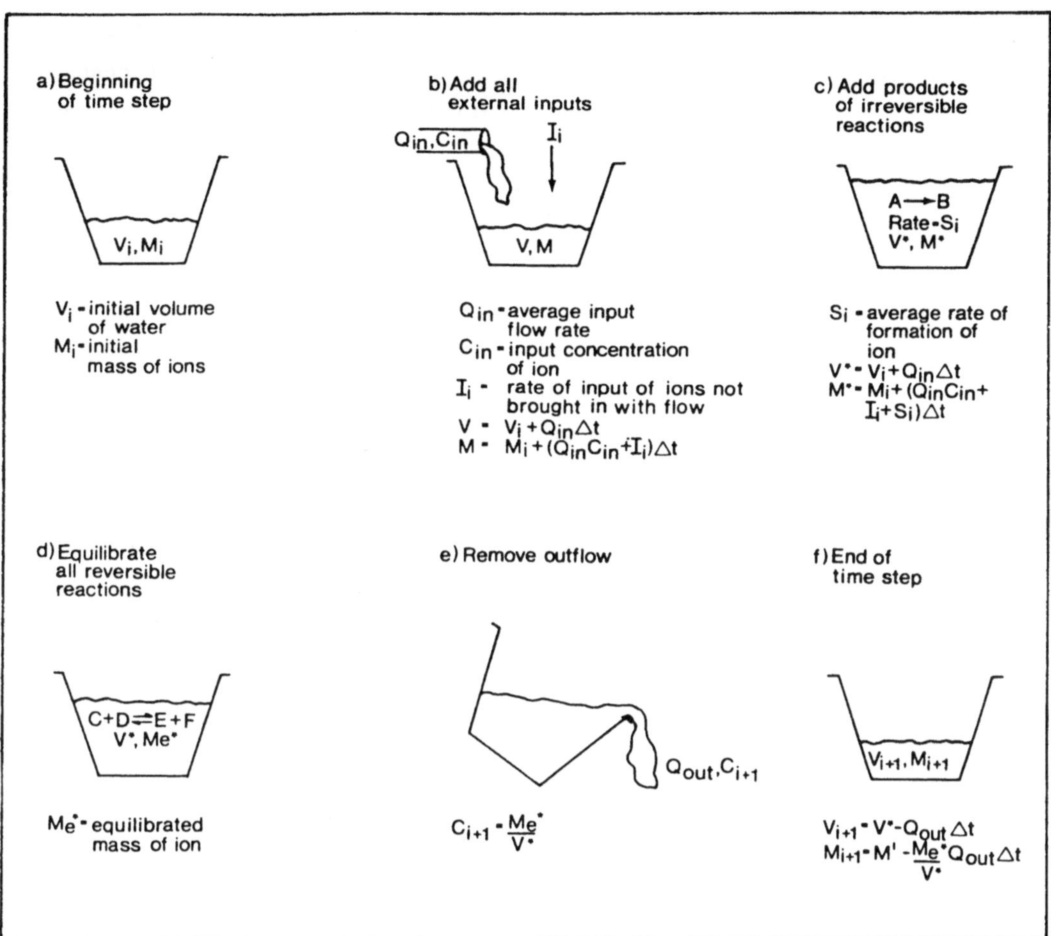

Abb. 3.1: Tank-Modell aus dem EPRI-Projekt (Quelle: EPRI 1983)

zuwachs keine Assimilate mehr zur Verfügung. Nach Teufel könnte dies auch eine Reihe von äußerlich sichtbaren Symptomen erklären, wie z.B. das bekannte Lametta-Syndrom, wo des Herabhängen der Äste auf den fehlenden Holzaufbau zurückgeführt werden könnte.

Es muß festgehalten werden, daß bereits lange bevor die Symptome sichtbar werden, der Krankheitszustand des Baumes also offensichtlich wird, ein Rückgang der Assimilatüberschüsse zu verzeichnen sein müßte, und daß zum Zeitpunkt des Auftretens der Symptome bereits eine längere Schädigungszeit vorangegangen ist. Rettungsmaßnahmen zu diesem Zeitpunkt werden eher zu einem Mißerfolg führen.

Die Dynamik der Wachstumsvorgänge ist nahezu identisch mit dem ab Kapitel 6 detailliert beschriebenen Verläufen. Bei 'Normalwachstum' ohne nennenswerte Schädigung (die Schadstoffkonzentrationen sind in den zugänglichen Unterlagen nicht aufgeführt, so daß hier nur eine qualitative Unterscheidung getroffen werden kann) ist ein steter, nur von jahreszeitlichen Schwankungen unterbrochener, Zuwachs an Biomasse, Feinwurzelmasse und Blattmasse zu verzeichnen, wobei hier nicht thematisiert werden soll, wie hierfür eine Sättigungsgrenze vorgegeben werden kann. Ebenso nimmt der Assimilateumsatz zu. Bereits bei 'mittlerer' Luftverschmutzung wird der Assimilateumsatz reduziert und es kommt zu einer Wachstumsstagnation. Bei hohen Schadstoffkonzentrationen erfolgt schließlich mit einer zeitlichen Verzögerung (von 10-15 Jahren im IFEU-Modell) nach Rückgang des Assimilateumsatzes der völlige Zusammenbruch des Organismus, wobei nach einer längeren Phase der Stagnation oder des nur geringen Rückgangs der Biomasse ein plötzlicher, abrupter Zusammenbruch sich anschließt.

4 Die Simulationsmethode

H. Bossel, K.-H. Simon

4.0 Einführung

Die hier eingesetzte Simulationsmethode steht in der Tradition des system-
dynamics-Ansatzes bzw. der 'kybernetischen Modellierung', wo mittels der
sogenannten Wirkungsdiagramme ein simulationsfähiges Modell eines System-
originals erstellt wird (vgl. BOSSEL 1981). Im Unterschied zu DYNAMO und
anderen bekannten Simulationssprachen muß jedoch bei dem hier eingesetzten
Simulator - dem 'Allgemeinen Simulationssystem' (ASS) - nicht vom Wirkungsdiagramm zu Gleichungen übergegangen werden, sondern es kann im Dia-
log mit dem Computer die Wirkungsstruktur direkt eingegeben werden (HUDETZ
1980; SIMON 1983). Dies hat nach unserem Dafürhalten Vorteile gegenüber
dem traditionellen Vorgehen: So kann für mathematische Laien ein Großteil
der Anschaulichkeit der Wirkungsdiagramme auch beim Programmieren des Modells erhalten bleiben; die Fehlersuche ist vereinfacht, und das Durchsu-
chen der Programmquelle nach Schreibfehlern, Syntaxfehlern usw. entfällt
gänzlich.

4.1 Wirkungsdiagramm

Grundlage für die Programmierung ist das sogenannte Wirkungsdiagramm. Um
dem Leser einen Eindruck zu vermitteln, wird für einen bekannten Zusammenhang, einer Räuber-Beute-Beziehung aus der Ökologie (das Beispiel stammt
aus BOSSEL 1981), das Vorgehen erläutert, obwohl die folgenden Modelle
Elemente aus anderen biologisch-ökologischen Bereichen aufweisen.

Problembeschreibung:

> "Eine Population von Räubern ('Füchsen') in einer von der Außenwelt
> isolierten Region beziehe alle ihre Nahrungsenergie von einer Beute-
> Population ('Hasen') dieses Gebietes, die sich wiederum ausschließ-
> lich von der dort vorhandenen Vegetation ernährt. Durch das Weidean-
> gebot ist die ökologische Tragfähigkeit des Gebietes begrenzt."

Aus dieser Beschreibung - die selbst als Ergebnis einer 'Systemanalyse' angesehen werden kann - ergeben sich die 'Hauptakteure' in dem betreffenden System: die Räuber (Füchse) und die Beutetiere (Hasen); hinzu kommt als weiteres Systemelement die Begrenzung der Region, über welche die Begrenzung des Nahrungsangebotes für die Hasen ins Spiel kommt. In der Abbildung 4.1 ist ein Wirkungsdiagramm wiedergegeben, welches die Systemelemente in ein Wirkungsgeflecht einbettet, wo die gegenseitigen Beeinflussungen sichtbar werden.

Ohne jede Beziehung im einzelnen herleiten zu wollen werden im folgenden doch einige Hinweise gegeben:

1. Die Räuber-Beute-Beziehung wird sicherlich dadurch hergestellt, daß Exemplare beider Populationen dann und wann aufeinander treffen. Wir haben deshalb ein zusätzliches Modellelement einzubeziehen, welches - beeinflußt von der Anzahl der Hasen und der Anzahl der Füchse - eine Art Maß für die Wahrscheinlichkeit des Aufeinandertreffens darstellt. An dieser Stelle kann der Mechanismus der Wirkungsbeziehung erläutert werden. Das '+'-Zeichen an den Pfeilen von den Hasen und Füchsen zum 'Treffen' bedeutet: Je mehr Hasen bzw. Füchse,desto größer ist die Wahrscheinlichkeit, daß es zu einem Aufeinandertreffen kommt. D.h. wenn die beeinflussende Größe der Wirkungsverbindung steigt, so wird dadurch auch ein Ansteigen der beeinflußten Größe bewirkt. Falls hingegen der Wirkungspfeil mit einem '-'-Zeichen versehen ist (wie von 'Treffen' zu 'Hasen') so bedeutet das, daß ein Ansteigen der einen Größe zu einem Absinken der anderen, beeinflußten Größe führt (gegenläufige Beziehung). In bezug auf die Hasen heißt dies: Je häufiger es zu einem Aufeinandertreffen zwischen Hasen und Füchsen kommt (Ansteigen der Größe 'Treffen'), desto stärker wird die Zahl der Hasen reduziert.

2. Die Füchse verbrauchen Energie,um leben zu können. Ohne zusätzliche Nahrungszufuhr über Verspeisen von Hasen stirbt die Fuchspopulation aus (oder wandert aus dem betrachteten Gebiet ab). Im Modell wird dieser stete Energieverbrauch zum Abbau der Größe 'Füchse' mit einer bestimmten vorgegebenen Zeitkonstante verwendet (Systemelement 'Energieverbrauch').

3. Eine ähnliche Wirkungsbeziehung – nur positiv gerichtet – setzt bei den Hasen an. Es wird im Modell direkt nur auf die Nettoreproduktion der Hasenpopulation (Geburten- abzgl. der Sterbefälle) eingegangen. Die Vermehrung wird über ein Systemelement 'Nettozuwachs' und eine positive Rückkopplung zwischen Hasenpopulation und Nettozuwachs gesteuert (je mehr Hasen es gibt, desto größer ist die Reproduktionsrate, desto größer wird die Hasenpopulation ...), wobei im folgenden noch die begrenzte Tragfähigkeit des Gebietes berücksichtigt werden muß: Die Hasenpopulation kann nur bis zu einem Punkt anwachsen, wo die Tragfähigkeit erschöpft ist.

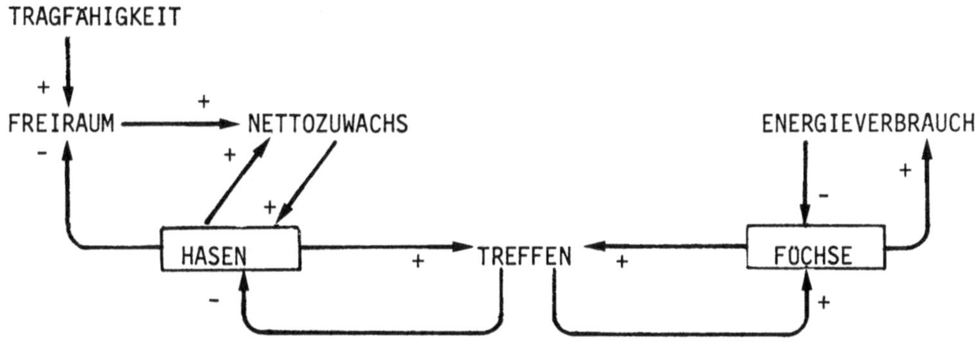

Abb. 4.1: Wirkungsdiagramm für das Räuber-Beute-Modell

4. Es wird eine maximale Zahl von Hasen vorgegeben, die sich in der Region ernähren können ('Tragfähigkeit'). Diese Zahl wird an eine Hilfsvariable 'Freiraum' gemeldet und dort mit der Anzahl der tatsächlich vorhandenen Hasen verglichen. Anhand dieses Vergleichs wird nun noch einmal auf die Reproduktionsrate Einfluß genommen (ist die Tragfähigkeit erschöpft, so wird die eigentliche Reproduktionsrate reduziert).

4.2 Simulationsdiagramm

Die vorangehenden Schritte skizzieren in etwa die Überlegungen bei der Erstellung des Wirkungsdiagramms für das Räuber-Beute-Beispiel. Der erste Schritt in Richtung Simulation ist damit getan. In einem weiteren Schritt muß das Diagramm – das ja bisher nur eine qualitative Beschreibung der

38

Verhältnisse enthält, mit Angabe der Systemelemente, der Verbindungen
zwischen den Elementen und der 'Qualität' der Verbindung (ob eine verstär-
kende oder eine hemmende Beeinflussung vorliegt) quantifiziert werden.
Resultat dieses Schrittes ist das Simulationsdiagramm, welches bei der
Verwendung von ASS direkt zur Programmierung des Rechners verwendet werden
kann.

1. Zunächst muß unterschieden werden, ob es sich bei dem jeweiligen
Systemelement um eine Bestandsgröße handelt oder nicht. Ohne dies
hier umfassend begründen zu wollen, soll nur darauf hingewiesen
werden, daß Bestandsgrößen solche Elemente sind, in denen über die
Zeit Bestände an Materie, Energie oder Populationen erhalten bleiben.
Insbesondere sind Bestandsgrößen solche Systemelemente, für die in
der Regel kein immanenter Bezug zu Zeiträumen gegeben ist (z.B. keine
Größen als Veränderungen pro Zeiteinheiten angegeben sind). Es kann
gezeigt werden, daß der Zustand eines Systems vollständig durch
Angabe der aktuellen Werte der Bestandsgrößen (wenn zudem noch die
Modellstruktur bekannt ist) beschrieben werden kann. In dem Beispiel
sind die beiden Populationen der Hasen und Füchse solche Bestandsgrößen. In der ASS-Notation werden die Bestandsgrößen als Rechtecke dargestellt und mit einer Typenangabe (hier int für 'Integrator') versehen.

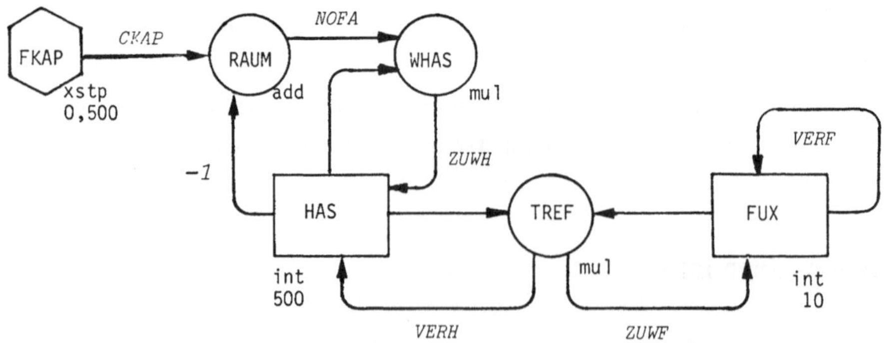

<u>Abb. 4.2</u>: Simulationsdiagramm für das Räuber-Beute-Modell

2. Im Simulationsdiagramm ist neben der Typenangabe auch ein maximal
vierbuchstabiger Name angegeben (HAS und FUX) – dieser Name dient zur
Identifikation des Systemelements im Simulationsmodell. Zudem ist den
beiden Bestandsgrößen ein Zahlenwert hinzugefügt. Dies ist der Anfangswert der Bestandsgröße zu Beginn der Simulation (wir starten
also im Beispiel mit 500 Hasen und 10 Füchsen).

3. Die durch Kreise dargestellten Systemelemente können verschiedenen
Typen angehören (dazu weiter unten nähere Angaben). Im Beispiel sind
ein Addierer (add) und zwei Multiplizierer (mul) vorhanden. Sechs-
eckige Symbole stehen für sogenannte exogene Größen (durch ein 'x'
bei der Typenangabe gekennzeichnet), das sind solche, die von 'außen'
in das System hineinwirken, ohne vom Restsystem beeinflußt werden zu
können. Im Beispiel handelt es sich um eine sogenannte Schrittfunk-
tion (xstp), mit deren Hilfe lediglich die Tragfähigkeitskonstante in
das Modell hineingemeldet wird (die Parameter werden unten erläutert).

4. Als letztes seien die Angaben an den Verbindungen erläutert. Die
Bezeichnungen an den Verbindungen, z.B. *NOFA*, sind Multiplikations-
faktoren; die Wirkung des Ausgangselementes wird um diesen Faktor
vervielfacht (wobei selbstverständlich auch ein Wert < 1 angegeben
werden kann, d.h. die Wirkung reduziert werden kann). An dieser Stelle kommt auch wieder die Frage nach der positiven oder negativen Ver-
stärkung ins Spiel. Die Faktoren erhalten je nachdem ein positives
oder ein negatives Vorzeichen.

5. Bei der Bestimmung der Zahlenwerte an den Verbindungen sind verschiedene Fälle denkbar. Im einfachsten Fall wird eine Wirkung unver-
ändert weitergegeben (Faktor 1), z.B. bei HAS -- >TREF (der Zahlenwert wird dann im Diagramm auch weggelassen). Der Zahlenwert kann
sich auch als bloße Umrechnungskonstante zwischen verschiedenen Größen ergeben, oder er führt eine Konstante ins Modell ein (wie bei der
'Tragfähigkeit' im Beispiel). In komplizierteren Fällen müssen zusätzliche Überlegungen angestellt werden (wie z.B. bei der Rückführung von TREF zu FUX, wo ausgehend von einem Gleichgewichtszustand
die Gewichtungen bestimmt werden können; vgl. BOSSEL 1985).

Bei den Beschreibungen der Teilmodelle ab dem 6. Kapitel, werden nach dem
Simulationsdiagramm die Zusammenhänge auch in der Form eines Gleichungssy-
stems wiedergegeben. Anschließend werden dann jeweils die verwendeten
Blöcke und Wichtungsfaktoren in einer Tabelle zusammengestellt. Für das
Räuber-Beute-Modell ergeben sich die folgenden Gleichungen. Dabei wird für
Änderungsraten der Zustandsgrößen das Argument T jeweils weggelassen.

$$
\begin{aligned}
\text{HAS(T+DT)} &= \text{HAS(T)} + \text{DT} \cdot (\mathit{ZUWH} \cdot \text{WHAS} - \mathit{VERH} \cdot \text{TREF}) \\
\text{FUX(T+DT)} &= \text{FUX(T)} + \text{DT} \cdot (\mathit{ZUWF} \cdot \text{TREF} - \mathit{VERF} \cdot \text{FUX}) \\
\text{TREF} &= \text{HAS} \cdot \text{FUX} \\
\text{WHAS} &= \text{HAS} \cdot \mathit{NOFA} \cdot \text{RAUM} \\
\text{RAUM} &= \text{FKAP} \cdot \mathit{CKAP} \cdot \text{HAS}
\end{aligned}
$$

Eine Gesamtübersicht über die Modellelemente sieht wie folgt aus:

Blöcke:

Blockname	Blocktyp	Parameter	Beschreibung
HAS	int	Anfangswert 500	Population Hasen (Beutetiere)
FUX	int	Anfangswert 10	Population Füchse (Räuber)
TREF	mul	–	Maß für Begegnungswahrschein lichkeit
RAUM	add	–	unausgenutzte Weidekapazität
WHAS	mul	–	mögliche Gesamtanzahl von Hasen auf der Weide
FKAP	xstp	Zeitdauer 0, 500	Schrittfunktion zur Darstellung einer Konstanten (im Zusammen- hang mit CKAP)

Gewichte:

Name	Wert	Dimension	Beschreibung
CKAP	1000	Hasen	Tragfähigkeitskonstante
NOFA	0.001	1/Hasen	Normierungsfaktor
ZUWH	0.08	Hasen/Woche	Zuwachskonstante Hasen

Name	Wert	Dimension	Beschreibung
VERH	-0.002	Hasen/Woche	Verlust der Hasen durch Räuber
ZUWF	0.0004	Füchse/Woche	Reproduktionsfaktor Füchse aus Erbeutung von Hasen
VERF	-0.2	Füchse/Woche	natürliche Verluste der Fuchspopulation

4.3 Programmierung

Das so vervollständigte Simulationsdiagramm enthält nun bis auf die Stützwerte der Tabellenfunktionen (vergl. 4.7.3) alle Informationen über das Simulationsmodell und kann nun in den Rechner übertragen werden. Dabei wird so vorgegangen, daß zuerst die Systemelemente dem Rechner genannt werden. Diese Elemente werden im ASS 'Blöcke' genannt. Zum Eingeben eines Blocks wird in den Rechner eine einfache Kommandozeile eingegeben, z.B.:

```
B,E,N=HAS,T=INT          (Block,Eingeben,Name=HAS,Typ=INT)
```

In der Abbildung 4.3 ist eine Übersicht über die verschiedenen Befehle zu finden. Bei obigem Beispiel wird dem Rechner mitgeteilt, daß ein Block eingegeben werden soll (1.Position B(lock) und 2.Position E(ingeben)); weiter wird angegeben, daß der Block unter dem Namen HAS geführt werden

```
ASS-EDITOR BEFEHLE :
B(LOCK) E(EINFUEGEN),T(YP)=XXX,N(AME)=YYYY
B(LOCK) L(OESCHEN),N(AME)=YYYY
B(LOCK) M(ODIFIZIEREN),N(AME)=YYYY,T(YP)=XXX
B(LOCK) Z(EIGEN)[ ,N(AME)=YYYY]
E(INGAENGE) Z(EIGEN),N(AME)=YYYY
G(EWICHT) M(ODIFIZIEREN),N(UMMER)=NNN
P(ARAMETER) M(ODIFIZIEREN),N(AME)=YYYY
P(ARAMETER) Z(ZEIGEN)[ ,N(AME)=YYYY]
V(ERBINDUNG) E(INFUEGEN),G(EBER)=XXXX,N(EHMER)=YYYY,W(ERT)=W
V(ERBINDUNG) L(OESCHEN),N(UMMER)=NNN
V(ERBINDUNG) Z(EIGEN) [ ,N(UMMER)=NNN]
-------------------------------------------------------------
(   ) : DER INHALT DER KLAMMER KANN WEGGELASSEN WERDEN
[   ] : WEGLASSEN DES INHALTS ZEIGT ALLE VERBINDUNGEN BZW BLOECKE
NAMEN KOENNEN MAX. 4 ZEICHEN ENTHALTEN; NNN IST EINE GANZE ZAHL;
W IST DER WERT DER PFAD-GEWICHTUNG.
EIN ˜?T˜ GIBT AUSKUNFT UEBER IMPLEMENTIERTE BLOCKTYPEN.
```

Abb. 4.3: ASS-Editor-Befehlsliste

soll und daß es sich um einen Block vom Typ INT (=Integrator) handeln
soll. Nach Absenden dieser Zeile würde das Programm nach dem Parameter
(Anfangswert) fragen und der Benutzer würde diesen Wert (in unserem Beispiel 500) eingeben.

In einer ähnlichen Weise werden z.B. die Verbindungen eingegeben:

```
    V,E,G=TREF,N=HAS,W=-0.002
    (Verbindung,Eingeben,Geber=TREF,Nehmer=HAS,Wichtung=-0.002)
```

wobei dann nach 'G=' der Ausgangsblock ('Geber') genannt wird und nach
'N=' der Zielblock ('Nehmer'). Nach 'W=' kann zudem der Multiplikations-
bzw. Wichtungsfaktor angegeben werden.

```
ELEMENT : FKAP TYP: XSTP PARAM.:              0.0E0    5.0000000E+2
          RAUM      ADD
          WHAS      MUL
          HAS       INT            5.0000000E+2
          FUX       INT            1.0000000E+1
          TREF      MUL


VERBINDUNG:   1 VON: FKAP -  RAUM GEW.:       1.0000000E+3
              2       RAUM    WHAS             1.0000000E-3
              3       WHAS    HAS              8.0000000E-2
              4       HAS     RAUM            -1.0000000E+0
              5       HAS     WHAS             1.0000000E+0
              6       HAS     TREF             1.0000000E+0
              7       FUX     TREF             1.0000000E+0
              8       TREF    HAS             -2.0000000E-3
              9       TREF    FUX              4.0000000E-4
             10       FUX     FUX             -2.0000000E-1
```

Abb. 4.4: ASS-Repräsentation des Räuber-Beute-Modells

Die Programmierung des Modells umfaßt demnach die Eingabe aller Systemelemente aus dem Simulationsdiagramm sowie sämtlicher Verbindungen, zusammen
mit eventuell angegebenen Gewichtungsfaktoren, sowie die Eingabe der Tabellenfunktionen (soweit vorhanden).
Nach Abschluß der Eingabe hat ASS die Angaben zu allen Modellelementen
(Blöcke und Verbindungen) in internen Tabellen gespeichert. Der hier
beispielhaft vorgestellte Wirkungszusammenhang wird im ASS durch die in
Abbildung 4.4 aufgelisteten Angaben repräsentiert.

Auf den vorhergehenden Seiten wurde versucht, einen Eindruck von der Vorgehensweise beim Modellaufbau und der Programmierung der ASS-Modelle mit

dem Ausgangspunkt "Wirkungsdiagramm' über die Quantifizierung zum Simulationsdiagramm zu geben. Im folgenden sollen noch einmal von einer mehr simulationstechnischen Seite her Informationen gegeben werden, um schließlich die eigentliche Simulation und die Interpretation der Ergebnisse ansprechen zu können.

4.4 Weitere simulationstechnische Informationen

Wie bereits oben beschrieben, arbeitet der Simulator im wesentlichen mit zwei Grundelementen: den Blöcken und den Verbindungen zwischen Blöcken. Informationen über diese Blöcke und die Verbindungenstruktur sind in Tabellen im Rechner abgelegt, wobei grundsätzlich die Verbindungen nur zwischen jeweils zwei Blöcken definiert sind.

Blocknamen bestehen aus bis zu 4 Zeichen (man denke an diese Restriktion, wenn in den folgenden Kapiteln die einzelnen Blöcke nicht immer selbsterklärende Namen tragen). Es wird zwischen 'exogenen' und 'endogenen' Blöcken unterschieden, wobei erstere keine 'Eingänge' haben, das heißt, es gibt keine Verbindung in dem Modell, die den exogenen Block als Zielblock hat. Endogene Blöcke weisen einen oder mehrere Eingänge auf. Jeder Block hat einen Ausgang, über den der aktuelle Zahlenwert (siehe Simulationsmechanismus weiter unten) an andere Blöcke weitergemeldet werden kann.

Neben dem Namen trägt ein Block eine Typenbezeichnung. Diese gibt an, welcher funktionale Zusammenhang zwischen Eingängen und Ausgang des jeweiligen Blocks realisiert wird. Im einfachsten Fall handelt es sich um einen Addierer, wo die Werte, die über die Eingänge hereingemeldet werden, aufaddiert werden und die Summe über den Ausgang weitergemeldet wird.

In den Modellen, die ab Kapitel 6 im Detail beschrieben sind, werden vor allem die folgenden Blocktypen eingesetzt (eine vollständige Liste der ASS-Typen ist im Anhang zu diesem Kapitel beigegeben). Wir führen sie hier im Überblick und mit einer kurzen Erläuterung an, um das Verständnis der Simulationsdiagramme in den folgenden Kapiteln zu erleichtern.

4.4.1 Normale ASS-Blocktypen

In den folgenden Modellen werden vor allem die Funktionen aus der nach-
stehenden Tabelle verwendet.

Typenbez.	Verknüpfung	Bemerkungen
add mul div ---	Addierer Multiplizierer Dividierer Subtrahierer	Eingangswerte werden aufsummiert. Eingangswerte werden miteinander multipliziert. Der Wert des mit (1) gekennzeichne-ten Eingangs wird durch den Wert des mit (2) gekennzeichneten geteilt. Wird über negative Gewichtungen und einem Addierer realisiert
int	Integrator Param.: Anfangswert	Summe der Eingangswerte wird mittels eines einfachen Verfahrens (Euler-Cauchy, Runge-Kutta) integriert.
(x)tbf	Tabellenfunktion Param.: Anzahl Stütz-punkte und Stützwerte	Liefert anhand vorgegebener Stütz-werte durch lineare Interpolation ge-wonnene "Funktionswerte".
(x)stp	Schrittfunktion Param.: Zeitraum der "Wertelieferung"	Dient in den folgenden Modellen zur Definition von Konstanten.
lim	Begrenzer Param.: Grenzwert	Gibt die Eingangswerte bis zu einem bestimmten Grenzwert weiter.
lfl	Relais	Wenn der Eingang (1) größer oder gleich Null ist, erhält der Ausgang den Wert des Eingangs (2), sonst den des Eingangs (3).
min mdl	Minimalwert Modulo Param.: 'Divisor'	Vergleicht Eingangswerte und gibt den kleinsten Wert weiter. Gibt Werte modulo einer vorgegeben Konstante weiter (Rest bei Ganzzahl-division).
(x)tim (x)dt	Simulationszeit Simulationszeit-schrittweite	Liefert die Simulationszeit ins Modell. Liefert die Simulationszeitschritt-weite ins Modell.

Ein (x) vor der Typenbezeichung gibt an, daß es sich hierbei um exogene
Blöcke handeln kann bzw. handelt. (Zum Typ tbf vgl. den Anhang.)

4.4.2 Benutzerspezifische Blöcke

Damit der ASS-Anwender in der Lage ist, für spezielle Fälle das ASS zu
erweitern, sind sogenannte benutzerspezifische Blöcke vorgesehen. Der
Anwender muß dabei selbst die funktionale Verknüpfung zwischen Eingang
bzw. Eingängen und Ausgang des Blocktyps als FORTRAN-Programm definieren
und an das Standard-ASS anbinden (zu den Einzelheiten des Verfahrens vgl.
SIMON 1983).

In dem hier vorgestellten Simulationsmodell mußte vor allem im Teil 'Bodenchemie' auf solche zusätzlichen Programmteile zurückgegriffen werden,
u.a. deshalb, weil das ASS nicht erlaubt, mehrere voneinander unabhängige
Ausgänge aus einem Block zu verwenden. Man kann sich hier aber damit be-
helfen, daß man formal unabhängige Blocktypen definiert, die dann über ein
gemeinsames FORTRAN-Programm miteinander kommunizieren. Im folgenden Modell sind das die Typen:

> BO1 .. BO8   benutzerspezifische Blöcke im Teil 'Bodenchemie'
> (vgl. die dort gegebene inhaltliche Beschreibung).

4.5 Simulation

Die eigentliche Simulation, d.h. das 'Ausrechnen' des Modells, läuft in etwa wie folgt ab: Es wird eine bestimmte Simulationsperiode vorgegeben (der
interne Zeitraum, über den das Modell durchgerechnet wird) und (im einfachen Fall) eine bestimmte Schrittweite, die angibt, in welchen Zeitab-
ständen im vorgegebenen Zeitraum das Modell 'ausgerechnet' wird. Das
Durchrechnen selbst erfolgt so: Zu jedem Rechenzeitpunkt werden für jeden
Block die Werte der Eingänge bestimmt. Aufgrund der Verknüpfungsvorschrift
zwischen Ein- und Ausgang (siehe Typenangabe) wird dann ein Blockwert errechnet. Dieser Blockwert wird dann über die Ausgänge an andere Blöcke,
die mit dem aktuell berechneten verbunden sind, weitergegeben. Weitergeben
heißt, daß diese Werte abgerufen werden, wenn der 'Zielblock' mit dem
"Ausrechnen" dran ist. Das Programm sorgt selbst dafür, daß die in belie-
biger Reihenfolge eingegebenen Blöcke vor der Simulation so geordnet werden, daß sich eine vernünftige Rechenreihenfolge ergibt.

Gleichzeitig wird zu jedem Rechenzeitpunkt der aktuell sich ergebende Wert

jedes Blocks in einer Datei zwischengespeichert, so daß nach Abschluß des
Rechenvorgangs die Ergebnisse geschlossen für den gesamten Simulationszeitraum abgerufen werden können.

4.6 Ergebnisdarstellung

Eine Möglichkeit der Ausgabe der Ergebnisse ist in der Form von Wertetabellen (vgl. Abschnitt 7.3). Von dieser Möglichkeit wird aber nur selten
Gebrauch gemacht, da bei der Simulation dynamischer Systeme meist nicht
genaue Zahlenwerte interessieren, sondern von besonderem Interesse das
zeitliche 'Verhalten' des betreffenden Systems ist. Die Ergebnisdarstel-
lung erfolgt in der Form sogenannter 'Zeitplots', in der die Werteverläufe
ausgewählter Systemelemente über den Simulationszeitraum als Kurven in
einem Koordinatenrechteck dargestellt werden. Auf der einen Achse (X-
Achse/Abszisse) wird dabei grundsätzlich die Simulationszeit aufgetragen;
die Y-Achse (Ordinate) trägt die Skalierung für die darzustellenden Systemelemente. Die folgende Abbildung zeigt für das Beispiel des Räuber-
Beute-Modells die Simulationsergebnisse für die beiden Bestandsgrößen, wie
sie beim interaktiven Arbeiten mit dem ASS am Bildschirmgerät ausgegeben
werden würden. Es handelt sich dabei um Plots auf der Basis von einzelnen
Symbolen, wie sie auch auf herkömmlichen Schnelldruckern ausgegeben werden
könnten, ohne daß graphik-fähige Geräte nötig wären.

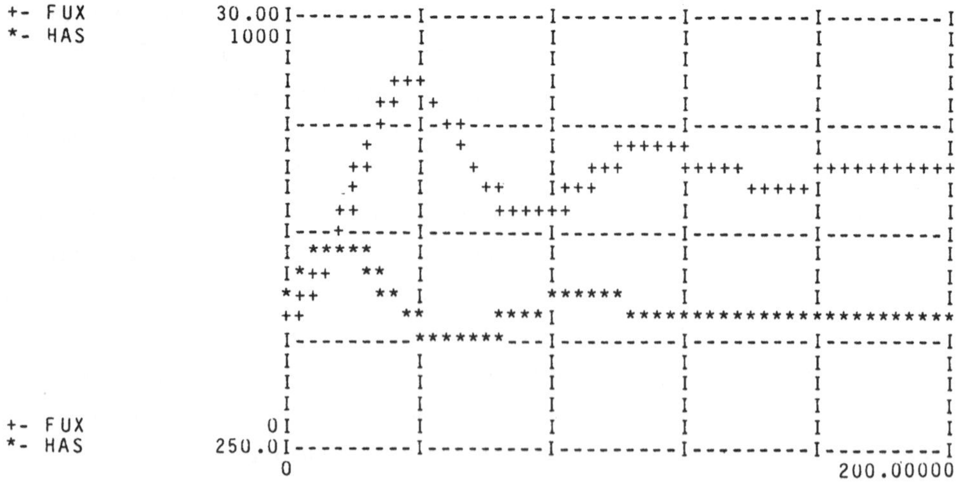

Abb. 4.5: Zeitdiagramm für das Räuber-Beute-Modell (Bildschirmausgabe)

Um die Lesbarkeit der Zeitplots zu erleichtern, wurden die Ergebnisse der
folgenden Simulationsläufe unseres Waldmodells mit einem Plotter als Kur-
venverläufe direkt gezeichnet. Bei der Beschriftung der Ordinate ist zu
beachten, daß für die jeweils dargestellte Variable als Zahlenwerte nur
die Maxima und Minima erscheinen, also der jeweils größte und kleinste
Wert, den der gezeichnete Kurvenverlauf aufweist. Wenn der interessierende
Zahlenwert nicht gerade auf der Abszisse zu liegen kommt, dann müssen die
Zahlenwerte für die dargestellten Variablen ausgerechnet werden, wobei die
Unterteilung der Ordinate (unterteilt in jeweils 10 Intervalle gleicher
Größe) eine gewisse Hilfestellung bietet. Man sollte auch beachten, daß
die Maßstäbe für die verschiedenen Variablen in einem Plot in der Regel
unterschiedlich sind und daß deshalb auch keine Null-Linie, auf die alle
dargestellten Elemente sich gleichermaßen beziehen, angegeben werden kann.

Soweit einige mehr technische Hinweise zum verwendeten Simulationsverfahren. Sie sollten den Aufbau der Simulationsdiagramme, die im folgenden
immer wieder verwendet werden, erläutern. Sie sollten die Vorgehensweise
bei der Simulation beschreiben, und sie sollten schließlich die Ergebnis-
darstellung erklären.

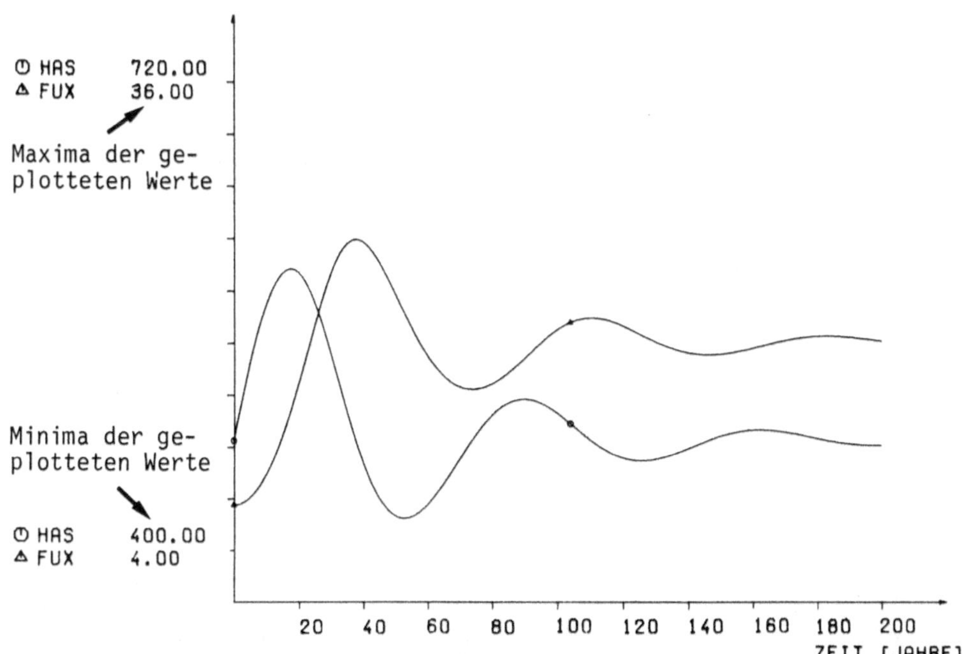

Abb. 4.6: Zeitdiagramm für das Räuber-Beute-Modell (Plotterdarstellung)

4.7 Anhang

4.7.1 Übersicht über die verwendeten Symbole

Zustandsgrößen (Integratoren und Verzögerungen)	als Rechteck	▭
Exogene Größen	als Sechsecke	⬡
Sonstige (endogene) Größen	als Kreise	◯
Tabellenfunktionen		
exogen	als Sechseck mit Balken	⬡
endogen	als Kreis mit Balken	◯

4.7.2 Liste aller ASS-Blocktypen

a) Endogene Strukturblöcke

abs	Absolutbetrag	int	Integrator
add	Addierer	lim	Begrenzer
ata	Arcustangens	log	Logarithmus (Basis 10)
cos	Cosinus	lon	Logarithmus (Basis e)
cou	Zähler	max	Maximalwert
del	Transportverzögerung	min	Minimalwert
dfu	Deltafunktion	mul	Multiplikator
div	Dividierer	pls	Pulsgenerator
dzn	Tote Zone	qui	Simulationsunterbrechung
efu	e-Funktion	ram	Rampenfunktion
exp	Exponentiation	rnd	Zufallsgenerator
ext	Exponentialfunktion	sin	Sinus
hta	hyperbolischer Tangens	sp1 und bo1	Benutzer-
hys	Hysteresis	... ...	spezifische
lf1	Relaisfunktion	sp5 bo8	Funktionen
lf2	Schaltfunktion (−1,0,+1)	stp	Schrittfunktion
md1	Modulo	tbf	Tabellenfunktion

b) exogene (zeitgesteuerte) Strukturblöcke

xtim	Zeitfunktion	xram	Rampenfunktion
xcos	Cosinus	xsin	Sinus
xdfu	Delta-Funktion	xstp	Schrittfunktion
xext	Exponentialfunktion	xtbf	Tabellenfunktion
xpls	Pulsgenerator	xdt	Simulationsschrittweite

4.7.3 Tabellenfunktion

Da in den folgenden Modellen die Tabellenfunktionen eine wichtige Rolle
spielen, werden noch einige Hinweise über deren Einsatz gegeben. Blöcke
vom Typ TBF (oder XTBF) werden dort eingesetzt, wo sich der Zusammenhang
zwischen Modellelementen nicht anhand einfacher Rechenvorschriften definieren läßt. Es werden dann sogenannte Stützwerte eingegeben (vgl. die
entsprechenden Abschnitte bei den Modellbeschreibungen, z.B. im Abschnitt
6.5) und der Funktionswert mittels einer linearen Interpolation bestimmt.
Über den Eingangswert des Blockes wird die Position der Abszisse ausgewählt, für die ein Funktionswert angegeben werden soll. Entweder ist für
diese Stelle ein Stützwert gespeichert, dann wird dieser weitergegeben,
oder aber der Funktionswert wird aus den beiden benachbarten Stützwerten
berechnet. Für Eingangswerte, die kleiner als die erste Stützstelle der
Tabelle sind, wird 0 weitergegeben für Werte, die größer sind als die
letzte Stützstelle, wird der letzte Stützwert angenommen.

4.7.4 ASS-Bezugshinweis

Interessenten für das ASS können sich wenden an

>PROCOS-GmbH, Ahornweg 15, 7517 Waldbronn 2
>(07243/66908) Dr. Hudetz

oder an   GhK-FB 17,   Mönchebergstr. 21, 35 Kassel
>(0561/8042273) K.-H. Simon.

5 Das Waldsterben im Simulationsmodell: Gesamtansatz des Projektes

5.1 Überblick

Der Modellierungsansatz wird durch die Problemstellung, genauer: durch das Problem und den Modellzweck bestimmt. Aus dem Problem und dem Modellzweck leiten sich der gewählte Realitätsausschnitt, der Detaillierungsgrad seiner Darstellung und damit die Systemgrößen, sowie schließlich die Darstellungsart ab.

In diesem Kapitel werden zunächst die Merkmale des Problems 'Waldsterben' sowie der Modellzweck und die Simulationsaufgabe umrissen.

Hieraus folgen die Systemgrenzen, die Systemkomponenten und die erforderliche zeitliche Auflösung des Modells.

Aus diesen Überlegungen ergibt sich die Aufgliederung des Simulationsmodells und der für die einzelnen Teilmodelle zu wählende Modelltyp. Diese Teilmodelle werden in den folgenden Kapiteln vertieft behandelt.

5.2 Problembeschreibung

Die Wälder der Nordhalbkugel, vorwiegend die in einigen hundert Kilometern Umkreis von industrialisierten und dicht besiedelten Gebieten, sind seit wenigen Jahren von einem sich beschleunigenden Verfall erfaßt, der durch den Euphemismus 'neuartige Waldschäden' nur unzureichend beschrieben ist. Zutreffender sind die Begriffe 'Baumsterben' oder 'Waldsterben', da sie den dynamischen Vorgang genauer beschreiben. Insbesondere beschönigen sie nicht den raschen und irreversiblen Zerfall, der nach dem Auftreten der ersten Symptome beobachtet wird.

Der Begriff 'Waldsterben' ist ungenauer, weil er ein epidemieartiges Absterben der Wälder suggeriert, wie es etwa durch Krankheitserreger verursacht werden könnte. Die oft sehr unterschiedlichen Verfallsstadien in einem einzigen Bestand deuten aber darauf hin, daß es sich kaum um eine Ansteckung handeln kann. Es wäre also wohl richtiger, der Individualität des Vorgangs durch die Bezeichnung 'Baumsterben' Rechnung zu tragen. Die unausweichliche Folge des Baumsterbens ist allerdings das Waldsterben, und wir werden daher hier beide Ausdrücke verwenden.

Aus einer Übersicht über die wichtigsten Problemmerkmale ergeben sich erste Hinweise für den Entwurf des Simulationsmodells (BRAUN 1984, LICHTEN-THALER und BUSCHMANN 1984, SCHÜTT 1984):

(1) Das Baumsterben muß seine Ursache in Schadstoffbelastungen der Luft haben, die entweder über das Blatt oder über den Boden, d.h. die Wurzeln (oder über beide Pfade zugleich) den Baum schädigen. Wenn auch der genaue Schadensmechanismus bisher nicht eindeutig geklärt ist, so lassen sich doch andere Schadursachen (etwa eine durch Schaderreger verursachte Epidemie) durch Indizienbeweise als primäre Ursache ausschließen. Der Zusammenhang zwischen Schädigung, den Depositionsbedingungen und dem Grad der Immissionsbelastung unter Berücksichtigung lokaler Immissionsbedingungen (Westhang, Exponiertheit, Höhe der Sperrschicht bei Inversionswetterlagen usw.) ist eindeutig.

(2) Das Baumsterben ist inzwischen bei fast allen Waldbaumarten anzutreffen, sowohl bei Nadel- als auch bei Laubbäumen. Zwar unterscheiden sich die Symptome artenspezifisch etwas, doch lassen sie sich eindeutig in jedem Falle als Unterversorgungssymptome klassifizieren: Der Baum ist nicht mehr in der Lage, die zur Erhaltung der Lebensfunktionen notwendige Menge an Laub und Feinwurzeln auszubilden. Wird dies äußerlich erkennbar, so ist es bereits der Anfang eines rasch fortschreitenden Verfalls, dem der Baum in wenigen Monaten oder bestenfalls Jahren zum Opfer fällt. Die Tatsache, daß alle Waldbaumarten gleichartig betroffen sind, schließt wiederum einen biologischen Schaderreger als primäre Ursache aus.

(3) Dem plötzlichen Auftreten des Waldsterbens und der rapiden Schadenszunahme in Mitteleuropa steht keine entsprechende plötzliche Zunahme der in Verdacht geratenen Schadstoffemissionen gegenüber. Das Fehlen eines solchen Zusammenhangs erschwert das allgemeine Verständnis des Problems, deutet aber klar auf das Vorhandensein von Akkumulations- oder Speichereffekten. Zusammenbruchsartiges Verhalten kann sich hier als Folge läng anhaltender kleiner Schadeinwirkungen ergeben.

(4) Gleichartige Schäden treten auf sehr unterschiedlichen Standorten
auf. Die Bodeneigenschaften bzw. ihre Veränderung durch Luftschadstoffe
können also nur in einem Teil der Fälle als primäre Ursache für das
Baumsterben gelten.

5.3 Der Modellzweck und die Simulationsaufgabe

Ziel unserer Untersuchung ist es, den offensichtlich dynamischen Prozeß
des Baumsterbens im mathematischen Modell darzustellen und damit der
Computersimulation zu öffnen. Wie bei jeder anderen wissenschaftlichen
Untersuchung ist hierbei prinzipiell ein besseres Verständnis des Problems, die Bestätigung oder Erhärtung bekannten Wissens oder die Widerle-
gung bisherigen Wissens zu erwarten. Diese klassische Zielsetzung genügt
uns allerdings hier nicht; die Untersuchung soll nach Möglichkeit auch
Hinweise darauf geben, welche Maßnahmen unternommen werden können oder
unternommen werden müssen, um das Waldsterben wirksam zu bekämpfen.

Aus den o.a. Problemmerkmalen geht hervor, daß bei dieser Untersuchung der
Baum als dynamisches System im Mittelpunkt stehen muß. Der Schadensprozeß
scheint sich vor allem auf dieser Ebene abzuspielen und kann daher weder
auf der Ebene von Einzelkomponenten des Baums (etwa der Untersuchung des
Photosyntheseprozesses allein) noch auf einer höheren Ebene (etwa der
Untersuchung des gesamten Ökosystems Wald) richtig erfaßt werden. Das
Baumsterben ist ein individueller Vorgang und erfordert daher die Beschreibung des Schadensverlaufs am individuellen Baum. Der Erfolg der
systemanalytischen Betrachtung des Baums als System wäre dann daran zu
messen, inwieweit (bei vorausgesetzter Strukturähnlichkeit) das Modell das
dynamische Verhalten des realen Systems gültig beschreiben kann. Läßt sich
diese Gültigkeit nachweisen, so müssen Schlußfolgerungen aus den Simulationen, etwa über notwendige Emissionsbegrenzungen, ernstgenommen werden.

Diese Zielsetzung konzentriert sich auf das bessere Verständnis des dynamischen Vorgangs und nicht so sehr auf seine quantitativ exakte Beschreibung. Diesem Aufgabenverständnis liegt die Vermutung zugrunde, daß der
dynamische Prozeß des Waldsterbens in erster Linie durch qualitativ
gleichartige Strukturelemente des Systems Baum und deren strukturelle
Verknüpfung bestimmt wird, und nicht so sehr durch die artenspezifischen

Werte dieser Komponenten in den einzelnen Baumarten. Der qualitativ gleiche Schadensverlauf bei allen Baumarten spricht für diese Hypothese. Da es aber zunächst einmal darauf ankommt, den dynamischen Prozeß richtig zu verstehen, ist Präzision der Einzeldaten weniger angebracht als Präzision der Strukturbeschreibung. Wir bemühen uns hier um das Letztere, wenngleich die entsprechenden Daten für Fichte verwendet werden.

Die Suche nach der verhaltensrelevanten Systemstruktur führt dazu, daß mehr Gewicht auf die korrekte Beschreibung von Funktionen der einzelnen Systemelemente gelegt werden muß als auf die genaue Beschreibung der Abläufe in ihren chemischen oder physikalischen Einzelheiten. Konkret interessieren also nicht die von einem Schadstoff hervorgerufenen chemischen Veränderungen im Photosyntheseapparat, sondern lediglich die entsprechende Leistungsminderung.

Um falschen Erwartungen vorzubeugen, sei klargestellt, was dieser Ansatz nicht leisten kann: Die Untersuchung kann z.B. nicht die quantitativ genaue Vorhersage des Schadensverlaufs eines bestimmten Baumes ergeben. Sie liefert auch nicht die Detailbeschreibung der einzelnen Prozeßabläufe im Baum. Die Simulationsergebnisse sind auch nicht für die Vorhersage des Schadensverlaufs in einer Region verwendbar. Allerdings ist zu erwarten, daß sich aus der zwischen Realität und Modell bestehenden Strukturähnlichkeit und der daraus resultierenden Prozeßähnlichkeit gültige Rückschlüsse auf das Verhalten von Bäumen unter Schadstoffbelastung und vor allem auf Maßnahmen zur Schadensreduzierung ziehen lassen.

5.4 Strukturierung der Systemdarstellung

Der Grundvorgang des Waldsterbens ist das Baumsterben: Kernstück der Untersuchung wird also die systemare Darstellung des Baums mit seinen wichtigsten Funktionen sein müssen.

Um ein beliebiges System und sein Verhalten darstellen zu können, muß es von seiner Systemumgebung abgetrennt werden, wobei aber gewährleistet bleiben muß, daß alle Ein- und Ausgänge über die Systemgrenzen hinweg richtig berücksichtigt werden.

Bei der systemanalytischen Darstellung des Baums und seiner Prozesse ist die Abgrenzung zur Umwelt nur an den oberirdischen Teilen einfach. Hier können wir uns die Systemgrenze als eine Glocke vorstellen, die über den Baum gestülpt wurde und bis zur Erdoberfläche reicht. Wetter-, Klima- und Emissionseinflüsse können dann als exogen vorgegebene Einträge an Einstrahlung, Niederschlag, Schadstoffmengen usw. vorgegeben werden.

Prinzipiell anders liegen die Dinge im Boden, aus denen der Baum Nährstoffe und Wasser beziehen muß. Auf die Prozesse im Boden hat der Baum selbst einen starken Einfluß durch Nährstoff- und Wasserentzug sowie durch den Abwurf von Laub, dessen Mineralisierung wiederum das Angebot von Nährstoffen im Boden erhöht. Die Systembetrachtung muß also hier den Boden und seine mit dem Baum verkoppelten Prozesse in die Untersuchung einbeziehen.

In einem gleichartigen Bestand kann man davon ausgehen, daß sich im Boden um jeden Baum eine vertikale Grenzfläche ziehen läßt, auf der die Nettosumme der Ein- und Austräge eines interessierenden Stoffes gleich 'Null' ist. Wäre dem nicht so, so müßten sich an einigen Stellen des Bestandes eindeutige Standort-Vor- oder -Nachteile ergeben. Wir setzen hier diese Idealbedingung voraus und brauchen also einen Austausch an den vertikalen Flächen dieser Grenzfläche im Erdboden nicht zu berücksichtigen, müssen aber den Austausch (Sickerwasser, Nährstoffausträge im Sickerwasser, Kapillarwasseraufstieg, Nährstoffaufnahme aus tieferen Schichten und aus der Gesteinsverwitterung usw.) durch eine unter dem Baum liegende horizontale Grenzfläche einbeziehen.

Innerhalb dieser Systemabgrenzung lassen sich mehrere miteinander verkoppelte Teilsysteme unterscheiden (Abb. 5.1): Es sind dies das System 'Baum', das den Baum selbst und seine Funktionen darstellt; das System 'Mineralisierung', das die Zersetzung organischer Abfälle und die Rückführung der in ihnen enthaltenen Nährstoffe enthält; das System 'Bodenwasser', das die Vorgänge der Wasserhaltung im Boden enthält; und schließlich das System 'Bodenchemie', das die für das Pflanzenwachstum wichtigen Veränderungen der Bodenchemie als Ergebnis von H-Ioneneintrag und -austrag enthält. Die Teilsysteme sind durch Kopplungsgrößen verbunden, die den Stoff- und Informationsaustausch zwischen den Teilsystemen beschreiben.

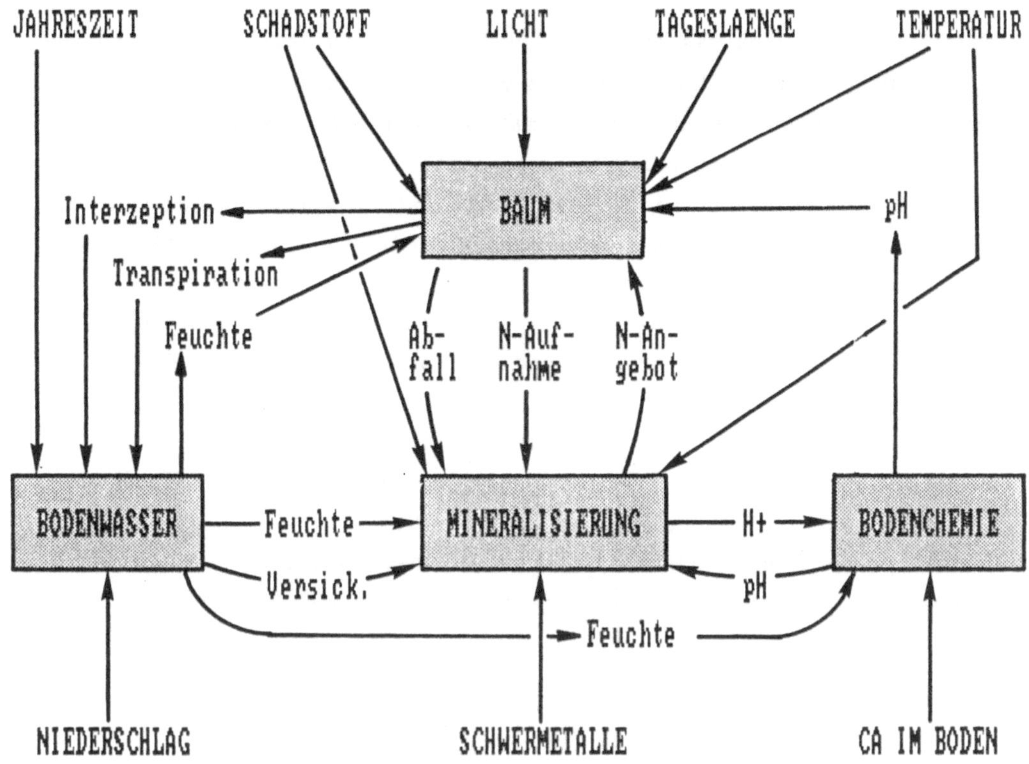

Abb. 5.1: Überblick über das Gesamtmodell, seine Verkopplungen und exogenen Eingänge.

Im folgenden sprechen wir nicht mehr von Teilsystemen, sondern von Teilmodellen und beschreiben dabei die für die vorliegende Untersuchung gewählte Abgrenzung und Struktur. Es muß hier noch einmal betont werden, daß die Wahl der Modelldarstellung vom Problem und vom Modellzweck her bestimmt werden, und daß daher andere Darstellungen möglich sind.

5.4.1 Teilmodell 'System Baum'

Das Teilmodell 'System Baum' soll in der Lage sein, die wichtigsten Lebensfunktionen eines Baumes in Abhängigkeit von jahreszeitlichen Einflüssen wie Lichtgenuß, Niederschlägen, Temperatur und als Funktion von Nährstoff- und Wasserangebot sowie Schadstoffeinträgen darzustellen. Das Mo-

dell muß dabei erstens die normalen Lebensfunktionen des Baums wie Photosynthese, Nährstoffaufnahme, Wachstum von Laub, Feinwurzeln und holziger
Biomasse usw. nachbilden können, es muß zweitens auch die Reaktion auf
Schadstoffe darstellen können. Diese Schadstoffe können den Baum prinzipiell über alle seine Außenflächen an Laub, Ästen, Stamm und Wurzeln
erreichen. Im Modell beschränken wir uns allerdings auf die Blätter (Nadeln) und die Feinwurzeln als die weitaus wichtigsten Austauschflächen.
Damit reduziert sich im Modell der Kontakt des Baums mit seiner Umwelt auf
zwei mögliche Pfade: den Blattpfad und den Wurzelpfad (Abb. 5.2). Im
Modell wird für jeden dieser Pfade eine bestimmte Schadwirkung angenommen:
Beim Blattpfad beeinträchtigen die Schadstoffe die Photosyntheseleistung
des Blattes; beim Wurzelpfad wird angenommen, daß die Schadstoffbelastung
die Absterberate der Feinwurzeln erhöht. Die Quantifizierung dieser beiden
Schadwirkungen ist mit den vorliegenden Meßdaten möglich, ohne daß der
Schadmechanismus selbst genauer dargestellt werden muß.

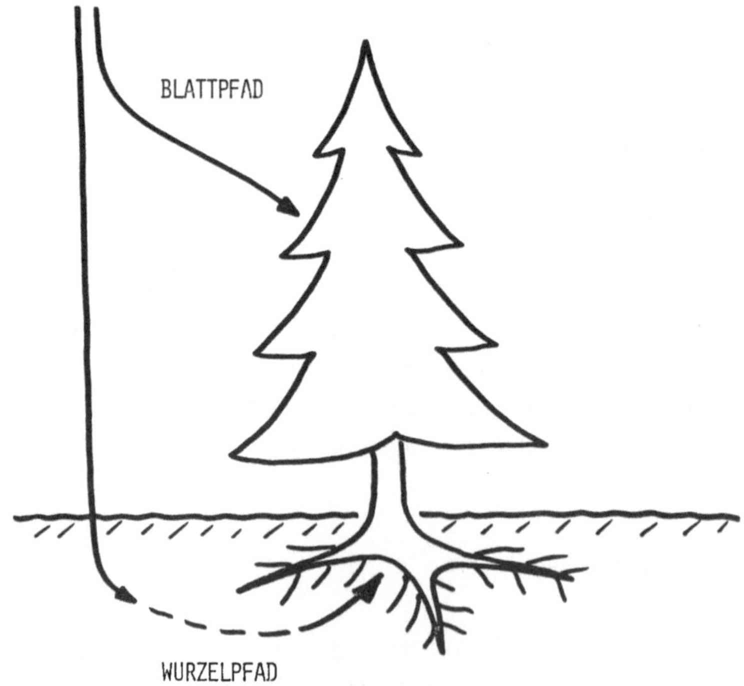

<u>Abb. 5.2:</u> Die wichtigsten Belastungspfade des Baumes sind der Blattpfad
und der Wurzelpfad.

In seinen Blättern produziert der Baum mit Hilfe der Photosynthese Assimilate, die teilweise zur Aufrechterhaltung der Lebensfunktionen des Baumes durch Laub, Wurzeln und Sproß wieder veratmet werden, die aber auch teilweise in neues organisches Material wie Laub, Wurzeln und Holz angelegt werden. Das Wachstum des Baumes und seine Lebensfähigkeit hängen von dieser Assimilatbilanz ab: Falls die gebildeten Assimilate für die Laub- und Wurzelneubildung und evtl. gar für die Atmung nicht mehr ausreichen, ist das Weiterleben gefährdet.

Die Produktion von Assimilaten erfordert bestimmte Mengen von Wasser und Nährstoffen, die über die Feinwurzeln aus dem Boden herangeschafft werden müssen. Da im allgemeinen Stickstoff in unseren Wäldern ein limitierender Faktor ist, genügt es, in der Modelldarstellung des Baums nur Stickstoff zu berücksichtigen.

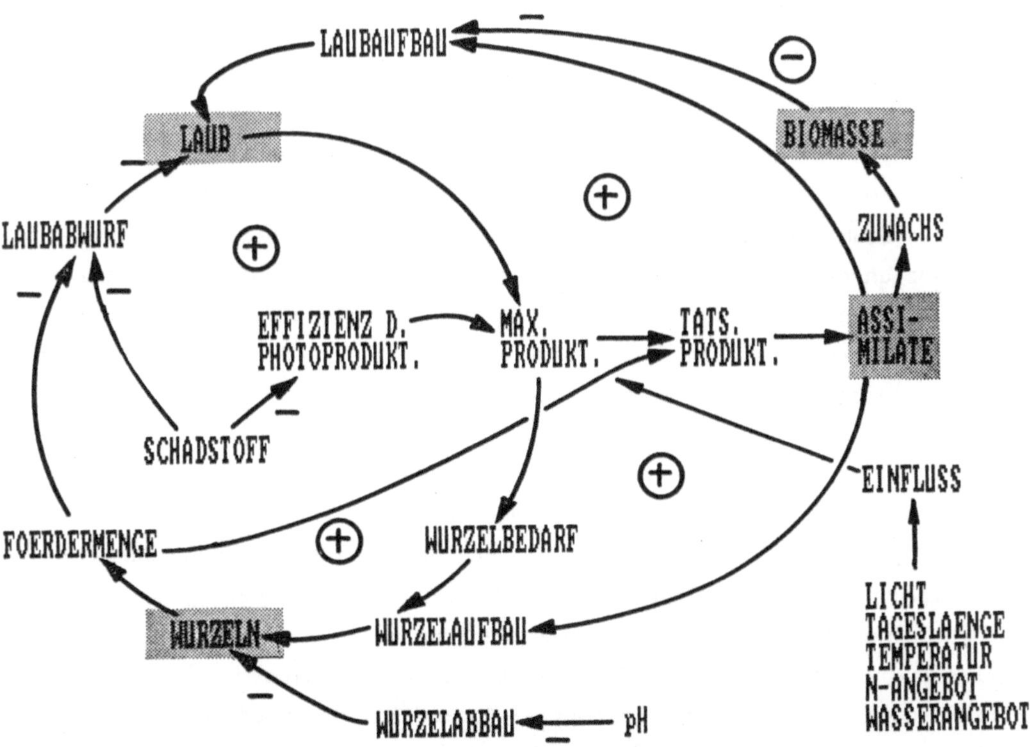

Abb. 5.3: Überblick über das Teilmodell 'System Baum' (vereinfachtes Wirkungsdiagramm). Die Vorzeichen in Kreisen deuten positive bzw. negative Rückkopplungskreise an.

Aus diesen Betrachtungen ergibt sich als verhaltensrelevante Struktur des Systems Baum das Wirkungsdiagramm der Abb. 5.3. Man erkennt hier die normalerweise zu weiterem Wachstum führenden positiven Rückkopplungen. Lediglich der dämpfende Effekt der genetisch begrenzten Laubmenge verhindert, daß der Baum 'in den Himmel wächst'. Die positiven Rückkopplungskreise lassen auch erwarten, daß es bei einer Schädigung an einem der möglichen Angriffspunkte prinzipiell zu einem beschleunigten Verfall kommen kann.

Die im Wirkungsdiagramm skizzierten Zusammenhänge finden sich auch im von uns verwendeten Modell wieder. Sie sollen daher kurz skizziert werden.

Die die Photosyntheseproduktion bestimmende Laubmenge hat Zugänge durch den Neuaustrieb von Blättern und Abgänge durch den normalen Blattabwurf. Ein weiterer Laubabwurf kann auftreten durch Unterversorgung für die Atmung bei Assimilatmangel sowie durch eingeschränkte Wasser- und Nährstoffversorgung, wenn die Förderleistung der Feinwurzeln nicht ausreichen sollte.

Die Photosynthese-Effizienz der Blätter, die als zweiter Faktor die produzierte Assimilatmenge bestimmt, reduziert sich allmählich mit ihrem Alter. Beim Nadelbaum werden Nadeln abgeworfen, wenn sie eine gewisse Mindesteffizienz unterschritten haben. Die Verringerung dieser Blatteffizienz ist wesentlich von der Schadstoffbelastung der Luft abhängig. Diese bestimmt die Blattalterung und damit auch die Zahl der Nadeljahrgänge, die noch am Baum verbleiben.

Aus dem Produkt der Laubmenge und der mittleren Blatteffizienz ergibt sich die maximal mögliche Photoproduktion des Laubes. Diese setzt jedoch eine gewisse Förderleistung der Feinwurzeln und damit eine bestimmte Wurzelmenge voraus. Durch Vergleich des Feinwurzelbedarfs mit der vorhandenen Feinwurzelmenge ergibt sich ein relativer Wurzelbedarf. Der Assimilatbedarf für die Feinwurzelneubildung richtet sich nach diesem relativen Wurzelbedarf sowie nach der Feinwurzel-Abbaurate, die wiederum durch die Wirkung von Schadstoffen im Boden erhöht sein kann. Die Feinwurzelmenge folgt aus der Feinwurzel-Aufbaurate, aus der Abbaurate und aus evtl. Feinwurzelverlusten durch Unterversorgung an Assimilaten für die Feinwurzelatmung.

Der tatsächliche Feinwurzelbestand bestimmt die Förderleistung der Feinwurzeln an Wasser und Nährstoffen und damit die tatsächliche Assimilatproduktion. Die sich daraus ergebende Akkumulation von Assimilaten wird verringert um den Atmungsbedarf, um die für die Laub- und Feinwurzelbildung benötigten Assimilate und um den evtl. Biomassezuwachs. Die Verteilung der Assimilate selbst bestimmt sich aus den Anforderungen von Feinwurzeln, Laubneubildung und Atmung. Etwaige Überschüsse gehen in den Biomassezuwachs. Der Bestand an holziger Biomasse erhöht sich durch den Biomassezuwachs und vermindert sich durch normale Abfallverluste, durch Verdorren bei Trockenheit und durch Verluste bei Unterversorgung mit Atmungsassimilaten. Die Biomassemenge (indirekt das Alter des Baums) bestimmt die Normalmenge des Blattneuaustriebs und damit die Assimilatanforderung für die Laubneubildung. Aus diesen Betrachtungen und aus dem Wirkungsdiagramm der Abb. 5.3 wird offensichtlich, daß auch in einer vereinfachten Darstellung der Baum ein relativ komplexes System mit mehreren Rückkopplungskreisen darstellt, dessen dynamisches Verhalten sich aus einzelnen Meßdaten ohne eine Simulation der dynamischen Zusammenhänge nicht bestimmen läßt.

Obwohl im Modell die systemaren Zusammenhänge des einzelnen Baumes dargestellt werden, sind wir bei der Quantifizierung jedoch auf flächenspezifische Daten angewiesen (z.B. Biomasse pro Hektar, Zuwachs pro Hektar und Jahr). Bei der Beurteilung der Ergebnisse ist daher zu berücksichtigen, daß die Simulationsergebnisse nicht die Entwicklung eines einzelnen Baums, sondern die eines gleichartigen Bestands widerspiegeln.

Für den Entwurf des Systemmodells muß noch festgelegt werden, mit welcher zeitlichen Auflösung das Modell arbeiten soll. Das Modell muß die Entwicklung eines Baums über Jahre und evtl. Jahrzehnte beschreiben können. Auf der anderen Seite ändern sich die Funktionsbedingungen des Baums im jahreszeitlichen Wechsel oft über wenige Tage. Läßt man jedoch die statistischen Veränderungen des Wettergeschehens außer Betracht, so ist anzunehmen, daß mit einer zeitlichen Auflösung von einer Woche noch ein gültiges Simulationsergebnis erzielt werden kann. Als Zeitschritt wird bei unseren Simulationen daher eine Woche gewählt.

5.4.2 Teilmodell 'Mineralisierung'

Im Teilmodell 'Mineralisierung' wird die allmähliche Mineralisierung toter
organischer Substanz in der obersten Bodenschicht (Ah-Horizont) beschrieben. Für unsere Zwecke genügt es, sich auf Stickstoffverbindungen zu beschränken. Die wichtigsten Komponenten dieses Teilmodells sind der Prozeß
der Ammonifikation der toten Substanz, d.h., der Umformung in Ammoniak und
der Prozeß der Nitrifikation von Ammonium zu Nitrat. Die für diese Beschreibung erforderlichen Zustandsgrößen sind die Menge des organischen
Materials (bzw. des in ihm enthaltenen Stickstoffs), die Menge des im
Boden verfügbaren Ammoniums und schließlich die Menge des im Boden vorhandenen Nitrats. Die Übergangsraten zwischen diesen einzelnen Größen werden
durch die Aktivität der entsprechenden Mikroorganismen bestimmt, die wiederum vor allem von Feuchtigkeit, Temperatur, pH-Wert und der Anwesenheit
von Schadstoffen wie z.B. freien Aluminium-Ionen und Schwermetallen abhängig ist.

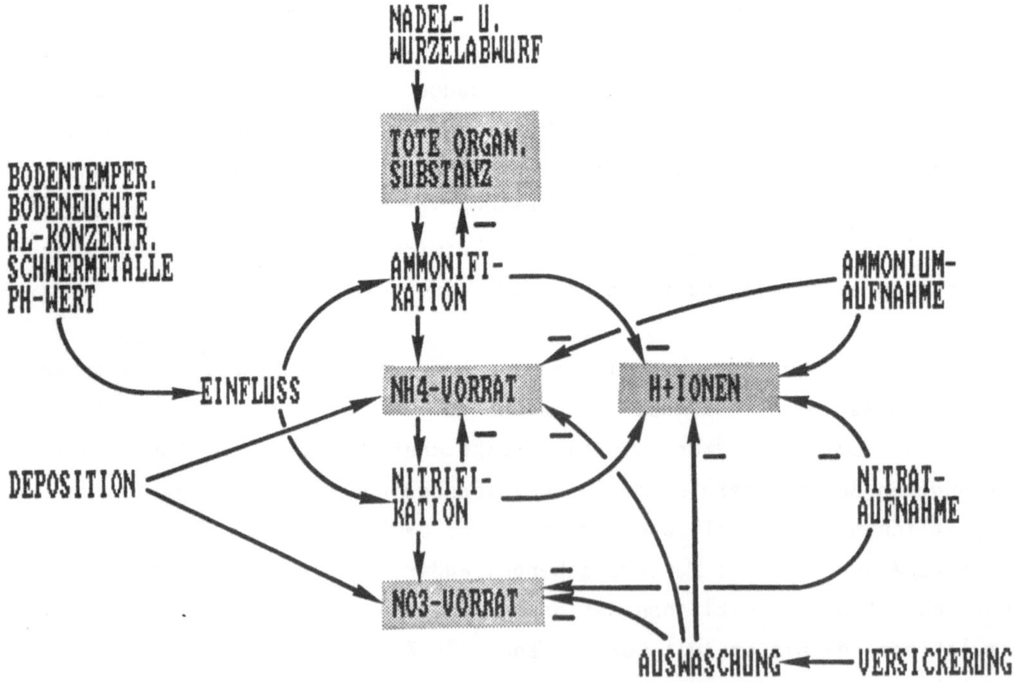

Abb. 5.4: Überblick über das Teilmodell 'Mineralisierung'
(vereinfachtes Wirkungsdiagramm).

Das Wirkungsdiagramm dieses Teilmodells zeigt die Abb. 5.4. Es enthält keine Rückkopplungskreise und läßt daher, für sich allein genommen, ein relativ einfaches dynamisches Verhalten (exponentielles aperiodisches Einschwingen) erwarten. Ein verhaltensbestimmender Rückkopplungseffekt ergibt sich erst bei der Ankopplung des Systems Baum: Der Laub- und Wurzelabwurf bestimmt hier die Menge des mineralisierten Stickstoffs und damit das mögliche Wachstum des Baums.

Im Teilmodell 'Mineralisierung' wird der Eintrag an organischer Substanz als Ergebnis aus dem Teilmodell Baum vorausgesetzt. Es handelt sich um abgeworfene Blätter, abgestorbene Wurzeln und Totholz. Da das Teilmodell 'Bodenchemie' zunächst auf einen Bodenhorizont (Ah) beschränkt ist, wurde die gleiche Einschränkung zunächst auch beim Teilmodell 'Mineralisierung' eingeführt: Das Modell betrachtet nur die Mineralisierung in der Ah-Schicht. Um die Stoffkreisläufe in vereinfachter Form modellieren zu können, wurde angenommen, daß die Aufnahme von Mineralstoffen zu 5/12 aus dem Ah-Horizont, zu 5/12 aus der organischen Auflage und zu 1/6 aus dem Unterboden erfolgt (Setzungen). Bei der Stickstoffaufnahme werden daher die Werte aus dem Oberboden mit 12/5, bei der Rückgabe die Werte für Nadelabwurf und Totwurzelanfall mit 5/12 multipliziert. Ebenso wurde mit dem Eintrag durch Niederschläge und der Auswaschung verfahren, um bei Standardbedingungen ausgeglichene Stoffbilanzen zu ermöglichen. Da sich die physikalischen und chemischen Bedingungen (Temperatur, Feuchte, pH-Wert) im Boden mit zunehmender Tiefe sehr stark verändern, ist jedoch die schichtenweise Betrachtung der Mineralisierungsvorgänge anzustreben. Für eine genauere Darstellung müßte das Modell noch um weitere Schichten ergänzt werden.

Die tote Substanz wird durch Zersetzer zunächst ammonifiziert, d.h. zu Ammonium umgewandelt. Bei diesem Prozeß bestimmen die jeweilige Bodentemperatur, Bodenfeuchte, pH-Wert sowie die Aluminium- und Schwermetallkonzentrationen die Zersetzungsrate. Der Ammoniumvorrat im Boden wird durch diesen Zersetzungsprozeß wie auch durch Niederschläge erhöht; er vermindert sich durch Ammoniumaufnahme durch Pflanzen und durch Auswaschung. Das verbleibende Ammonium unterliegt der Nitrifizierung durch Mikroorganismen, wobei die Nitrifikationsrate wiederum stark abhängig ist von der Bodentemperatur, der Bodenfeuchte, dem pH-Wert und der Aluminium- und Schwermetallkonzentration. Der Nitratvorrat im Boden erhöht sich durch die Nitri-

fikation und Beiträge aus dem Niederschlag; er vermindert sich durch die
Nitrataufnahme durch Pflanzen und durch Auswaschung. Mit diesen Vorgängen
im Boden ergibt sich auch eine Veränderung der H-Ionenbilanz, die wiederum
den pH-Wert im Boden beeinflußt. Der pH-Wert selbst wird im Bodenchemie-
Modell berechnet.

Da die Mineralisierung durch die jahreszeitlich wechselnden Wetter- und
Vegetationsdaten bestimmt ist, erweist sich der Zeitschritt von einer
Woche auch hier als vernünftig, um die Dynamik des Systems in genügend
hoher Auflösung zu beschreiben.

5.4.3 Teilmodell 'Bodenwasser'

Im Teilmodell 'Bodenwasser' wird die jeweils für den Baum verfügbare
Bodenwassermenge berechnet. Während es aber im Modell Mineralisierung
möglich war, in erster Näherung die Beschreibung der Mineralisierung auf
die oberste Bodenschicht (den Ah-Horizont) zu beschränken, muß das Teilmodell Bodenwasser auch den tieferen B-Horizont einbeziehen, da der Baum
einen großen Teil seines Wassers hieraus bezieht. Die Zustandsgrößen sind
hier das Bodenwasser im Ah-Horizont und das Bodenwasser im B-Horizont. Das
Wirkungsdiagramm zeigt die Abb. 5.5. Auch in diesem Teilmodell sind keine
Rückkkopplungen enthalten; wichtige Rückkopplungskreise entstehen erst
nach Ankopplung des Teilmodells Baum. So ist die Transpiration des Baums
u.a. eine Funktion der im Boden vorhandenen Wassermenge, und diese wiederum ist abhängig von der Transpiration.

Nicht alle Niederschläge erreichen den Boden; ein Teil wird durch Inter-
zeption vom Baum aufgehalten und an seiner Oberfläche verdunstet. Der
Bodenwasservorrat wird durch den um die Interzeption verminderten Nieder-
schlagsbetrag erhöht; er vermindert sich durch Verdunstung an der Bodenoberfläche, durch Versickerung und vor allem durch die Transpiration des
Baums, die dem Boden Wasser entzieht. Bei entsprechender (feinkörniger)
Bodenstruktur kann das Bodenwasser im Ah-Horizont auch eine wesentliche
Ergänzung durch kapillaren Aufstieg aus dem B-Horizont erfahren. Die Wasserhaltekapazität jeder Bodenschicht ist abhängig von der Bodenstruktur
(in erster Linie der Bodenkörnung) und vom Gehalt an organischem Material,
dessen hohe spezifische Wasseraufnahmefähigkeit relativ viel Wasser im

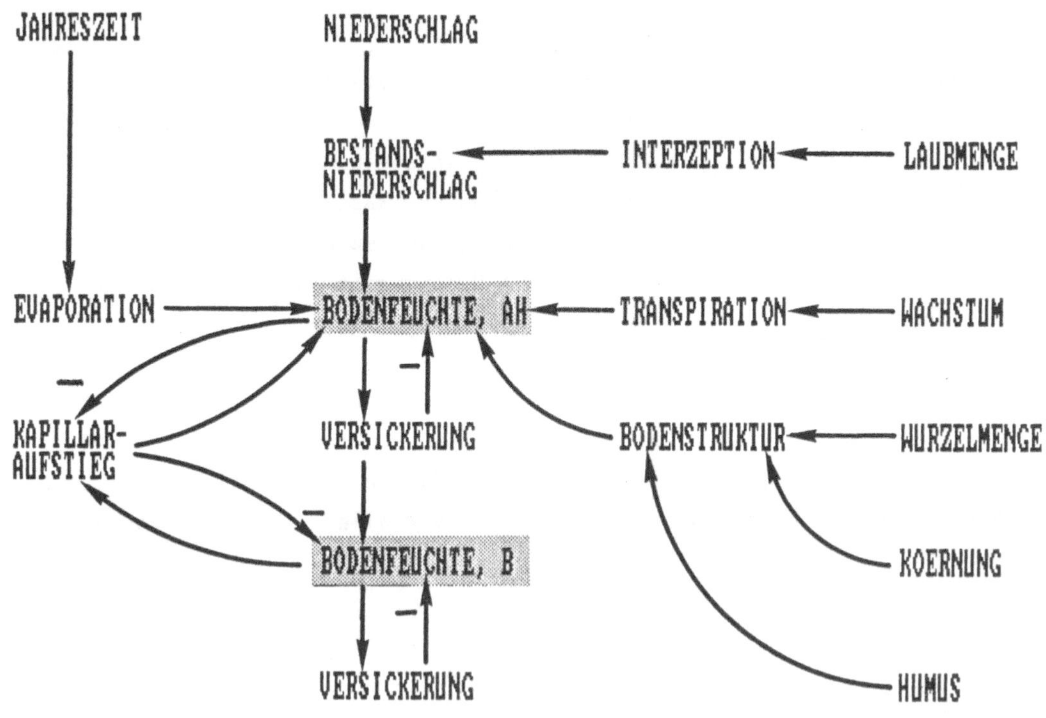

Abb. 5.5: Überblick über das Teilmodell 'Bodenfeuchte'
(vereinfachtes Wirkungsdiagramm).

Boden binden kann. Die maximale Wasserhaltekapazität des mineralischen
Bodenanteils wird durch seine nutzbare Feldkapazität beschrieben, diese
entspricht dem zwischen dem permanenten Welkepunkt und der Wassersättigung
speicherbaren Wassermenge. Die jeweilige Bodenfeuchte läßt sich in Prozent
der maximalen Wasserhaltekapazität (Feldkapazität des mineralischen Bodens
+ Speicherfähigkeit der organischen Substanz) angeben. Über die Bodenfeuchte ergibt sich auch eine Verkopplung mit der Mineralisierung.

Da die Bodenwasserprozesse wiederum den Einflüssen von Wetter und Jahreszeit unterliegen, ist auch hier, wie bei den anderen Modellen, der Zeitschritt von einer Woche angebracht.

5.4.4 Teilmodell 'Bodenchemie'

Das Teilmodell 'Bodenchemie' beschränkt sich auf die allernotwendigsten bodenchemischen Reaktionen des Aluminium-Pufferbereichs, d.h. es ist gültig für den Bereich von pH 4.2 bis pH 2.8 in der Bodenlösung. Das Teilmodell berücksichtigt allein den Eintrag von Wasserstoff-Ionen. Er kommt aus dem Nachbarmodell 'Mineralisierung' und setzt sich zusammen aus der natürlichen H-Ionenproduktion und dem H-Ioneneintrag aus atmosphärischen Schadstoffen.

Unter der Annahme bodenchemischen Gleichgewichts berechnet das Teilmodell jeweils die aktuellen Konzentrationen an freien und austauschbaren Ionen für Wasserstoff, Aluminium (Al) und Calcium (Ca) in der Bodenlösung. Für die Schädigung der Feinwurzeln interessiert vor allem die H-Ionenkonzentration.

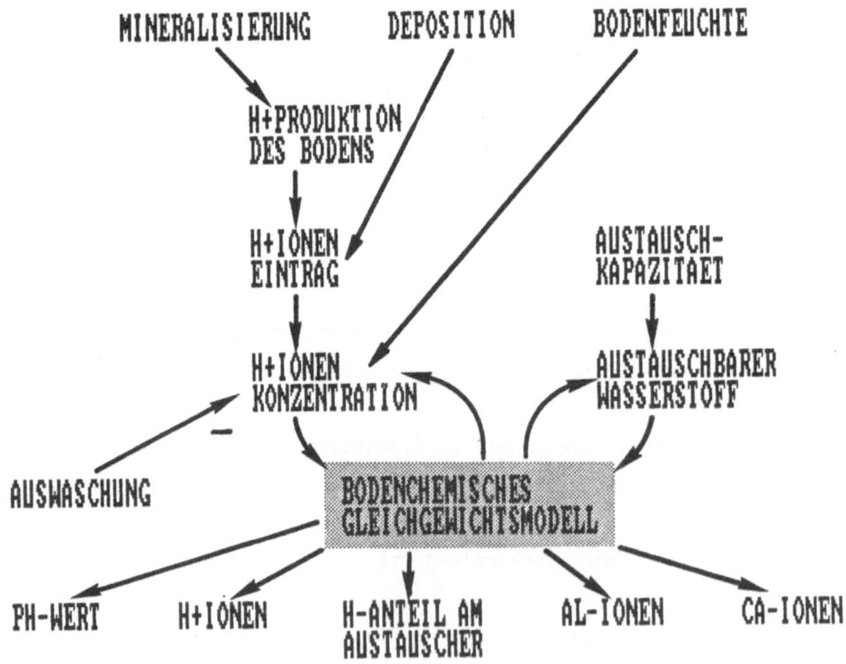

Abb. 5.6: Überlick über das Teilmodell 'Bodenchemie'
          (vereinfachtes Wirkungsdiagramm)

Das Wirkungsdiagramm dieses Teilmodells zeigt die Abb. 5.6. Im Gegensatz zu den anderen Teilmodellen wird dieses Modell nicht durch einen Satz von Differentialgleichungen dargestellt. Es handelt sich vielmehr um ein nichtlineares (algebraisches) Gleichungssystem, das aus vier thermodynamischen Gleichgewichtsbedingungen und drei Erhaltungsgleichungen besteht. Das Gleichungssystem wird mit Hilfe des Newton-Verfahrens numerisch gelöst, und zwar entsprechend dem aus den anderen Teilmodellen vorgegebenen Zeittakt jeweils wöchentlich. Es stellt wöchentlich den pH-Wert für die Teilmodelle 'Mineralisierung' und 'System Baum' bereit.

5.5 Zusammenfassung der Annahmen und Hypothesen

Problemstellung und Modellzweck haben zu dem hier verkürzt beschriebenen Modellansatz geführt, der in den folgenden Kapiteln in Einzelheiten erläutert wird. Die Simulationsergebnisse bestätigen unserer Meinung nach die Gültigkeit des Ansatzes und damit der getroffenen Vereinfachungen und Annahmen. Bei Anwendungen unter anderen Bedingungen ist jedoch jeweils zu prüfen, ob die getroffenen Annahmen noch ihre Gültigkeit haben. Die wichtigsten Annahmen seien hier zur Übersicht noch einmal aufgeführt:

(1) Das Baumsterben wird als eine Funktionsstörung und als Funktionszusammenbruch des Baums als individuelles System unter Einfluß von Schadwirkungen auf Wurzeln und/oder Blätter verstanden. Die Quantifizierung erfolgt mit flächenspezifischen Daten eines gleichartigen Bestandes.

(2) Die Schadwirkung des Wurzelpfads besteht in der Beschleunigung des Feinwurzelabbaus bei einer Absenkung des pH-Werts im Boden über einen Schwellenwert hinaus.

(3) Die Schädigung über den Blattpfad besteht in der Herabsetzung der Photosyntheseleistung durch Luftschadstoffe wie SO_2 und Photooxidantien.

(4) Eine Schädigung durch biotische Schaderreger wird nicht berücksichtigt.

(5) Die Funktion des Baums wird vor allem durch seine Assimilatproduktion beschrieben, bei der die Leistungen der Photosynthese, die Laubmenge und

die Nährstoff- und Wasserversorgung durch die Feinwurzeln die wesentliche
Rolle spielen.

(6) Die jahreszeitliche Dynamik von Laubaustrieb, Feinwurzelbildung, Assi-
milatakkumulation usw. ist erfaßt.

(7) Die Darstellung des Systems Baum allein enthält bereits die Systemkomponenten und Verknüpfungen, die bei Schadstoffbelastung zu Zusammenbruchsverhalten führen können.

(8) Die Wasserversorgung des Baums wird durch die von Bodeneigenschaften
und von Niederschlägen abhängige Bodenfeuchte in den oberen Bodenbereichen
dargestellt.

(9) Die Nährstoffversorgung wird durch die Stickstoffversorgung als Leit-
nährstoff beschrieben. Das Modell beschreibt die Mineralisierung organischer Substanz in der oberen Bodenschicht und die entsprechende Veränderung des Ammonium- und Nitratvorrats im Boden.

(10) Das Bodenchemie-Modell gilt für den Aluminium-Pufferbereich zwischen
pH 4.2 bis pH 2.8. Es berechnet unter der Annahme von Gleichgewicht nähe-
rungsweise den pH-Wert im Boden, der im System Baum die Wurzelschädigung
bestimmt.

(11) Der Zeitschritt aller Modellteile ist die Woche. Die Dynamik ist
durch die jahreszeitliche Veränderung der Luft- und Bodentemperatur bestimmt. Die typische Schadensdynamik ist erst bei Simulationen über
mehrere Jahre zu erwarten.

(12) Bei Anwendung ohne Schadbelastung stellt das Modell das 'Normalwachstum' eines gleichartigen Bestandes dar.

6 Simulation des Systems Baum unter Schadstoffbelastung

H. Bossel, D. Gockert, H. Krieger, W. Metzler, H. Schäfer

6.1 Das Teilmodell »System Baum«: Überblick

Im Rahmen des Gesamtmodells zur Beschreibung der Auswirkungen von Schad-
stoffeinträgen in Waldökosysteme hat das vorliegende Teilmodell 'System
Baum' die Aufgabe, den jahreszeitlichen Rhythmus des Baumes sowie die
Reaktion seiner Organe auf äußere Einflüsse zu modellieren.

Als natürliche Steuergrößen, die die richtige jahreszeitliche Simulation
im normalen, ungeschädigten Fall induzieren, finden Lichteinstrahlung,
Tageslänge und Lufttemperatur Eingang in das Modell. Als Bodentemperatur,
die bei der Beschreibung des Wurzelwachstums wichtig wird, wurde für die
oberste Bodenschicht vereinfacht die um $1^{o}C$ erniedrigte Lufttemperatur
übernommen. Mit diesen Steuergrößen wird die momentane Bewurzelung und
Belaubung sowie der Bestand an holziger Biomasse berechnet. Es erschien
weiterhin wichtig, den Zuwachs dieser Bestände aus einem bauminternen
Assimilatspeicher zu speisen. Die hierin enthaltenen Assimilate entstehen
als Photosyntheseprodukt unter wesentlichem Einbezug der oben genannten
externen Größen.

Neben dem Assimilatspeicher enthält das Modell einen pflanzeninternen
Stickstoffspeicher, der die Beschreibung des Stickstoffrückflusses aus
abzuwerfenden Nadeln ermöglicht. Als Repräsentanten des atmosphärischen
Schadstoffeintrages wurden die Gehalte an Schwefeldioxid, Stickoxiden,
Fluorwasserstoffen, Chlorwasserstoff und Ozon in der Luft gewählt. Um
die Dauer der Schadstoffeinträge einbeziehen zu können, wird deren momentane Wirkung in einem Speicher zur Gesamtwirkung gesammelt. Diese wiederum ruft eine Verminderung der Photosynthesefähigkeit der Nadeln sowie
einen schädigungsbedingten Nadelmehrabwurf hervor. Parallel zu letzterem
ändert sich auch der Grad der Benadelung des Baumes.

Als weiteren Schadensfaktor berücksichtigt das Modell den pH-Wert der
Bodenlösung. Bei Verschlechterung dieses Bodenversauerungsindikators
erhöht sich die Feinwurzelabbaurate. Ein verstärktes Wurzelsterben ist
die Folge.

Neben den beschriebenen, getrennt nach Wurzel- oder Nadelwirkung wahr-
nehmbaren Reaktionen des Systems auf Schadenseinflüsse kommt es durch
komplexe Wechselbeziehungen zwischen den einzelnen Systemgrößen zu weiteren Veränderungen auch an Teilen des Systems, die nicht direkt betroffen sind: Bei einer verminderten Assimilatproduktion - etwa durch
Verschlechterung der Blatteffizienz oder durch zu geringe Förderleistung
der Wurzeln - kommt es zu geringerem Wachstum der Wurzeln, der Nadeln
sowie auch der holzigen Biomasse. Übersteigt bereits der Atmungsbedarf
dieser Organe das Assimilatangebot, so wird ein zusätzlicher Abbau bewirkt. Andererseits ist auch eine Nachforderung an Wurzeln möglich, falls
die momentane Assimilatproduktion deren Förderkapazität übersteigt. Neben
den Auswirkungen von Schadstoffeinträgen in das System berücksichtigt das
Modell die Reaktionen des Baumes auf Änderungen der Bodenfeuchte und des
Bodenstickstoffgehaltes. Im Falle von Unterversorgung schränken beide
Einflüsse letztlich wiederum die Assimilatproduktion ein.

Obwohl die Temperaturdaten nur monatlich vorliegen, ist das Modell auf
eine zeitliche Auflösung von einer Woche ausgelegt (diskretes Modell).
Die Simulationsläufe in Abschn. 6.7 und 6.8 sind mit der Schrittweite

$$DT = 1 \text{ Woche} = 1/52 \text{ Jahr } (1/52 \text{ [a]})$$

gerechnet worden. Die Modellgleichungen für die Zustandsgrößen (z.B. für
LAUB) sind im folgenden für das Eulersche Verfahren formuliert, mit dem
auch die Simulationsläufe durchgeführt worden sind. Es läßt sich im Prin-
zip durch jedes andere Einschrittverfahren zur numerischen Integration
von Anfangswertproblemen bei gewöhnlichen Differentialgleichungen 1. Ord-
nung ersetzen (z.B. durch ein Verfahren vom Typ Runge-Kutta), ohne daß
sich die Simulationsergebnisse wesentlich ändern.

6.2 Wirkung von Luftschadstoffen auf Wurzeln und oberirdische Pflanzenteile

6.2.1 Wirkung von Luftschadstoffen auf oberirdische Pflanzenteile

Die Wirkung von Luftschadstoffen auf Pflanzen im Freiland ist ein äußerst
komplexer Vorgang, da stets mehrere Schadstoffe in unterschiedlicher Kombination und Konzentration gemeinsam einwirken, und es damit sowohl zu syner-
gistischen als auch antagonistischen Effekten kommen kann. Auch ist die
Toxizität von Schadgasen ganz wesentlich von den edaphischen, topographi-

schen und meteorologischen Bedingungen, denen die Pflanzen ausgesetzt sind, abhängig. Dies gilt sowohl für die klimatische, jahreszeitliche und ernährungsbedingte Disposition bzw. Resistenz von Pflanzen gegenüber bestimmten Konzentrationen von Schadstoffen als auch für die Möglichkeit der Schadgase, überhaupt in die Pflanze einzudringen und ihre Giftigkeit zu entfalten.

Die Wirkung von Immissionen ist daher zu einem großen Teil im Labor unter definierten Umweltbedingungen untersucht worden. Dabei werden die Testpflanzen, in der Regel Keimlinge oder Jungpflanzen, bestimmten Konzentrationen von Gasen ausgesetzt und aus der sichtbaren Schädigung der Pflanzen Rückschlüsse auf ihre Empfindlichkeit gegenüber der jeweiligen Schadkomponente gezogen. Diese Methode hat den Vorteil, daß man die Wirkung isolierter Schadstoffe unabhängig von den standortbedingten Umwelteinflüssen bestimmen kann. Sie hat aber auch entscheidende Nachteile: Gerade die Ausschaltung der natürlichen Umgebung der Pflanze mit all ihren Einflüssen, zu denen neben den genannten noch die Konkurrenz mit Nachbarindividuen, der Angriff von Herbivoren und Pathogenen u.v.a. hinzukommen, läßt die Übertragung auf Freilandbedingungen fragwürdig erscheinen. Außerdem ist aus der Begasung von Jungpflanzen keine allgemeingültige Aussage über toxische Konzentrationen für ältere Pflanzen ableitbar. Zudem treten häufig nicht nur zwischen den Arten, sondern auch zwischen Rassen, ja Individuen einer Art erhebliche Resistenzunterschiede auf. Nicht zuletzt werden oft sehr hohe Konzentrationen angewandt, um möglichst rasch auswertbare Schadsymptome zu erzeugen. Damit sind jedoch chronische Schädigungen nicht erfaßt. Zu selten wurden schließlich latente, nur physiologisch nachweisbare Beeinträchtigungen (KELLER 1982) mitberücksichtigt. Bei der Untersuchung der Immissionswirkung auf Pflanzen im Freiland kehren sich Vor- und Nachteile der Labormessung um: Definierte, allgemeingültige Aussagen über Toxizitätsschwellen und Dosis-Wirkungsbeziehungen einzelner Schadkomponenten können kaum hergeleitet werden; es sei denn, daß ein Schadstoff die übrigen völlig dominiert, wie dies in der Nähe von Emittenten ausnahmsweise der Fall sein kann.

Im folgenden werden die im Modell erfaßten Schadgase kurz charakterisiert, ihre gesetzten Dosis-Wirkungsbeziehungen angegeben und auf die einschlägige Literatur verwiesen. Voraus soll jedoch auch hier klargestellt sein, daß es sich dabei um qualitative (Modell-)Beziehungen handelt, die die vernetzten Wirkungen von Immissionen auf Wälder veranschaulichen sollen. Es wird kein Anspruch auf reale (quantitative) Gültigkeit erhoben.

a) <u>Schwefeldioxid:</u> Hohe Konzentrationen führen zu Gewebezerstörungen an Blättern, Knospen und Früchten. Nadelbäume zeigen eine vorzeitige Alterung der
Nadeln. Die Reduktion der Photosyntheseleistung äußert sich in Zuwachs-
verlusten. Spaltöffnungsstarre führt zu erhöhter Transpiration mit drohen-
dem Trocknisstreß. Die erhöhte Anfälligkeit gegenüber Pathogenen und herab-
gesetzte Widerstandskraft gegen Herbivore kann - gepaart mit allgemeinem
Vitalitätsschwund - Sekundärschäden (Insektenkalamitäten, Windwurf etc.)
nach sich ziehen.

<u>Schadfunktion:</u> Tabellenfunktion POLS in Abschn. 6.5 in Anlehnung an
Tab. 3 in WENTZEL 1982, ergänzt durch Ergebnisse von MATERNA 1983.

<u>Weiterführende Literatur:</u> MUDD 1975, ZIEGLER 1975, GUDERIAN 1977,
SMITH 1981, VDI 1983, HALBWACHS 1984, MALHOTRA/KHAN 1984.

b) <u>Fluor:</u> Von Bedeutung nur im Nahbereich von Aluminiumhütten, Ziegeleien,
Düngemittelfabriken u.a. Führt zur Verkrüppelung der Blätter, Rot- und
Braunfärbung der Nadeln, Nekrosen an Blatträndern oder ganzer Blatt- bzw.
Nadelpartien.

<u>Schadfunktion:</u> Tabellenfunktion POLF in Abschn. 6.5 in Anlehnung an
KELLER 1975 und WENTZEL 1978.

<u>Weiterführende Literatur:</u> CHANG 1975, GUDERIAN 1977, HALBWACHS 1984,
MALHOTRA/KHAN 1984.

c) <u>Ozon:</u> Bewirkt Nekrosen an Nadelspitzen und chlorotische Punktierung, Hemmung der Photosynthese, Schädigung der Zellwand, beeinflußt Schließmecha-
nismus der Stomata. Erhöht die Nährstoffauswaschung (bes. Ca, Mg, K) aus
Nadeln ('Leaching').

<u>Schadfunktion:</u> Tabellenfunktion POLO in Abschn. 6.5.
Da Ozon unmittelbar wirkt, sind eigentlich gerade die Konzentrationsspitzen
relevant. Da jedoch die Klimadaten im Modell nur monatliche Änderungen erfahren, ist hier ein synthetischer Monatsmittelwert gesetzt, der je nach
Höhe die Gefahr von mehr oder minder hohen Tageskonzentrationen ausdrücken
soll. Ozon ist hier außerdem als Leitsubstanz für Photooxidantien verstanden; es soll daher die Schädigung durch PAN u.a. einschließen.

<u>Weiterführende Literatur</u>: HEATH 1975, MUDD 1975, SMIDT 1978, ARNDT/
LINDNER 1981, SMITH 1981, PRINZ/KRAUSE/STRATMANN 1982, TAYLOR 1984,
MALHOTRA/KHAN 1984.

d) <u>Stickoxide</u>: Können, ähnlich wie Schwefeldioxid, bei mäßigen Konzentrationen von der Pflanze in den Stoffwechsel eingeschleust und damit un-
schädlich gemacht werden, ja, es tritt sogar ein gewisser 'Düngeeffekt'
ein. Besonders Stickstoffdioxid führt bei hohen Dosen zu Vergilbungen
und Gewebezerstörungen sowie zu Ertragsminderung.

<u>Schadfunktion</u>: 1/5 der Toxizität von SO_2 in Anlehnung an SR-U 1983,
ABRAHAMSEN 1984.

<u>Weiterführende Literatur</u>: TAYLOR 1975, MUDD/KOZLOWSKI 1975, SMITH 1981,
MALHOTRA/KHAN 1984.

e) <u>Chlorwasserstoff</u>: Nur in der Nähe von Emittenten (z.B. Müllverbrennungs-
anlagen) phytotoxische Konzentrationen. Verursacht Blatt-/Nadelnekrosen
und Mindererträge.

<u>Schadfunktion</u>: Tabellenfunktion POLC (Abschn. 6.5) in Anlehnung an
GUDERIAN 1977.

Trotz der o.a. Vorbehalte gegen Schwellenwerte und Dosis-Wirkungsbeziehungen von Luftschadstoffen wurden mangels besserer Werte die o.a. Schadfunk-
tionen erstellt. Sie sollen lediglich Trends verdeutlichen und benötigen
daher keine genauere Quantifizierung, die ohnehin auch zur Zeit kaum möglich sein dürfte (s.o.). Aufgrund fehlender sicherer Erkenntnisse wurde
von der Formulierung synergistischer (mehr als additiver) bzw. antagoni-
stischer Wirkungen der Schadgase untereinander (vorerst) abgesehen, obwohl vieles für synergistische Wirkungen z.B. von SO_2 mit NO_x und SO_2 mit
Ozon spricht (BUCHER 1975, REINERT 1975, TAYLOR 1975, SMITH 1981, FREER-
SMITH 1984, LICHTENTHALER 1984, RUNECKLES 1984). Die Wirkungen der einzelnen Immissionskomponenten werden lediglich additiv verknüpft.

Folgende Effekte sind im Modell bisher nicht berücksichtigt:

a) Möglichkeit der Anreicherung von Schwefelsäure in Baumkronen und
   direkter Verätzung der Nadeln (TEUCHERT & TEUCHERT 1983).

b) Wirkung von Schwermetallen auf oberirdische Pflanzenteile (LEPP 1981,
   SMITH 1981, OMROD 1984).

c) Zusammenwirken zwischen direkter Schadgaseinwirkung und nasser Deposition von Schadstoffen (SHRINER 1983, HOFFMANN 1984).

d) Verstärktes 'Leaching' von basischen Kationen aus den Nadeln durch 'Sauren Regen' und Ozon (PRINZ u.a. 1982).

e) Interaktionen zwischen Pathogenen und Luftverunreinigungen und dadurch bedingte Wirkungen auf Pflanzen (SHRINER & COWLING 1980; MANION 1981; SMITH 1981, HUTTUNEN 1984).

f) Veränderung in der Artenzusammensetzung der Waldbäume und damit Auswirkungen auf die Struktur und Funktion ganzer Ökosysteme (FREEDMAN & HUTCHINSON 1980, SMITH 1981, SCHOLZ 1984).

g) Erhöhung der Sensitivität von Pflanzen gegenüber Schadgasen durch Schwermetalle im Boden (OMROD 1984).

h) Minderung der Frostresistenz durch Immissionen (HUTTUNEN 1978, KELLER 1981).

6.2.2 Wurzelschäden durch immissionsbedingte Bodenversauerung

Der Eintrag von Säure und Säurebildnern in den Boden hat zwei Konsequenzen: Zum einen werden basische Kationen (Ca, Mg, K) verstärkt ausgewaschen, zum anderen bewirkt die Absenkung des pH-Wertes eine Freisetzung toxischer Ionen (Mn, Al, Fe) in die Bodenlösung. Während die Basenauswaschung in Kombination mit dem durch Immissionen verstärkten 'Leaching' vor allem von Magnesium und Calcium aus den Nadeln von REHFUESS (1983) und ZÖTTL (1983) als ausschlaggebende Faktoren zur Entstehung der Waldschäden gesehen werden, brachte ULRICH (1980) die Toxizität freien (d.h. auch nicht organisch komplexierten) Aluminiums in der Bodenlösung als entscheidenden Faktor für das Auftreten der Waldschäden in die Diskussion. Nach seiner Hypothese führen der fortwährende, anthropogen bedingte Säureeintrag und die durch Entköpplung des Ionenkreislaufs im Ökosystem ausgelösten bodeninternen Versauerungsschübe (ihrerseits durch externe Säurezufuhr sowie Klimaextreme verursacht) zur Freisetzung von Aluminium. Die toxische Wirkung von Aluminium-Ionen auf Fichtenwurzeln wurde jetzt durch Arbeiten von ROST-SIEBERT (1983), HÜTTERMANN (1983) und MURACH (1984) (alle in ULRICH u.a. 1984) sowie JUNGA (1984) nachgewiesen. Die Schädigung der Feinwurzeln führt dann einerseits zu verstärktem Assimilatbedarf im Wurzelraum, andererseits zu einer Unterversorgung des Baums mit Wasser und Nährstoffen, was eine Vitalitätsminderung des Baumes zur Folge hat. Zusätzliche Streßfaktoren (direkte Schadwirkung von Luftver-

unreinigungen auf die Nadeln, Witterungsextreme etc.) können dann zum
relativ raschen Zusammenbruch ganzer Baumbestände führen. Die benutzte
Schadfunktion SCHA (Abschn. 6.5) lehnt sich insofern an die oben genannten Untersuchungen an, als bei einer pH-Wert-Erniedrigung mit einer
Verengung des Ca/Al-Verhältnisses gerechnet werden kann (RUNGE 1984,
JOCHHEIM 1985 b). In einer geplanten Erweiterung des Teilmodells 'Bodenchemie' soll der Quotient aus den Calcium- und Aluminiumgehalten in
der Bodenlösung direkt errechnet und mit einer modifizierten Schadfunktion in das Teilmodell 'System Baum' eingehen. Da Eisenoxide als
Puffersubstanzen (noch) nicht in das Teilmodell 'Bodenchemie' einbezogen
sind, obwohl es in humosen Oberböden schon ab pH 3.8 zu einer Überlage-
rung des Aluminium- mit dem Eisenpufferbereich kommt, soll die Erhöhung
des Aluminiumgehaltes (und damit die Verringerung des Ca/Al-Mol-Verhält-
nisses) bei pH-Wert-Absenkung unter 3.8 die verstärkte Freisetzung ebenfalls toxischer Eisen-Ionen (FOY/CHANEY/WHITE 1978) exemplarisch mit
einschließen. Von einer Formulierung der Schwermetall- (und Wasserstoff-
Ionen-)Toxizität wird gegenwärtig (noch) abgesehen, da deren Beitrag zum
Waldsterben unklar und die Datenbasis bezüglich Fichte noch dürftig ist
(SR-U 1983, GODBOLD 1984).

6.3 Kopplungsstellen zu den anderen Modellteilen

Wie unter 6.1 genannt, besteht ein wesentlicher Modellierungsteil im
Einfluß des pH-Wertes auf den Wurzelabbau. Dieser Wert wird vom
Teilmodell 'Bodenchemie' geliefert. Die Deckung des Stickstoffbedarfs
des Baumes sowie die Rückführung von Stickstoff in Form von abgeworfe-
nen Nadeln usw. geschieht in Zusammenarbeit mit dem Teilmodell 'Mineralisierung'. Die Aufnahme von Wasser als Transportmedium für Nährstoffe wird schließlich durch Kopplung mit dem Teilmodell 'Bodenwasser'
realisiert.

Im folgenden schließt sich nun die Beschreibung der einzelnen Wirkungs-
pfade innerhalb der getroffenen Untermodelleinteilung an. Diese können
am Wirkungsdiagramm von Abb. 6.1 in Kurzform abgelesen werden. Die Er-
läuterungen beziehen sich jedoch genauer auf die zugehörigen ASS-Simu-
lationsdiagramme der Abb. 6.5 - 6.11. Die beschriebenen Materialflüsse
und Vergleichsmeldungen lassen sich am besten an diesen verfolgen.

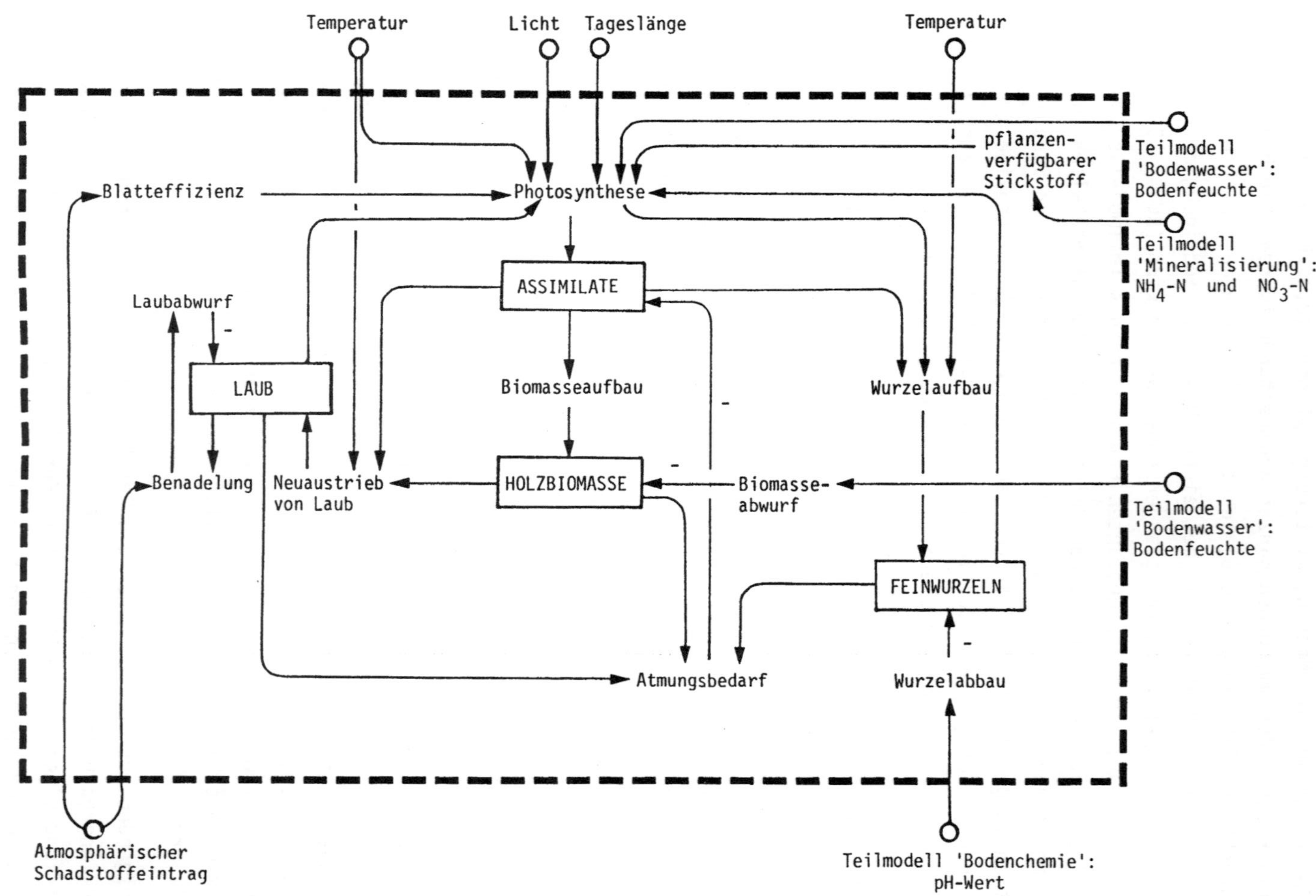

Abb. 6.1: Wirkungsdiagramm für das 'System Baum' (stark vereinfacht)

6.4 Untermodelle und ASS-Simulationsdiagramme

Das Wirkungsdiagramm von Abb. 6.1 zeigt das 'System Baum' in stark vereinfachter Darstellung. Ein detaillierteres Wirkungsdiagramm bzw. ein
dazu deckungsgleiches ASS-Simulationsdiagramm wäre allein aus technischen Gründen wegen einer Vielzahl von Überschneidungen unmöglich. Zur
Verbesserung der Übersichtlichkeit der ASS-Diagramme wurde daher das
Teilmodell in fünf Untermodelle gegliedert. Entsprechend ihren Aufgaben
im Teilmodell wurden die Untermodelle wie folgt gewählt (Abb. 6.2):

'LAUB'

Berechnung der aktuellen Laubmenge pro ha Fichtenwald in Abhängigkeit von
Laubaufbau, natürlichem Laubabwurf und Laubabwurf durch Schädigung bzw.
Unterversorgung. Modellierung des Schadstoffeinflusses aus der Luft auf
Platteffizienz, Alterungsgeschwindigkeit und Benadelung.

'PHOTO'

Bestimmung der jährlichen Photoproduktionsrate als Funktion von Laub-
und Feinwurzelmenge, beeinflußt durch Blatteffizienz und Wasserversorgung.

'ASSBIO'

Beschreibung der Veränderung der vorhandenen Assimilat- und Biomassemenge. Berücksichtigung von Unterversorgungseinflüssen aus einem Be-
darfs-/Angebotsvergleich zur Assimilatverteilung.

'WUSCHA'

Berechnung der aktuellen Feinwurzelmenge in Abhängigkeit von Wurzel-
neuaustrieb und Wurzelabbau unter Berücksichtigung der schädigenden
Wirkung der Bodenversauerung.

'NKREIS'

Modellierung des Einflusses der verfügbaren Stickstoffmenge auf das
Wachstum des Baumes.

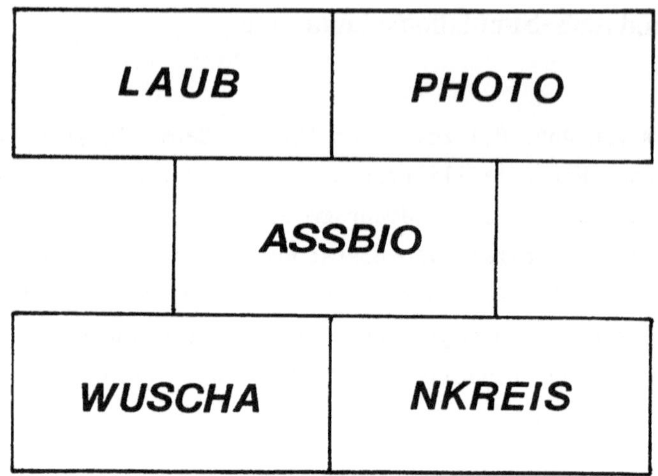

Abb. 6.2: Übersicht über die Untermodelle zum Teilmodell 'System Baum'

Im Sinne der verwendeten ASS-Struktur sind alle vorkommenden Systemgrößen durch einen ASS-Block charakterisiert. Jeder Block ist als Zustandsgröße, Jahresrate oder als Hilfsgröße zu deren Berechnung zu interpretieren.

Zustandsgrößen zur Beschreibung der momentanen Situation der Organe des Baumes sind die verwendeten Integratoren:

'LAUB', 'WURZ', 'BIOM' und 'ASSI'.

Die Wirkung des atmosphärischen Schadstoffeintrages wird durch den Integrator 'WIRK' beschrieben.

Bei der Berücksichtigung des Einflusses von Stickstoff auf das Systemverhalten erlangt schließlich die Zustandsgröße 'NSPE' Bedeutung.

Externe Schadwirkungen finden nun an zwei Stellen Eingang in das Teilmodell:

- Durch Festlegung der Gehalte an Schwefeldioxid, Stickoxiden, Fluorwasserstoffen, Chlorwasserstoff und Ozon in der Luft wird der atmosphärische Schadstoffeintrag modellierbar.

- Die Bodenversauerung kann durch Veränderung des pH-Wertes im Boden berücksichtigt werden.

Zusätzlich zu den im folgenden beschriebenen Untermodellen wurde wegen
der Periodizität der verwendeten Lufttemperatur- und Lichtintensitäts-
funktionen, aber auch aufgrund der Jahreszeitabhängigkeit des Laubaufbaus
eine spezielle Modifikation der Simulationszeit notwendig:

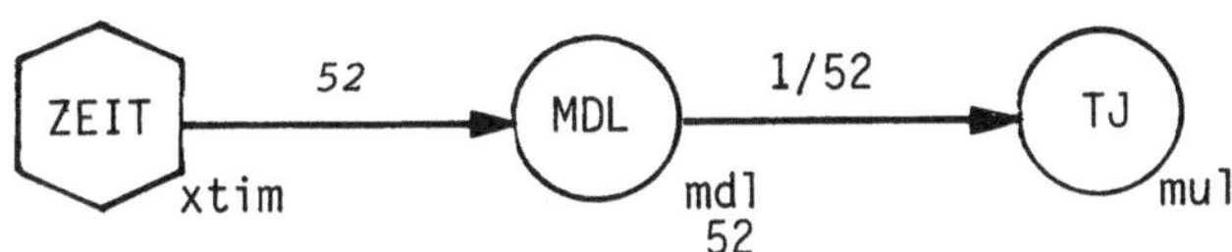

Abb. 6.3: ASS-Simulationsdiagramm zum Zeiteingang des Teilmodells
'System Baum' (Simulationsschrittweite: 1 Woche)

Der in Abb. 6.3 linksstehende Block ZEIT liefert fortlaufend die momentane
Simulationszeit (als Vielfaches eines Jahres). Durch den Moduloblock wird
diese Zeit auf die zugehörige Jahreszeit (Bruchteil eines Jahres: dimen-
sionslos) umgerechnet. Da der Moduloblock nur mit ganzzahligen Werten arbeitet, muß bei wochenweiser Simulation durch Gewichtung mit 52 [1/a] zunächst auf solche umgerechnet werden. Durch Gewichtung mit 1/52 wird diese
technische Maßnahme dann wieder rückgängig gemacht. Der Block TJ liefert
schließlich die benötigte Jahreszeit als Eingang in das Teilmodell.

Für den Umrechnungsfaktor 52 [1/a] verwenden wir in diesem und allen folgenden Simulationsdiagrammen abkürzend die Italic-Schreibweise *52*.

6.4.1 Untermodell 'LAUB' (vgl. Abb. 6.5)

Im Teilmodell 'System Baum' hat dieses Untermodell die Aufgabe, den zeitlichen Verlauf des Bestandes an Nadeln durch Berechnung zugehöriger Auf-
und Abbauraten zu modellieren. Ferner wird hier der Einfluß vorhandener
Luftschadstoffe berücksichtigt.

Der Integrator LAUB bestimmt aus einem Anfangswert von 21 t_{OTS}/ha für
einen 60-jährigen Bestand (nach REHFUESS 1981, S. 129) die momentane Menge
an Nadeln pro ha Fichtenwald. Als Zuwachs für diesen Block wird die jährliche Laubaufbaurate ALAU bestimmt. Hierzu bestimmt die Tabellenfunktion
LBTL den der momentanen Biomasse BIOM entsprechenden Laubanteil. Durch Multiplikation mit der Biomasse selbst wird dann in LAGB das Gesamtlaub des gesunden Baumes bestimmt. Parallel dazu wird aus LAUB durch Gewichtung mit 7
an der Verbindung LAUB → L3 und nach Division durch LAGB die aktuelle Anzahl

der Nadeljahrgänge NAD berechnet. Hierbei wird angenommen, daß der gesunde
Baum 7 Nadeljahrgänge trägt. In L5 wird anschließend der auf das Jahr be-
zogene Gesamtneuaustrieb an Nadeln (1/NAD) · LAGB berechnet. 1/NAD mit der
Dimension 1/a ist der Bruchteil an Laub (Nadeln), der unter natürlichen
Bedingungen pro Jahr aufgebaut bzw. abgeworfen wird. Für den Neuaustrieb
von Laub ist nach LARCHER 1980, S. 87, eine Mindesttemperatur $TVEG$ von
10°C notwendig. Die Logikfunktion L9 entscheidet daher aufgrund der momen-
tanen Lufttemperatur, ob der Laubaustrieb wirklich stattfinden kann. Neben
dem direkten Temperatureinfluß auf die Nadelbildung berücksichtigt der
Block BLAT, daß ein Laubaufbau nur in der ersten Hälfte des Jahres erfolgen kann (TJ < 0.5). Um die so bestimmte Laubaustriebszeit bei der Berechnung des tatsächlichen Laubaufbaus ALAU einzubeziehen, wurde die Verbindung
L6→BLAT mit dem Gewicht 5.7778 belegt. Dieser Umrechnungsfaktor ist der
Kehrwert des Quotienten von Austriebsdauer und Gesamtperiode (1 Jahr). Eine
weitere mögliche Beeinflussung erfährt ALAU schließlich durch Heranmulti-
plizieren des Einschränkungsfaktors CASS (bei Assimilatmangel) und des
Stickstoffversorgungsfaktors NVFK (bei unzureichendem Stickstoffangebot).

Neben dem Laubaufbau spielt zur Bestimmung der Laubmenge LAUB der Laubverlust eine große Rolle, der nach seinen Ursachen in 4 Teilabbauraten unterschieden wurde.

Der natürliche Laubverlust LAAB ist das Produkt aus LAUB und der Laubab-
wurfziffer 1/NAD und bewirkt pro Jahr den Abwurf eines Nadeljahrganges.
Zusätzlich dazu werden Abbauraten aus Fehlbeständen an Assimilaten und
Wurzeln sowie Schädigung der Nadeln durch Schadstoffeinträge bestimmt:
Bei Atmungseinschränkung durch Assimilatmangel wird ein Mehrabwurf von
2 · LAAT hervorgerufen. Die Zahl 2 realisiert einen stärkeren Einfluß von
Assimilatmangel auf die Laubmenge als etwa auf die Biomassemenge. Unterschreitet nun die relative Fördermenge RFOE der Wurzeln den Faktor 0.5,
ist also die für die angestrebte Photoproduktion benötigte Wassermenge
nur zur Hälfte verfügbar, so wird durch Multiplikation von LAUB mit
1 · (1 - RFOE) der zusätzliche Laubabbau LAWU bestimmt. Diese Entschei-
dung übernehmen die Blöcke L11, L12 und L13. Der entscheidende Anteil des
Laubabbaus jedoch wird unter Berücksichtigung des atmosphärischen Schadstoffeintrages modelliert. Aus den Gehalten an Schwefeldioxid, Stickoxiden, Fluorwasserstoffen, Chlorwasserstoff und Ozon wird durch Zwi-

schenschaltung der Schadtabellen POLS, POLF, POLC und POLO die Alterungsgeschwindigkeit (normalerweise = 1) des Baumes abhängig von den Schadstoffkonzentrationen erhöht. Die erhöhte Alterung wirkt aber nicht sofort bei Auftreten von Luftschadstoffen in vollem Maße. Viel mehr wird eine logistische Sättigung angenommen (d WIRK / dT = P1 - 1 · WIRK). Ebenso bleibt bei Wegfall der atmosphärischen Schädigung die Erhöhung der Alterung nicht plötzlich aus, sie ist exponentiell ausklingend.

In Abb. 6.4 ist der zeitliche Verlauf von WIRK dargestellt für

$$P1 = \begin{cases} 0.15 & \text{falls } T \leq 5 \\ 0 & \text{falls } T > 5 \end{cases}$$

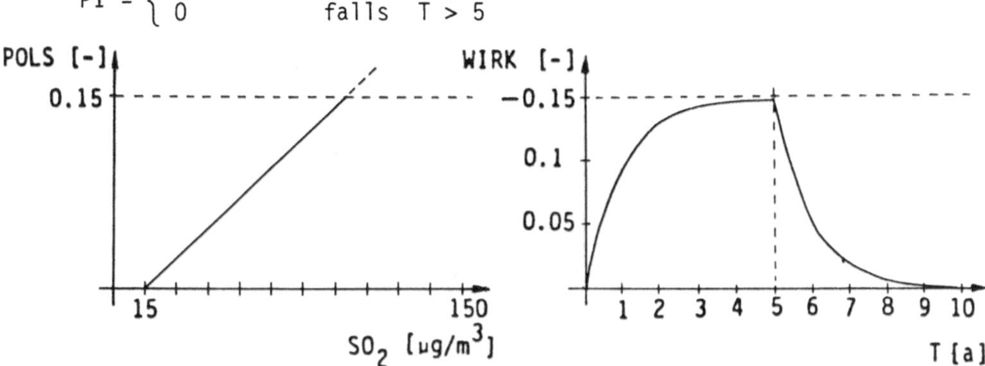

Abb. 6.4: Zum zeitlichen Verlauf von WIRK bei Einstellung der Schädigung ab dem fünften Jahr

Der Inhalt von WIRK wird auf das Intervall [0,1] normiert, so daß nach Addition der Normalalterung 1 im Block ALT ein schädigungsbedingter Alterungsfaktor bestimmt wird. Je nach Intensität des Schadstoffeintrages wird sich also die Benadelung des Baumes ändern, da die alterungsbedingte Abwurfperiode verkürzt wird. Das Verhältnis zwischen normaler und dem Schadensverlauf entsprechender Blattalterung wird nun als Benadelungskoeffizient BENA errechnet. Ist BENA kleiner als die Normalbenadelung 1, so wirkt über L1 und LANA ein verstärkter Laubabwurf auf den Integrator LAUB. In diesem Teil des Untermodells wird auch die Blatteffizienz BEFF, die zur Bestimmung der Photoproduktionsrate im Untermodell 'PHOTO' verwendet wird, berechnet. Dazu geht man im gesunden Fall von einer durchschnittlichen Blatteffizienz von 0.6 (LARCHER 1980, S. 137) aus, die sich bei Erhöhung der Blattalterung verschlechtert. Aus simulationstechnischen Gründen wird hier also auf die Modellierung der akuten Effizienzminderung bei kurzzeitigen Schadgas-Spitzenkonzentrationen (noch) verzichtet. Somit steht vorerst die Wirkung chronischer Immissionsbelastung im Vordergrund.

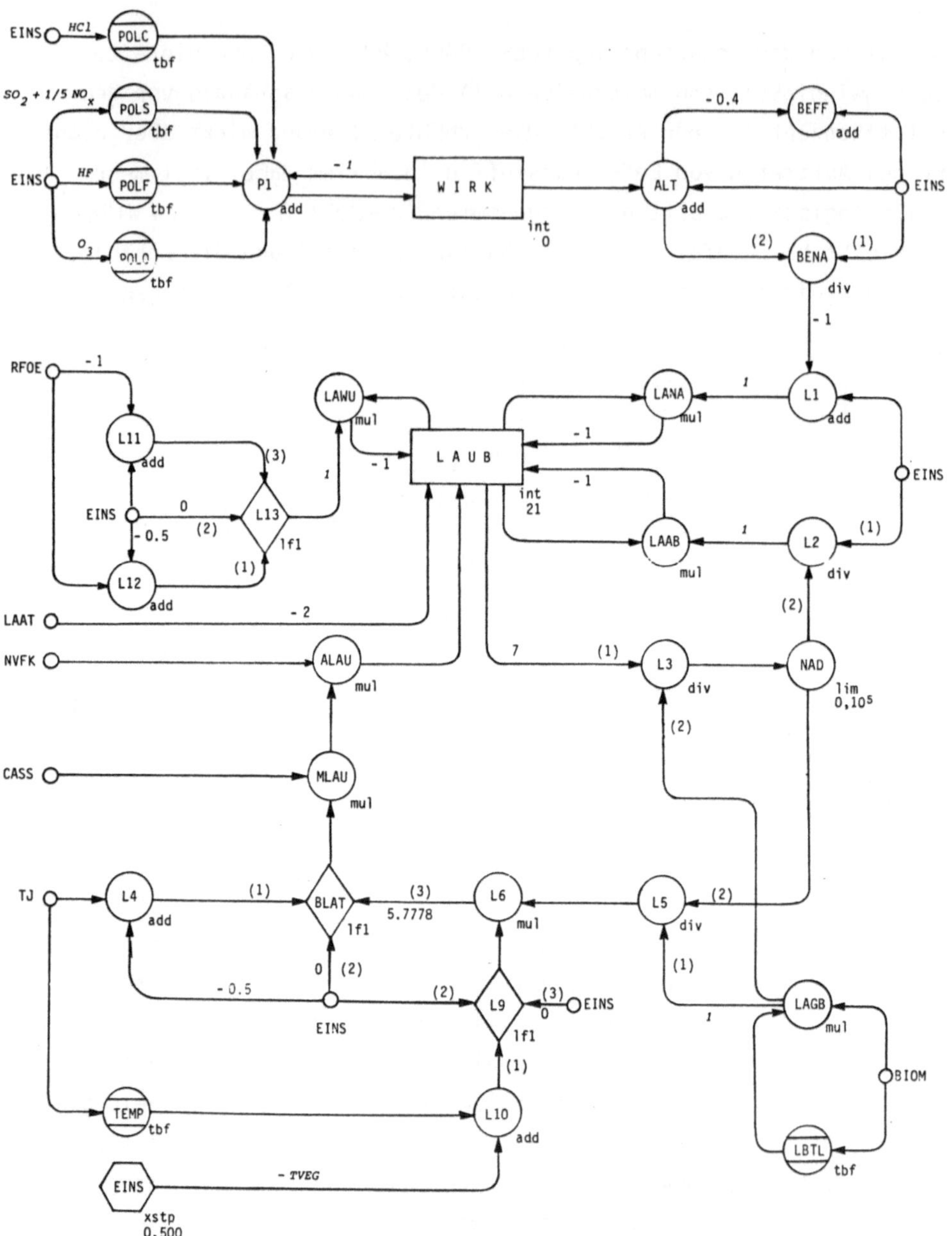

Abb. 6.5: ASS-Simulationsdiagramm für das Untermodell 'LAUB'

Vereinbarung für dieses und die folgenden Simulationsdiagramme

1. Die mit einem Buchstaben plus einer Ziffer gekennzeichneten Zwischengrößen (z.B. N4, A1, W2) sind modelltechnische Blöcke und besitzen keine direkte Entsprechung in der Realität. Ihre Dimensionen ergeben sich aus den Dimensionen ihrer Eingänge und ihrer Funktion.

2. Limiter (lim) mit der oberen Grenze 10^5 limitieren ihre Eingänge lediglich nach unten. 10^5 repräsentiert eine "sehr große" Zahl, die in den Simulationsläufen nie erreicht wird.

3. In Italic gedruckte Gewichte (z.B. *1*, aber auch *TVEG*) sind Umrechnungsfaktoren. Z.B. wird die dimensionslose Zahl L1 = 1 - BENA umgerechnet auf *1* · L1 = (1 - BENA) [1/a] und gibt dann den Bruchteil des Laubes an, der bezogen auf die momentane Laubmenge pro Jahr durch Schädigung der Nadeln abgeworfen wird.

4. Wertetabellen und Funktionsgraphen für die Tabellenfunktionen (tbf) findet man in Abschn. 6.5.

Modellgleichungen *)

$$WIRK\,(T + DT) \; = \; WIRK(T) + DT \cdot (POLC + POLS + POLF + POLO - 1 \cdot WIRK)$$
$$LAUB\,(T + DT) \; = \; LAUB(T) + DT \cdot (ALAU - LANA - LAAB - LAWU - 2 \cdot LAAT)$$
$$DT \; = \; 1/52 \;[a]$$

ALT	= 1 + WIRK
BEFF	= 1 - 0.4 · ALT
BENA	= 1/ALT
NAD	= 7 · LAUB/LAGB
LAAB	= (*1*/NAD) · LAUB
LAGB	= LBTL · BIOM
BLAT	$= \begin{cases} 5.7778 \cdot (\mathit{1}/NAD) \cdot LAGB & \text{falls} \quad TJ < 0.5 \quad \text{und} \quad TEMP > \mathit{TVEG} \\ 0 & \text{sonst} \end{cases}$
LANA	= *1* · (1 - BENA) LAUB
LAWU	$= \mathit{1} \cdot \begin{cases} 0 & \text{falls} \quad RFOE - 0.5 \geq 0 \\ (1 - RFOE) \cdot LAUB & \text{falls} \quad RFOE - 0.5 < 0 \end{cases}$
MLAU	= CASS · BLAT
ALAU	= NVFK · MLAU

---

*) Für die Änderungsraten der Zustandsgrößen (z.B. LAUB) wird das Argument T jeweils weggelassen.

Kurzbeschreibung

Blöcke:

Blockname	Blocktyp	Parameter	Bedeutung
WIRK	int	Anfangswert: 0 [-]	Wirkung der Luftverschmutzung auf die Nadeln
LAUB	int	Anfangswert: 21 [t_{OTS}/ha]	Aktuelle Laubmenge des Baumes
ALT	add	keine	Nadelalterung
BEFF	add	keine	Durchschnittliche Blatteffizienz
BENA	div	keine	Benadelung
EINS	xstp	Schwellen: 0,500 [-]	Liefert ständig den Wert 1
NAD	lim	Grenzen: 0,10^5 [-]	Aktuelle Anzahl der Nadel-jahrgänge
LAAB	mul	keine	Laubabwurf natürlich
LBTL	tbf	Stützstellen: 13	Laubanteil des Baumes als Funktion der holzigen Biomasse
LAGB	mul	keine	Laub des gesunden Baumes
BLAT	lfl	keine	Laubneuaustrieb (bei optimalen Bedingungen)
LANA	mul	keine	Laubabwurf durch Schädigung der Nadeln
LAWU	mul	keine	Laubabwurf bei eingeschränkter Nährstofförderung
MLAU	mul	keine	Theoretischer Laubaufbau
ALAU	mul	keine	Tatsächlicher Laubaufbau
POLC	tbf	Stützstellen: 3	Schädigung durch HCl im Jahresmittel (i. Jm.)
POLF	tbf	Stützstellen: 3	Schädigung durch HF i. Jm.
POLO	tbf	Stützstellen: 3	Schädigung durch O_3 i. Jm.
POLS	tbf	Stützstellen: 3	Schädigung durch $SO_2 + 1/5\ NO_x$ i. Jm.
TEMP	tbf	Stützstellen: 14	Mittlere Lufttemperatur als Funktion der Zeit

Gewichte:

Name	Wert	Bedeutung	aus:
HCl	0 - 120 [$\mu g/m^3_{Luft}$]	Chlorwasserstoffgehalt der Luft	
HF	0 - 1.8 [$\mu g/m^3_{Luft}$]	Fluorwasserstoffgehalt der Luft	
NO$_x$	0 - 320 [$\mu g/m^3_{Luft}$]	Stickoxidgehalt der Luft	
O$_3$	0 - 150 [$\mu g/m^3_{Luft}$]	Ozongehalt der Luft	
SO$_2$	0 - 160 [$\mu g/m^3_{Luft}$]	Schwefeldioxidgehalt der Luft	
TVEG	10[^{o}C]	Zum Blattaustrieb notwendige Mindesttemperatur	LARCHER 1980, S. 87
1	1 [1/a]	Interpretation von Hilfsgrößen als Veränderungen pro Jahr	

6.4.2 Untermodell 'PHOTO' (vgl. Abb. 6.6 und 6.7)

In diesem Modellteil wird zunächst die theoretische Photosyntheseleistung PHPR berechnet in Abhängigkeit von der Laubmenge LAUB und der Wurzelmenge WURZ. Ihr Wert wird multiplikativ beeinflußt durch die von der atmosphärischen Schadstoffbelastung abhängige mittlere Blatteffizienz BEFF. BEFF nimmt Werte zwischen 0 und 0.6 an (s. Untermodell 'LAUB').

Die theoretische Photosyntheseleistung, das Photosynthesevermögen PHPR des Baumes, ist stark lichtabhängig (vgl. dazu LARCHER 1980, S. 130 ff. bzw. IAGM 1982, S. 102 ff.). Entscheidend ist die Höhe der Nettophotosynthese *PHN* der Nadeln in Abhängigkeit von der Beleuchtungsstärke. Dabei gilt die Menge des CO_2-Gaswechsels pro Stunde und Gramm Trockengewicht (TG) Laub als Maß für die Nettophotosynthese. (LARCHER 1980, S. 131)

"Bei der Photosynthese verbrauchen die Chloroplasten CO_2, das nachgeschafft werden muß, und sie setzen Sauerstoff frei. Daneben nehmen Tag und Nacht die Zellen für die Atmung Sauerstoff auf und geben Kohlendioxid ab.

In der Umgebung assimilierender Blätter macht sich von den beiden konkurrierenden Stoffwechselprozessen derjenige bemerkbar, der gerade mit größerem Umsatz arbeitet. Am Tag ist der CO_2-Bedarf nur für die Photosynthese (PH) in der Regel größer als die CO_2-Freisetzung durch die Atmung. Die Atmung im Licht (Rl) summiert sich aus der Lichtatmung und der Mitochondrien-Atmung. Resultiert ein Nettozustrom von CO_2 zum Blatt, dann spricht man von apparenter Photosynthese oder Nettophotosynthese (PHN).

$$PHN = PH - Rl$$

Sinkt die Photosyntheserate, so kann der Zustand eintreten, daß sie die gleichzeitige Atmung gerade kompensiert. Bei weiterem Rückgang der Photosyntheseintensität entsteht schließlich ein Atmungsüberschuß, und im Dunkeln herrscht nur noch respiratorische CO_2-Abgabe."(LARCHER 1980, S. 131)

LARCHER (S. 130) gibt für verschiedene Pflanzengruppen durchschnittliche Höchstwerte der Nettophotosynthese (CO_2-Aufnahme) bei natürlichem CO_2-Angebot (0,03 Vol. %), bei Lichtsättigung, optimaler Temperatur- und guter Wasserversorgung an. Bei immergrünen Nadelbäumen liegen die Werte zwischen 4 und 18 mg $CO_2 \cdot g^{-1} TG \cdot h^{-1}$. Für die untere Grenze 4 und die Umrechnungsformeln

$$1 \, g \, CO_2 \quad = 0.65 \, g \, OTS_{ASS}$$

$$1 \, g \, TG \quad = 0.95 \, g \, OTS_{LAUB} \quad und$$

$$1 \, h \, (Stunde) = 1/(24 \cdot 365) \cdot a = 1.1416 \cdot 10^{-4} \cdot a$$

ergibt sich für *PHN* der im Modell benutzte Wert von rund 24 kg OTS_{ASS} pro kg OTS_{LAUB} und Jahr.

Dieser Wert für *PHN* wird eingeschränkt durch die Temperatur und die Lichtverhältnisse im Jahresgang. Der Temperatureinfluß auf das Photosynthesevermögen ist in der Tabellenfunktion CTEM berücksichtigt. Ihr Verlauf folgt Angaben in LARCHER 1980, S. 150 u. 152. CLUX berechnet in Abhängigkeit von TJ die Zahl der hellen Stunden am Tag (Lichtstundenverhältnis), es gilt (vgl. Abb. 6.7)

$$1/3 \leq CLUX = 1/24 \, (12 + 4 \sin(2\pi \, TJ - \pi/2)) \leq 2/3 \quad .$$

Das Photosynthesevermögen des Baumes setzt darüber hinaus eine gewisse Förderleistung der Feinwurzeln und damit eine bestimmte Feinwurzelmenge WURZ voraus. Durch Vergleich der tatsächlichen Förderleistung *FOEK* · WURZ der Feinwurzeln an Wasser und Nährstoffen, gemessen in kg (bzw. Tonnen) H_2O pro Hektar und Jahr, mit dem Bedarf *TRAK* · PHPR an Wasser und Nähr-

stoffen für die Assimilatproduktion erhält man die relative Fördermenge
RFOE. Die tatsächliche Assimilatproduktion PROD bestimmt sich dann als
Produkt aus der theoretischen Photosyntheseleistung PHPR und RFOE. RFOE
ist immer positiv und zusätzlich auf Werte kleiner oder gleich 1 limitiert, da PROD selbstverständlich die theoretische Photosyntheseleistung
auch bei einem Überangebot an Feinwurzeln (PR1 > 1) nicht übersteigen
darf. Die beiden Umrechnungsfaktoren, der Förderkoeffizient
$FOEK$ = 2000 kg H_2O pro Jahr und kg organische Wurzel-Trockensubstanz und
$TRAK$ = 241 kg H_2O pro kg Assimilatproduktion, sind Literaturwerte. Sie
stammen aus experimentellen Untersuchungen von EIDMANN und SCHWENKE (1967).

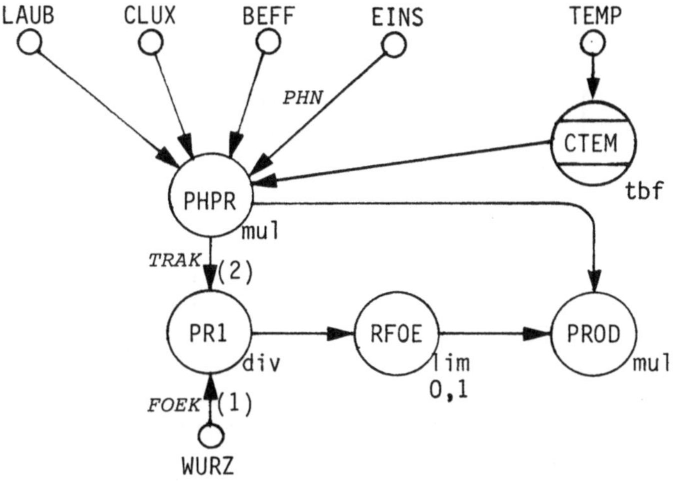

<u>Abb. 6.6:</u> ASS-Simulationsdiagramm für das Untermodell 'PHOTO'

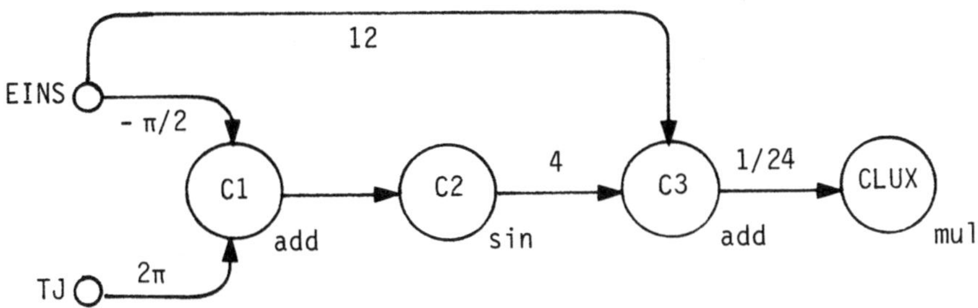

<u>Abb. 6.7:</u> ASS-Simulationsdiagramm für die Berechnung des Lichtstunden-
verhältnisses CLUX

Modellgleichungen

PHPR = *PHN* · BEFF · CLUX · CTEM · LAUB
RFOE = (*FOEK* · WURZ) / (*TRAK* · PHPR)
PROD = RFOE · PHPR
CLUX = 1/24 · (12 + 4 · $\sin(2\pi \cdot TJ - \pi/2)$)

Kurzbeschreibung

Blöcke:

Blockname	Blocktyp	Parameter	Bedeutung
PHPR	mul	keine	Theoretische Photosynthese-leistung
RFOE	lim	Grenzen: 0,1[-]	Relative Fördermenge
PROD	mul	keine	Tatsächliche Phtosynthese-leistung
CTEM	tbf	Stützstellen: 4	Temperatureinfluß auf Photo-synthese und Dunkelatmung
CLUX	mul	keine	Lichtstundenverhältnis: Anteil der Lichtstunden an der Tageslänge

Gewichte:

Name	Wert	Bedeutung	aus:
PHN	$24[t_{ASS}/a \cdot t_{OTS}]$	Maximale Photo-syntheseleistung	LARCHER 1980, S. 131 und IAGM 1982, S. 115
TRAK	$241[t_{H_2O}/t_{ASS}]$	Transpirations-koeffizient	EIDMANN/SCHWENKE 1967, S. 17
FOEK	$2000[t_{H_2O}/a \cdot t_{OTS}]$	Förder-koeffizient	EIDMANN/SCHWENKE 1967, S. 32

6.4.3 Untermodell 'ASSBIO' (vgl. Abb. 6.8 und 6.9)

Das Untermodell 'ASSBIO' übernimmt im Teilmodell 'System Baum' die Aufgabe, die Verteilung der in der Pflanze vorhandenen Assimilate sowie die zeitliche Veränderung des Bestandes an holziger Biomasse pro ha Fichtenwald zu beschreiben. Dazu werden wie in den anderen Untermodellen zunächst gewisse Auf- und Abbauraten für diese Größen bestimmt.

Die Assimilatmenge ASSI erhält, ausgehend von einem Anfangswert von 15 t/ha für 60-jährigen Wald (Setzung), einen Zuwachs aus der Photoproduktion PROD. Da in diesen Wert die Lichtatmung schon einbezogen wurde, braucht als Atmungsabzug an Assimilaten nur noch die Dunkelatmung berücksichtigt zu werden: Aus den momentanen Beständen an Wurzeln, Nadeln und Biomasse berechnet man durch Gewichtung mit den Faktoren für die spezifische Dunkelatmung *CADU*, *CAFW*, *CAAW* im Block A1 zunächst die theoretisch veratembare Assimilatmenge. Durch Multiplikation mit CTEM (vgl. Untermodell 'PHOTO') wird im Block ATM der Temperatureinfluß auf die Dunkelatmung realisiert. Aus technischen Gründen wird der Inhalt dieses Blocks anschließend auf positive Werte limitiert und als Abbaurate negativ im Assimilatspeicher verrechnet. Photoproduktion und Dunkelatmung werden nicht direkt an ASSI gemeldet, sondern vorher im Block REST voneinander abgezogen. Dies wird notwendig, da REST bei der Berechnung des Aufbaueinschränkungsfaktors CASS wiederum gebraucht wird: Die verteilbare Assimilatmenge wird aus ASSI und REST im Block A4 bestimmt. Dazu muß der Inhalt des Integrators durch Gewichtung mit *52* auf eine Jahresrate hochgerechnet werden. Durch das Gewicht *52* = 52 [1/a] an der Verbindung ASSI → A4 wird erreicht, daß der momentane Assimilatvorrat ASSI innerhalb einer Woche vollständig aufgebraucht werden kann. Durch Vergleich mit den für Laubneuaustrieb und Wurzelaufbau benötigten Assimilaten BEDA berechnet sich in A2 der Aufbaueinschränkungsfaktor, der schließlich in CASS limitiert wird. Über diesen Faktor wird in den Untermodellen 'WUSCHA' und 'LAUB' der tatsächliche Laub- und Wurzelaufbau bestimmt. Die hierfür verwendeten Assimilate werden durch ALAU und AWUR von ASSI abgezogen.

Aus der verteilbaren Assimilatmenge A4 und dem Assimilatbedarf BEDA für Wurzel- und Laubaufbau wird in A3 der für den Biomasseaufbau verbleibende Rest berechnet. Nach Gewichtung mit 1/52 und Begrenzung auf positive Werte erhält man in MBIO die theoretische Aufbaurate für holzige Biomasse

88

und nach Berücksichtigung des Stickstoffversorgungsfaktors NVFK analog
zum Untermodell 'LAUB' schließlich den tatsächlichen Biomassezuwachs
ABIO. Die hierfür benötigten Assimilate werden von ASSI abgezogen.
Außerdem wird damit die Biomasse vergrößert. Der erwartete jährliche
Biomassezuwachs von ca. 6 t/ha wurde durch Modifikation des Gewichts
der Verbindung A3→MBIO auf 1/52 eingestellt.

Bei der Biomasse wird im weiteren ein natürlicher Abwurf ABFL von einem
Prozent berücksichtigt. Ein zusätzlicher Biomasseverlust BIAT tritt bei
Unterversorgung mit Atmungsassimilaten auf; er wird, wie die Unterversor-
gungseinflüsse auf Wurzeln und Laub, im Unterversorgungsteil bestimmt.
Bei der Beschreibung der holzigen Biomasse gehen wir von einem Anfangs-
wert im 60-jährigen Bestand von 322 t/ha (geschätzt nach: REHFUESS 1981,
S. 125) aus.

Neben der Rechnung zur Assimilatverteilung erfüllt das Untermodell
'ASSBIO' noch die wichtige Aufgabe, bei Unterschreiten der für die Dunkel-
atmung notwendigen Assimilatmenge einen dadurch bedingten Mehrabbau an
Laub, Wurzeln und holziger Biomasse zu bewirken. Im Block U3 wird dazu
wieder die Gesamtmenge an verfügbaren Assimilaten als Jahresrate be-
stimmt. Deshalb muß die Verbindung ASSI → U3 mit *52* gewichtet werden. In
U1 und U2 wird dann das Verhältnis von angebotenen und zur Dunkelatmung
ATM nötigen Assimilaten bestimmt und auf das Intervall [0,1] begrenzt.
Als Differenz 1 - U2 wird schließlich in UATM der eigentliche Unterversor-
gungsfaktor bestimmt. Er ist nur dann von Null verschieden, wenn die
Nachfrage an Atmungsassimilaten deren verfügbare Menge überschreitet,
was beim gesunden Baum in der Regel nicht auftritt. In den Blöcken
LAAT, WUAT und BIAT werden schließlich die dem momentanen Bestand an
Laub, Wurzeln und holziger Biomasse proportionalen Abwurfraten bestimmt,
die in den entsprechenden Untermodellen berücksichtigt werden.

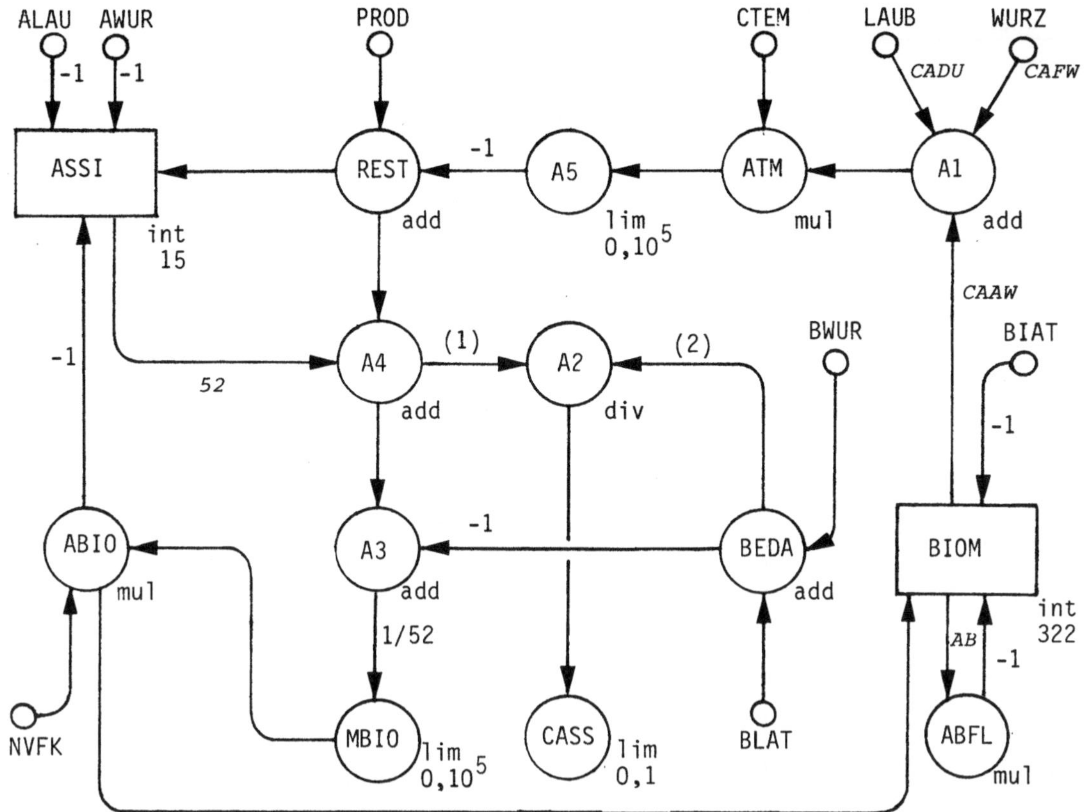

Abb. 6.8: ASS-Simulationsdiagramm für das Untermodell 'ASSBIO'

Modellgleichungen

$$\text{ASSI}(T + DT) = \text{ASSI}(T) + DT \cdot (\text{REST} - \text{AWUR} - \text{ALAU} - \text{ABIO})$$
$$\text{BIOM}(T + DT) = \text{BIOM}(T) + DT \cdot (\text{ABIO} - \text{BIAT} - \text{ABFL})$$

$$\text{ATM} = \text{CTEM} \cdot (\textit{CADU} \cdot \text{LAUB} + \textit{CAFW} \cdot \text{WURZ} + \textit{CAAW} \cdot \text{BIOM})$$
$$\text{REST} = \text{PROD} - \text{ATM}$$
$$\text{BEDA} = \text{BLAT} + \text{BWUR}$$
$$\text{CASS} = (\text{REST} + 52 \cdot \text{ASSI}) / \text{BEDA}$$
$$\text{MBIO} = 1/52 \cdot (\text{REST} + 52 \cdot \text{ASSI} - \text{BEDA})$$
$$\text{ABIO} = \text{NVFK} \cdot \text{MBIO}$$
$$\text{ABFL} = \textit{AB} \cdot \text{BIOM}$$

Kurzbeschreibung

Blöcke:

Blockname	Blocktyp	Parameter	Bedeutung
ASSI	int	Anfangswert: 15 $[t_{ASS}/ha]$	Aktueller Assimilatbestand des Baumes
BIOM	int	Anfangswert: 322 $[t_{OTS}/ha]$	Aktuelle holzige Biomasse des Baumes
ATM	mul	keine	Zur Atmung benötigte Assimilate
BEDA	add	keine	Bedarf an Assimilaten für Wurzel- und Blattaufbau
REST	add	keine	Nach Atmung verbleibende Assimilate
CASS	lim	Grenzen: 0,1 [-]	Aufbaueinschränkung für Wurzeln und Laub durch Assimilatmangel
MBIO	lim	Grenzen: $0,10^5$ $[t_{OTS}/a \cdot ha]$	Theoretischer Biomassezuwachs
ABIO	mul	keine	Tatsächlicher Biomassezuwachs
ABFL	mul	keine	Natürlicher Biomasseabwurf

Gewichte:

Name	Wert	Bedeutung	aus:
CADU	$1.5[t_{ASS}/a \cdot t_{OTS}]$	Atmungskoeffizient Laub	LARCHER 1980, S. 138
CAAW	$0.05[t_{ASS}/a \cdot t_{OTS}]$	Atmungskoeffizient Biomasse	LARCHER 1980, S. 134 und 186
CAFW	$2[t_{ASS}/a \cdot t_{OTS}]$	Atmungskoeffizient Wurzeln	MC CLAUGHERTY/ ABER 1982
AB	$0.01[1/a]$	1 % jährlicher Abfall an holziger Biomasse	
52	$52[1/a]$	Geschwindigkeitskonstante (für Assimilatverbrauch)	

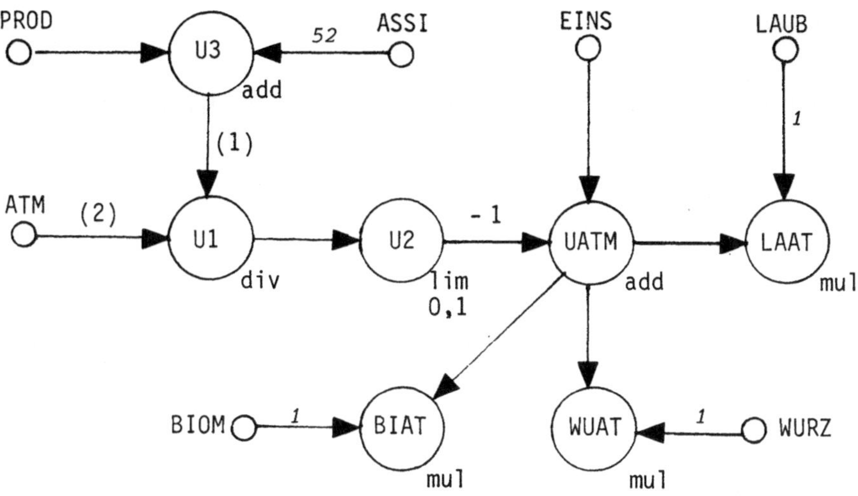

<u>Abb. 6.9</u>: ASS-Simulationsdiagramm für Unterversorgung mit Atmungsassimilaten
zum Untermodell 'ASSBIO'

<u>Modellgleichungen</u>

UATM = 1 - (PROD + 52 · ASSI) / ATM
BIAT = UATM · 1 · BIOM
LAAT = UATM · 1 · LAUB
WUAT = UATM · 1 · WURZ

<u>Kurzbeschreibung</u>

Blöcke:

Blockname	Blocktyp	Parameter	Bedeutung
BIAT	mul	keine	Biomasseverlust durch Unterversorgung
LAAT	mul	keine	Laubverlust durch Unterversorgung
WUAT	mul	keine	Wurzelverlust durch Unterversorgung
UATM	add	keine	Einschränkungsfaktor bei Unterversorgung mit Atmungsassimilaten

6.4.4 Untermodell 'WUSCHA' (vgl. Abb. 6.10)

Als bodengestütztes Untermodell übernimmt 'WUSCHA' die Modellierung des
zeitlichen Verlaufs der vorhandenen Feinwurzelmenge pro ha Fichtenwald
unter wesentlicher Berücksichtigung des momentanen pH-Wertes der Bodenlösung. Bei ungekoppelter Simulation wird dieser als Gewicht der Verbindung EINS →SCHA vorgegeben. Im gekoppelten Gesamtmodell dagegen wird
der pH-Wert vom Teilmodell 'Bodenchemie' geliefert.

Beginnend mit einem Anfangswert von 7 t/ha (Setzung) für einen 60-jähri-
gen Wald, integriert der Block WURZ verschiedene Wurzelauf- und -abbau-
raten zur momentanen Feinwurzelmenge auf.

Als Besonderheit dieses Untermodells erkennt man eine direkte Proportiona-
lität von natürlichem Wurzelabbau WUAB und der Neuausbildung von Feinwurzeln AWUR. Nach HARRIS (in REICHLE 1981) kann man von einem ständigen
Feinwurzelumlauf ausgehen, so daß innerhalb eines Jahres die gesamte
Feinwurzelmenge einmal ausgetauscht wird. Das Wurzelsterben kann nun
durch Bodenversauerung beschleunigt werden: Die Tabellenfunktion SCHA
(vgl. Abschn. 6.5) beeinflußt in Abhängigkeit vom pH-Wert der Bodenlösung
die Anzahl der Wurzelumläufe pro Jahr (im ungeschädigten Fall liefert
SCHA den Wert 1). Bei pH-Werten unter 3.8 vergrößert sich diese Umlauf-
geschwindigkeit entgegengesetzt proportional zum pH-Wert.

Die natürliche Wurzelaufbaurate wird aus der Abbaurate bestimmt. Dazu
wird aus der für die theoretisch mögliche Photosyntheseleistung PHPR
benötigten Wassermenge und der Wassermenge, die durch die bereits
vorhandenen Wurzeln lieferbar ist, der relative Wurzelbedarf RWUR berechnet. Die Umrechnung von Photosyntheseleistung und Wurzelmenge auf
die Wassermenge geschieht durch Gewichtung mit *TRAK* und *FOEK*. Als Zwischengröße erhält man in W1 nun den der angestrebten Photoproduktion entsprechenden Wurzelaufbau. Für die Neuausbildung von Feinwurzeln ist
nach MITSCHERLICH 1971, S. 54, eine Temperatur *TWUR* von 6°C notwendig.
Die Logikfunktion BWUR entscheidet daher aufgrund der momentanen Lufttemperatur TEMP, ob tatsächlich Wurzeln gebildet werden können. Ist dies
nicht der Fall, so wird der Wurzelneuaufbau AWUR auf Null gesetzt. Andererseits meldet die Logikfunktion den Wert von W1 an AWUR weiter, wenn

die Mindesttemperatur erreicht ist. Da in W1 nun eine Jahresrate
bestimmt wurde, das Wurzelwachstum aber temperaturbedingt auf einen
gewissen Teil des Jahres beschränkt bleibt, muß diese Rate auf die
tatsächliche Austriebszeit umgerechnet werden. Der Faktor 1.625 an der
Verbindung W1 → BWUR berücksichtigt diesen Umstand. Eine weitere Modifikation erfährt die Wurzelaufbaurate schließlich durch Multiplikation mit dem Wert des Blocks CASS. Hierdurch wird eine Angleichung
der zum Wurzelaufbau nötigen an die tatsächlich vorhandene Assimilatmenge erreicht. Eventuell auftretender Assimilatmangel bewirkt hier
also ein vermindertes Wurzelwachstum. Die Abhängigkeit des Wurzel-
aufbaus von der Stickstoffversorgung wird analog zum Laub- und Biomasseaufbau durch den Versorgungsfaktor NVFK berücksichtigt.

Kann durch die vorhandene Assimilatmenge nicht einmal mehr der Atmungs-
bedarf der Feinwurzeln gedeckt werden, so tritt zusätzlich zum natür-
lichen Wurzelabbau ein weiterer atmungsbedingter Wurzelabbau WUAT ein.
Im Unterversorgungsteil zum Untermodell 'ASSBIO' wird diese Rate ent-
sprechend denen für zusätzlichen Laub- und Biomasseabbau berechnet.
Der Einfluß der Unterversorgung mit Atmungsassimilaten ist jedoch bei
Feinwurzeln und Laub höher als bei der holzigen Biomasse, was durch
Gewichtung der Verbindung WUAT → WURZ mit dem Faktor - 2 erreicht wird.

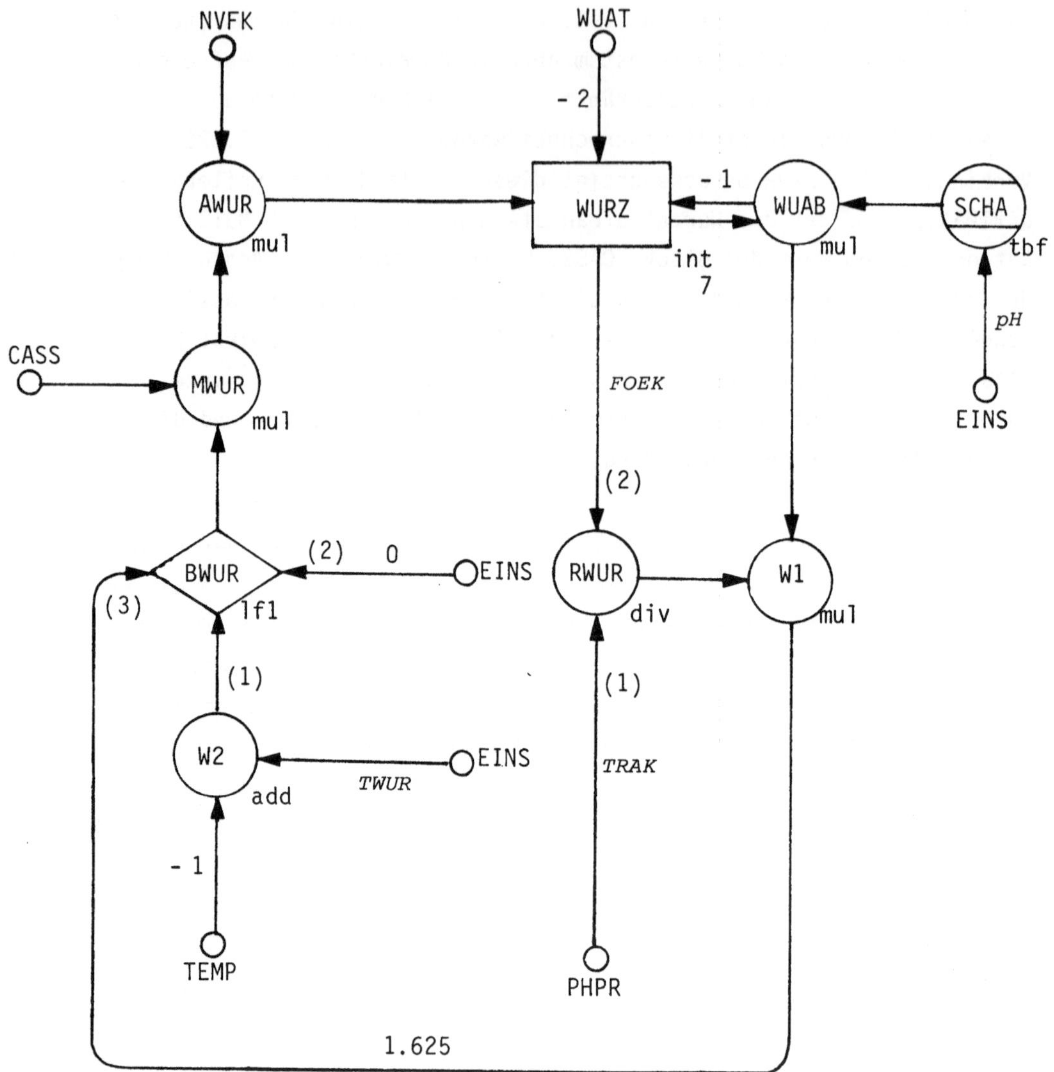

Abb. 6.10: ASS-Simulationsdiagramm für das Untermodell 'WUSCHA'

Modellgleichungen

$$\text{WURZ}\,(T + DT) = \text{WURZ}\,(T) + DT \cdot (\text{AWUR} - \text{WUAB} - 2 \cdot \text{WUAT})$$

$$\text{RWUR} = (\textit{TRAK} \cdot \text{PHPR}) / (\textit{FOEK} \cdot \text{WURZ})$$

$$\text{WUAB} = \text{SCHA} \cdot \text{WURZ}$$

$$\text{BWUR} = \begin{cases} 0 & \text{falls} \quad \text{TWUR} - \text{TEMP} \geq 0 \\ 1.625 \cdot \text{RWUR} \cdot \text{WUAB} & \text{falls} \quad \text{TWUR} - \text{TEMP} < 0 \end{cases}$$

$$\text{MWUR} = \text{CASS} \cdot \text{BWUR}$$

$$\text{AWUR} = \text{NVFK} \cdot \text{MWUR}$$

Kurzbeschreibung

Blöcke:

Blockname	Blocktyp	Parameter	Bedeutung
WURZ	int	Anfangswert: $7[t_{OTS}/ha]$	Aktuelle Menge der Feinwurzeln des Baumes
RWUR	div	keine	Relativer Wurzelbedarf
WUAB	mul	keine	Feinwurzelabbau
BWUR	lfl	keine	Wurzelneuaustrieb
MWUR	mul	keine	Theoretischer Wurzelaufbau
AWUR	mul	keine	Tatsächlicher Wurzelaufbau
SCHA	tbf	Stützstellen: 4	Wurzelumläufe pro Jahr in Abhängigkeit vom pH-Wert

Gewichte:

Name	Wert	Bedeutung	aus:
TRAK	$241[t_{H_2O}/t_{ASS}]$	Transpirations-koeffizient	EIDMANN/SCHWENKE 1967, S. 17
FOEK	$2000[t_{H_2O}/a \cdot t_{OTS}]$	Förderkoeffizient	EIDMANN/SCHWENKE 1967, S. 32
TWUR	$6[^{O}C]$	Zum Wurzelaufbau notwendige Mindesttemperatur	MITSCHERLICH 1971, S. 54
pH	2.8 - 5.0[-]	pH-Wert der Boden-lösung	

6.4.5 Untermodell 'NKREIS' (vgl. Abb. 6.11)

Zur Einbeziehung des Einflusses der Stickstoffversorgung auf die Wachs-
tumsprozesse des Baumes und damit zur Anbindung dieses Teilmodells an
das Teilmodell 'Mineralisierung' wurde das Untermodell 'NKREIS' geschaffen. Seine wesentliche Aufgabe besteht im Vergleich des zum Baumwachstum notwendigen und dem pflanzenverfügbaren Stickstoff. Dabei ist
es unerheblich, in welcher Form der Stickstoff nachgeliefert wird
(NH_4^+, NO_3^-), da das Untermodell in Stickstoffäquivalenten rechnet.

Für die Berechnung des Stickstoffbedarfs werden die Aufbauraten MLAU,
MWUR und MBIO mit den Stickstoffgehalten *NLAU*, *NWUR* und *NBIO* (FIEDLER/
NEBE/HOFFMANN 1973, S. 32 ff. bzw. REHFUESS 1981, S. 129) gewichtet und
im Block NBED addiert. Das Angebot an pflanzenverfügbarem Stickstoff
NDEP wird als Summe des pflanzenintern gespeicherten Stickstoffs NSPE und
der im Boden enthaltenen Stickstoffverbindungen NH_4^+ und NO_3^- berechnet.
Im entkoppelten Modell können diese Gehalte durch die Verbindungen
EINS→NH4 und EINS→NO3 vorgegeben werden. Im gekoppelten Gesamtmodell
ist hier eine Verknüpfungsstelle zum Teilmodell 'Mineralisierung'. Der
vierte Eingang (EINS→NDEP) mit dem Gewicht − *NFST* = − 0,0025 berücksichtigt
die Tatsache, daß der Stickstoff im Boden nur über eine Grundbelegung
von 0.002 t N/ha (NH4) und 0.0005 t N/ha (NO3) hinaus für die Pflanze verfügbar ist. Als Quotient aus Angebot und Bedarf wird dann der Block N1
berechnet, dessen Wert schließlich nach Begrenzung auf das Intervall
[0,1] den Stickstoffversorgungsfaktor NVFK ergibt.

Analog zum Untermodell 'ASSBIO' nehmen wir an, daß eine maximale Ver-
brauchsrate für das Stickstoffangebot aus dem Boden existiert. Das
Gewicht *52* an der Verbindung NDEP→N1 bewirkt daher, daß die ange-
botene Stickstoffmenge NDEP vom Baum in einer Woche vollständig verbraucht werden kann.

NVFK beeinflußt die Aufbauraten ALAU, AWUR und ABIO multiplikativ.
Dieser Faktor wird auf positive Werte limitiert. Einschränkende Wirkung
hat er nur bei nicht ausreichendem Bodenstickstoffangebot.

Ein weiterer Teil des Untermodells beschreibt nun die Entnahme des zum Wachstum benötigten Stickstoffs aus dem Boden bzw. aus dem pflanzeninternen Speicher NSPE. Dazu wird in Anlehnung an FIEDLER/NEBE/HOFFMANN 1973 und PENNING DE VRIES ET AL. 1975 davon ausgegangen, daß vor dem (natürlichen) Nadelabwurf ein gewisser Prozentsatz NAB an Stickstoff aus den Nadeln in den Sproß zurückgeführt wird (vgl. jedoch COLE/RAPP 1981, CHAPIN/KENDROWSKI 1983). Dies wird durch die Verbindung LAAB → NSPE mit dem Gewicht $NAB \cdot NLAU = 0.000625$ realisiert. Den Anfangswert von NSPE erhält man ähnlich als Produkt aus der Nadelmenge eines Nadeljahrgangs und $NAB \cdot NLAU$ ($3 \cdot 0.05 \cdot 0.0125 = 0.001875$).

Beim Stickstoffverbrauch sorgen die Blöcke N2, N3 und N4 dafür, daß zunächst der pflanzenintern gespeicherte Stickstoff verwendet wird. Der verbleibende Restbedarf wird über den Block NENT an das Teilmodell 'Mineralisierung' gemeldet. Die Verbindungen NSPE → N2 und NSPE → N3 sind dabei wiederum mit der Geschwindigkeitskonstanten 52 für den Stickstoffverbrauch gewichtet. Aus simulationstechnischen Gründen wurden die Größen N4 und NENT auf positive Werte limitiert.

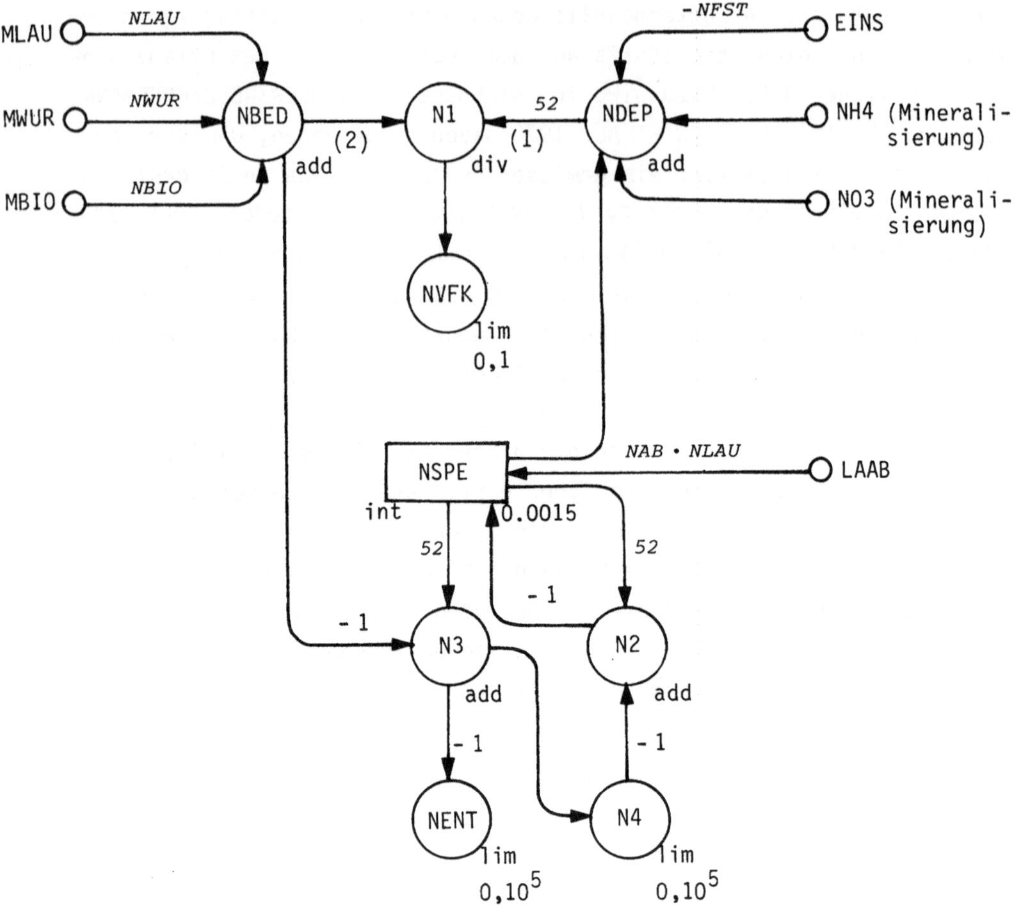

Abb. 6.11: ASS-Simulationsdiagramm für das Untermodell 'NKREIS'

<u>Modellgleichungen</u>

$$NSPE\,(T+DT) \;=\; NSPE\,(T) + DT \cdot \begin{cases} NAB \cdot NLAU \cdot LAAB - NBED & \text{f. } NBED \le 52 \cdot NSPE \\ NAB \cdot NLAU \cdot LAAB - 52 \cdot NSPE & \text{f. } NBED > 52 \cdot NSPE \end{cases}$$

$$NBED \;=\; NLAU \cdot MLAU + NWUR \cdot MWUR + NBIO \cdot MBIO$$

$$NDEP \;=\; -\,NFST \cdot EINS + NH4 + NO3 + NSPE$$

$$NENT \;=\; -\,52 \cdot NSPE + NBED$$

$$NVFK \;=\; 52 \cdot NDEP/NBED$$

Kurzbeschreibung

Blöcke:

Blockname	Blocktyp	Parameter	Bedeutung
NSPE	int	Anfangswert: 0.0015 $[t_N/ha]$	Pflanzenintern gespei-cherter Stickstoff
NBED	add	keine	Gesamtstickstoffbedarf des Baumes
NDEP	add	keine	Pflanzenverfügbarer Stickstoff
NENT	lim	Grenzen: $0,10^5$ $[t_N/a \cdot ha]$	Stickstoffentnahme aus dem Boden
NVFK	lim	Grenzen: 0,1 [-]	Stickstoffversorgungs-faktor

Gewichte:

Name	Wert	Bedeutung	aus:
NAB	0.05[-]	Anteil des vor dem Abwurf aus den Nadeln rückgeführ-ten Stickstoffs	
NLAU	0.0125[-]	Stickstoffanteil der Nadeln	FIEDLER/NEBE/HOFF-MANN 1973, S. 32 ff.
NWUR	0.006[-]	Stickstoffanteil der Feinwurzeln	REHFUESS 1981, S. 129
NBIO	0.0015[-]	Stickstoffanteil der holzigen Biomasse	FIEDLER/NEBE/HOFF-MANN 1973, S. 32 ff.
NFST	$0.0025[t_N/ha]$	Im Boden fest gebundener Stickstoff (NH_4-N u. NO_3-N)	
52	52[1/a]	Geschwindigkeitskonstante (für den Stickstoffver-brauch)	

6.5 Tabellenfunktionen

(alphabetisch geordnet)

CTEM: Einschränkung von Photosynthese und Dunkelatmung in Abhängigkeit von der Lufttemperatur

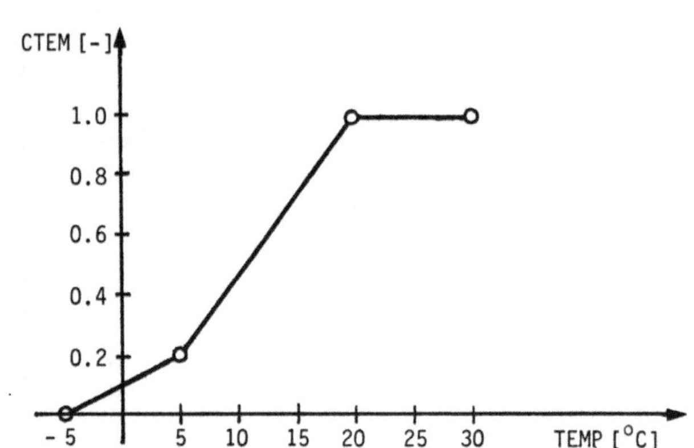

TEMP [°C]	CTEM [-]
- 5	0
5	0.2
20	1
30	1

LBTL: Laubanteil eines Baumes als Funktion der Biomasse (holzig)

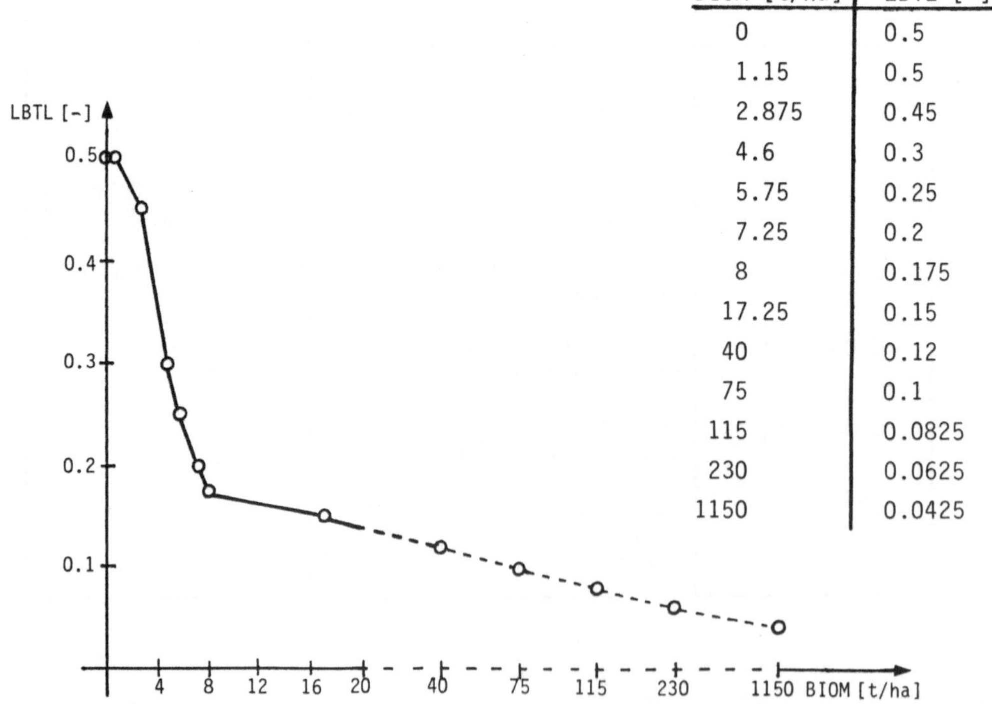

BIOM [t/ha]	LBTL [-]
0	0.5
1.15	0.5
2.875	0.45
4.6	0.3
5.75	0.25
7.25	0.2
8	0.175
17.25	0.15
40	0.12
75	0.1
115	0.0825
230	0.0625
1150	0.0425

POLC: Schädigung durch Chlorwasserstoff

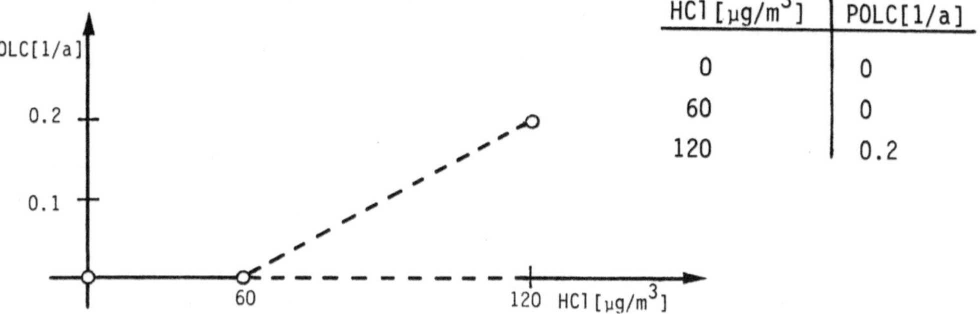

HCl [µg/m³]	POLC[1/a]
0	0
60	0
120	0.2

POLF: Schädigung durch Fluorwasserstoff

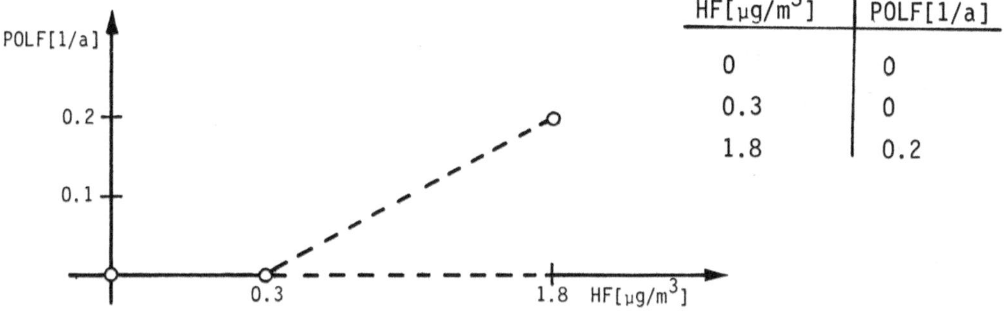

HF[µg/m³]	POLF[1/a]
0	0
0.3	0
1.8	0.2

POLO: Schädigung durch Ozon

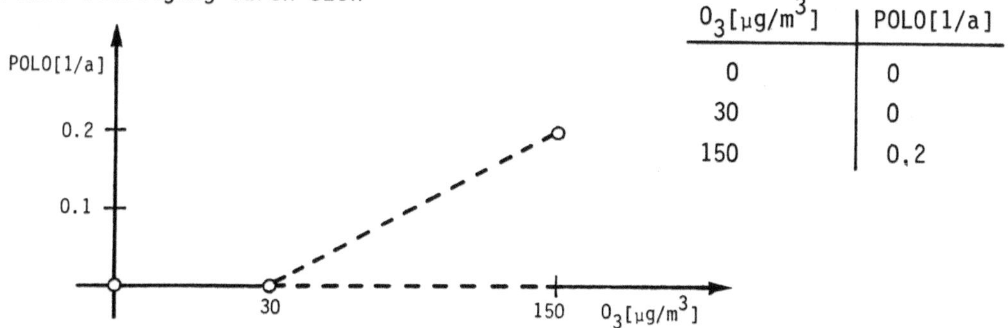

$O_3[µg/m^3]$	POLO[1/a]
0	0
30	0
150	0,2

POLS: Schädigung durch Schwefeldioxid

$SO_2[µg/m^3]$	POLS[1/a]
0	0
15	0
160	0.2

SCHA: Einfluß des pH-Wertes der Bodenlösung auf den Wurzelabbau

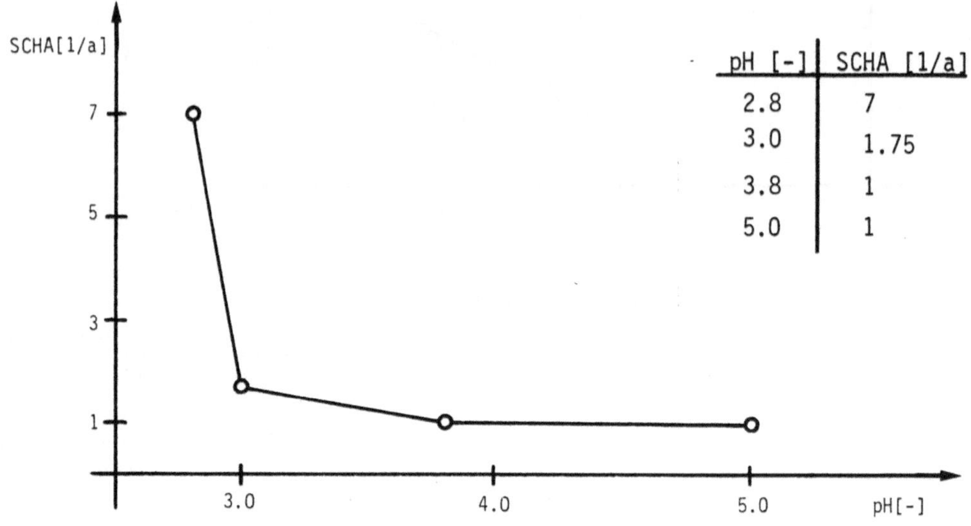

pH [-]	SCHA [1/a]
2.8	7
3.0	1.75
3.8	1
5.0	1

TEMP: Mittlere Lufttemperatur (Monatsmittel) in Kassel als Funktion
       der Zeit (TJ)

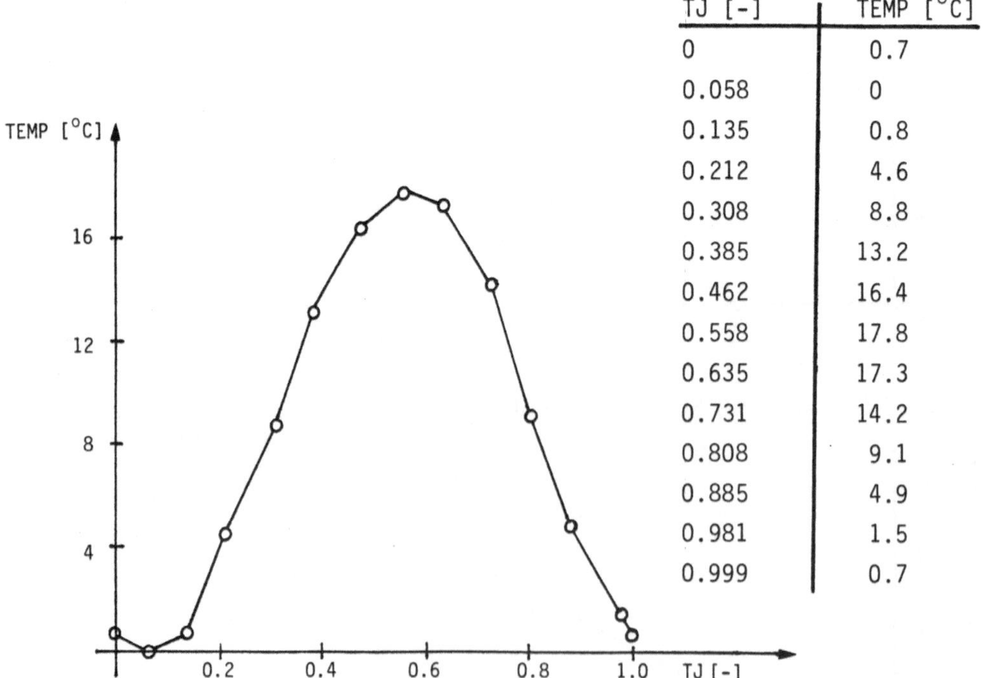

TJ [-]	TEMP [°C]
0	0.7
0.058	0
0.135	0.8
0.212	4.6
0.308	8.8
0.385	13.2
0.462	16.4
0.558	17.8
0.635	17.3
0.731	14.2
0.808	9.1
0.885	4.9
0.981	1.5
0.999	0.7

6.6 Gesamtübersicht (alphabetisch geordnet)

Blöcke:

Blockname	Blocktyp	Dimension	Beschreibung
ABFL	mul	$t_{OTS}/a \cdot ha$	Gibt den natürlichen Abwurf der Biomasse proportional zu deren momentanem Wert an.
ABIO	mul	$t_{OTS}/a \cdot ha$	Modifiziert den theoretischen Biomassezuwachs MBIO mit Rücksicht auf die Stickstoffversorgung.
ALAU	mul	$t_{OTS}/a \cdot ha$	Gibt den tatsächlich von der Stickstoffversorgung abhängigen Zuwachs des Laubes an.
ALT	add	-	ALT = 1 + WIRK. Ist im ungeschädigten Fall gleich 1 und bewirkt bei Schädigung eine schnelle Alterung der Nadeln.
ASSI	int	t_{ASS}/ha	Gibt die momentan im Baum gespeicherte Assimilatmenge an. Als Zustandsgröße beeinflußt dieser Block wesentlich das Wachstum der einzelnen Organe des Baumes.
ATM	mul	$t_{ASS}/a \cdot ha$	Es wird in Abhängigkeit von LAUB, WURZ, BIOM sowie von der Lufttemperatur der zur Gesamtatmung des Baumes notwendige Assimilatanteil berechnet.
AWUR	mul	$t_{OTS}/a \cdot ha$	Unter Berücksichtigung des Einschränkungsfaktors NVFK berechneter tatsächlicher Wurzelneuaufbau.
BEDA	add	$t_{ASS}/a \cdot ha$	Berechnet den Gesamtassimilatbedarf für Wurzel- und Nadelneuaufbau.
BEFF	add	-	BEFF = 1 - 0.4 · (1 + WIRK). Berechnet die durchschnittliche Blatteffizienz.
BENA	div	-	BENA = 1 / (1 + WIRK). Ist im ungeschädigten Fall gleich 1 und bewirkt bei Schädigung einen erhöhten Abwurf der Nadeln.
BIAT	mul	$t_{OTS}/a \cdot ha$	In Abhängigkeit vom Unterversorgungsfaktor UATM bewirkt BIAT einen zusätzlichen Biomasseabwurf.
BIOM	int	t_{OTS}/ha	Gibt die momentan vorhandene Menge an holziger Biomasse (Stamm, Äste usw.) an. Über die Laubfunktion wird durch BIOM der Laubaufbau wesentlich beeinflußt.

Blockname	Blocktyp	Dimension	Beschreibung
BLAT	lfl	$t_{OTS}/a \cdot ha$	Gibt in Abhängigkeit von Biomasse und Jahreszeit einen Bedarf an neu auszutreibendem Laub an.
BWUR	lfl	$t_{OTS}/a \cdot ha$	Temperaturabhängiger Nettoneuaufbau an Wurzelmasse.
CASS	lim	-	Limitiert den Block A2 auf [0,1]. Dieser gibt den Einschränkungsfaktor für Wurzel- und Nadelaufbau bei Assimilatmangel an.
CLUX	mul	-	Bestimmt das Lichtstundenverhältnis als sinusartige Funktion der Jahreszeit. $$CLUX = 1/24(12 + 4 \cdot \sin(2\pi \cdot TJ - \pi/2)),$$ $CLUX \in [1/3,\ 2/3]$
CTEM	tbf	-	Gibt den Einfluß der Lufttemperatur auf die Photosyntheseleistung an. Der Einfluß wirkt einschränkend bei Temperaturen kleiner 20°C, sonst ist CTEM = 1.
EINS	xstp	-	Meldet konstant den Wert 1.
LAAB	mul	$t_{OTS}/a \cdot ha$	Entspricht dem natürlichen jährlichen Abwurf von einem Nadeljahrgang.
LAAT	mul	$t_{OTS}/a \cdot ha$	Bewirkt in Abhängigkeit vom Unterversorgungsfaktor UATM einen zusätzlichen Nadelabwurf.
LAGB	mul	t_{OTS}/ha	Laub des gesunden Baumes in Abhängigkeit von der Biomasse.
LANA	mul	$t_{OTS}/a \cdot ha$	Bewirkt einen Mehrabwurf von Laub bei Schädigung (d.h. WIRK > 0) in Abhängigkeit von BENA.
LAUB	int	t_{OTS}/ha	Gibt die aktuelle Laubmenge an.
LAWU	mul	$t_{OTS}/a \cdot ha$	Bewirkt einen Mehrabwurf von Laub bei eingeschränkter Förderkapazität der Feinwurzeln.
LBTL	tbf	-	Laubanteil an der Biomasse.
MBIO	lim	$t_{OTS}/a \cdot ha$	Limitiert den Block A3 auf positive Werte und gibt den theoretischen Biomassezuwachs an. Zuwachs kommt nur dann zustande, wenn der Assimilatbedarf für Wurzel- und Nadelneuaufbau bereits gedeckt ist.
MDL	mdl	-	Modulofunktion: rechnet ASS-Simulationszeit T auf Jahreszeit um.

Blockname	Blocktyp	Dimension	Beschreibung
MLAU	mul	$t_{OTS}/a \cdot ha$	Gibt den theoretischen Zuwachs des Laubes an. Neuaustrieb erfolgt in maximal 12 Wochen, gesteuert durch TJ und TEMP.
MWUR	mul	$t_{OTS}/a \cdot ha$	Unter Berücksichtigung des assimilatabhängigen Einschränkungsfaktors CASS berechneter theoretischer Wurzelneuaufbau.
NAD	lim	–	Gibt die Anzahl der Nadeljahrgänge als 'real'-Zahl an.
NBED	add	$t_N/a \cdot ha$	Für Laubaustrieb, Wurzel- und Biomasseaufbau benötigte Stickstoffmenge.
NDEP	add	t_N/ha	Pflanzenverfügbarer Stickstoff.
NENT	lim	$t_N/a \cdot ha$	Stickstoffentnahme aus dem Boden.
NSPE	int	t_N/ha	Pflanzenintern gespeicherter Stickstoff.
NVFK	lim	–	Als Quotient aus Bedarf NBED und Angebot NDEP berechneter Stickstoffversorgungsfaktor. Berücksichtigt den Einfluß von Stickstoffmangel auf den Organaufbau.
PHPR	mul	$t_{ASS}/a \cdot ha$	Berechnet aus der maximalen Photosyntheseleistung PHN unter Berücksichtigung von Lichteinfall, Temperatur, Laubbestand und Blatteffizienz die theoretisch mögliche Assimilatproduktion durch Photosynthese.
POLC	tbf	$1/a$	Schädigung der Nadeln (normiert auf [0, 0.2]) durch Chlorwasserstoffe. Bewirkt Beschleunigung der Nadelalterung.
POLF	tbf	$1/a$	Entspricht POLC für Fluorwasserstoffe.
POLO	tbf	$1/a$	Entspricht POLC für Ozon.
POLS	tbf	$1/a$	Entspricht POLC für Schwefeldioxid.
PROD	mul	$t_{ASS}/a \cdot ha$	Berechnet aus PHPR und RFOE die tatsächlich durch Photosynthese produzierte Assimilatmenge.
REST	add	$t_{ASS}/a \cdot ha$	Zur Berechnung des Assimilatzuwachses sowie des Einschränkungsfaktors für Wurzel- und Laubwachstum wird hier zunächst die Differenz von PROD und ATM gebildet.

Blockname	Blocktyp	Dimension	Beschreibung
RFOE	lim	-	Limitiert den Block PR1 auf [0,1]. Es wird durch Vergleich von PHPR mit der vorhandenen Wurzelmasse der Einschränkungsfaktor bestimmt, mit dem die theoretische Photoproduktion korrigiert werden muß.
RWUR	div	-	Vergleicht die zur Photoproduktion notwendige Wurzelmenge mit der tatsächlich vorhandenen. Der Block bewirkt im Bedarfsfall ein erhöhtes Wurzelwachstum.
SCHA	tbf	$1/a$	Beschreibt den Einfluß des pH-Wertes der Bodenlösung auf den Wurzelabbau.
TEMP.	tbf	^{o}C	Monatliche Durchschnittstemperatur als Funktion von TJ.
TJ	mul	-	Hat die Werte 0, 1/52, ..., 51/52 bei wochenweiser Simulation und dient als Jahreszeiteingang in das Modell.
UATM	add	-	Bestimmt den Grad der Unterversorgung der Organe des Baumes bei Assimilatmangel.
WIRK	int	-	Maß für die Größe der Schadstoffbelastung an den Nadeln.
WUAB	mul	$t_{OTS}/a \cdot ha$	Berechnet proportional zur vorhandenen Wurzelmenge und abhängig vom pH-Wert des Bodens den Wurzelabbau.
WUAT	mul	$t_{OTS}/a \cdot ha$	Analog BIAT und LAAT.
WURZ	int	t_{OTS}/ha	Gibt die aktuelle Menge an Feinwurzeln an.
ZEIT	xtim	a	ASS-Simulationszeit.

Gewichte:

Name	Wert	Beschreibung
AB	$0.01[1/a]$	Normalwert für den Biomasseabwurf.
$CAAW$	$0.05[t_{ASS}/a \cdot t_{OTS}]$	Spezifischer Assimilatbedarf der holzigen Biomasse zur Atmung.

Name	Wert	Beschreibung
$CADU$	$1.5[t_{ASS}/a \cdot t_{OTS}]$	Spezifischer Assimilatbedarf des Laubes zur Dunkelatmung. Aus LARCHER 1980, S. 138, ergibt sich für die Dunkelatmung bei Fichte im Jahresmittel etwa $0.25\,mg\,CO_2/g \cdot h$. Mit der Umrechnung $$1\,mg\,CO_2/g_{TG} \cdot h = 6.0\,t_{OTS\,ASS}/t_{OTS\,Laub} \cdot a$$ (s. hierzu IAGM 1982, S. 115) ergibt sich ein Wert von $CADU = 1.5$.
$CAFW$	$2[t_{ASS}/a \cdot t_{OTS}]$	Spezifischer Assimilatbedarf der Feinwurzeln zur Atmung. Nach EIDMANN/SCHWENKE 1967, RÖHRIG 1966, MC CLAUGHERTY/ABER 1982, ergeben sich Werte zwischen 0.9 und 4.4 . Der Wert 2 wurde willkürlich gewählt.
$FOEK$	$2000[t_{H_2O}/a \cdot t_{OTS}]$	Aus den Daten bei EIDMANN/SCHWENKE 1967, S. 32, für Wurzelatmung und Transpirations-Koeffizient wurde $FOEK = 2000$ kg pro Jahr und kg organische Wurzel-Trockensubstanz bestimmt (Juli-Wert).
HCl	$0 - 120[\mu g/m^3{}_{Luft}]$	Atmosphärischer Chlorwasserstoffgehalt.
NAB	$0.05[-]$	Teil des in der Nadel enthaltenen Stickstoffs, der vor dem natürlichen Nadelabwurf in den Baum zurückgeführt wird.
$NBIO$	$0.0015[-]$	Stickstoffanteil der holzigen Biomasse.
$NFST$	$0.0025[t_N/ha]$	Im Boden fest gebundener Stickstoff.
$NLAU$	$0.01[-]$	Stickstoffanteil der Nadeln
NO_x	$0 - 320[\mu g/m^3{}_{Luft}]$	Atmosphärischer Stickoxidgehalt.
$NWUR$	$0.006[-]$	Stickstoffanteil der Feinwurzeln.
O_3	$0 - 150[\mu g/m^3{}_{Luft}]$	Atmosphärischer Ozongehalt.
pH	$2.8 - 5.0[-]$	pH-Wert der Bodenlösung. Maß für die Versauerung des Bodens (ULRICH 1982 (LOELF), S. 9 - 25).
PHN	$24[t_{ASS}/a \cdot t_{OTS}]$	Maximale Photosyntheseleistung. Aus den Angaben in LARCHER 1980, S. 131, folgt unter optimalen Bedingungen eine maximale Jahresrate der Netto-Photosynthese von $PHN = 24$ (kg Assimilate pro kg organische Laub-Trockensubstanz).
SO_2	$0 - 160[\mu g/m^3{}_{Luft}]$	Atmosphärischer Schwefeldioxidgehalt.
$TRAK$	$241[t_{H_2O}/t_{ASS}]$	Transpirationskoeffizient.
$TVEG$	$10[^oC]$	Zum Wachstum notwendige Lufttemperatur.
$TWUR$	$6[^oC]$	Zum Wurzelwachstum notwendige Bodentemperatur (1ºC unter Lufttemperatur). Der Wert von $TWUR = 6^oC$ folgt aus MITSCHERLICH 1971, S. 54.

6.7 Simulationslauf unter Normalbedingungen

Zur Kontrolle der Lauffähigkeit des Teilmodells sowie zur Überprüfung der
Ergebnisse im Vergleich mit experimentell bestimmten Daten (REHFUESS 1981)
wurde mit dem ungekoppelten Teilmodell ein Simulationslauf bei Normalbedingungen durchgeführt.

Unter Normalbedingungen verstehen wir dabei:

- keine Schadstoffeinträge aus der Atmosphäre (SO_2-, NO_x-, HF-, HCl- und
  O_3-Gehalte werden auf Null gesetzt),

- keine Bodenversauerung (pH-Wert größer als 3,8),

- ständige Verfügbarkeit von Bodenwasser,

- ständiges nachfragedeckendes Bodenstickstoffangebot.

Nach einer kurzen Einschwingphase von etwa 3 Monaten kann an den Werten für
Wurzel- und Laubmasse sowie für die Assimilatmenge die erwartete jahreszeitliche Schwankung mit Tendenz zum allgemeinen Wachstum abgelesen werden
(s. Abb. 6.12 und Tab. 6.1). Die Unregelmäßigkeiten zu Beginn der Simulation sind zum größten Teil darauf zurückzuführen, daß im Simulationssystem ASS die Integratoren schon vor Beginn der Rechnung mit einem Wert
(nämlich dem Anfangswert) belegt, Addierer und Multiplizierer dagegen mit
Null voreingestellt sind und erst aus den Integratoren bzw. externen
Größen berechnet werden. Für die Simulation erwiesen sich ferner die für
die Integratoren gewählten Anfangswerte als etwas zu groß.

Vergleicht man die dargestellten Kurven für die Laub- und Wurzelwerte, so
stellt man zunächst fest, daß der Neuaustrieb eines Nadeljahrgangs innerhalb kurzer Zeit vonstatten geht, der Abwurf des letzten Jahrgangs jedoch
langsam, über das ganze Jahr verteilt, abläuft. Bei den Wurzeln dagegen ist bezüglich der Auf- und Abbauzeit eine gewisse Symmetrie feststellbar. Erklärbar wird diese Diskrepanz durch die unterschiedliche Abhängigkeit der Aufbauraten für Laub und Wurzeln von Temperatur und Jahreszeit (s. Abschn. 6.4). Für die holzige Biomasse ist ein stetes Wachsen
feststellbar. Jährlich kommen etwa 6 t/ha an holziger Biomasse hinzu,
was Untersuchungen von REHFUESS (1981) in etwa entspricht.

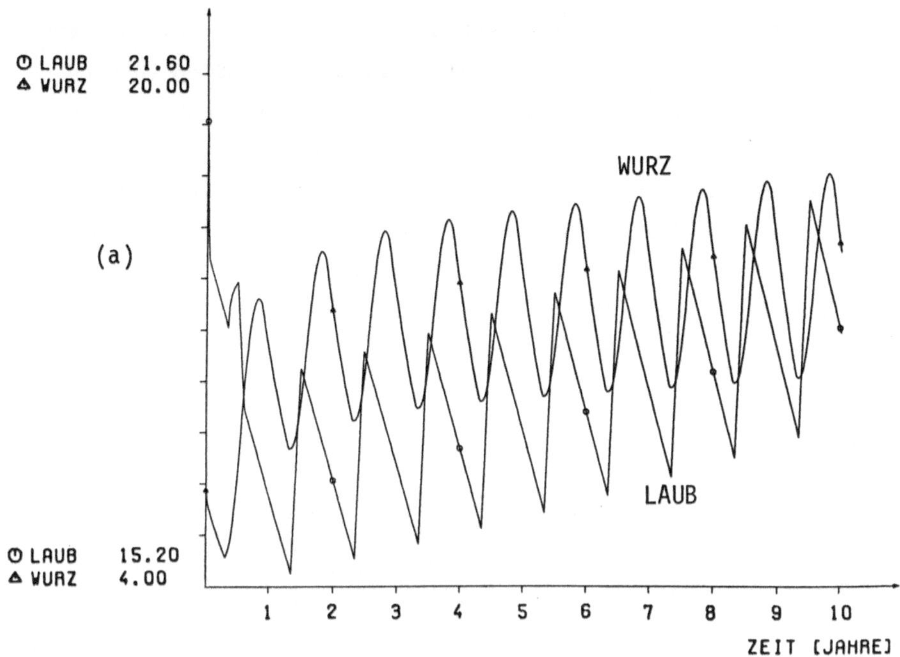

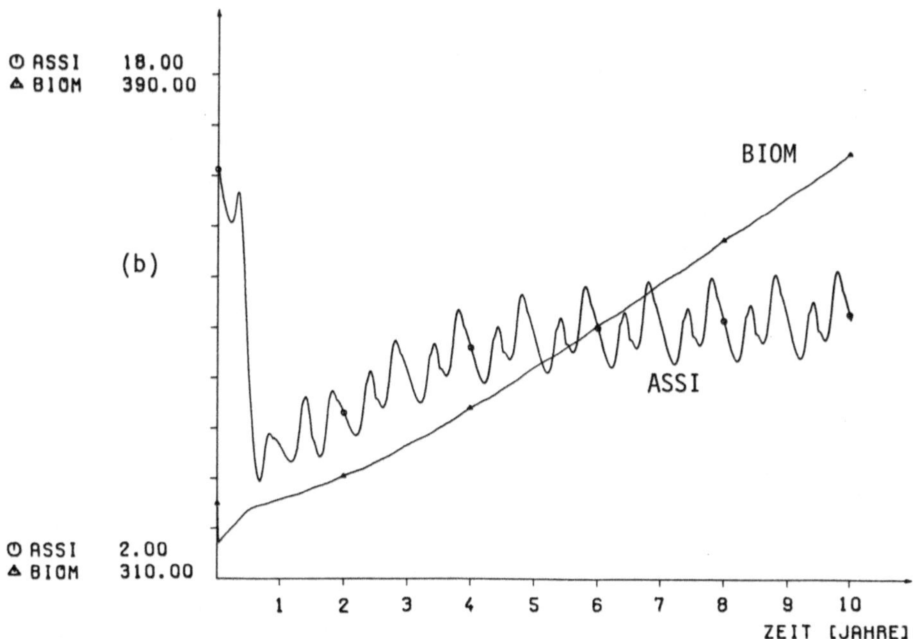

Abb. 6.12: 'Normallauf' für die Integratoren LAUB und WURZ (a)
bzw. ASSI und BIOM (b)

Weiterhin charakteristisch für diese Art der Simulation ist das zu beobachtende Zwischenmaximum in der Assimilatkurve, die ansonsten (bedingt durch die starke Abhängigkeit der Assimilatproduktion von Laubmenge und Blatteffizienz) der Laubkurve folgt. Dieses Zwischenmaximum (etwa im Mai eines jeden Jahres) entsteht dadurch, daß dort Licht- und Belaubungsverhältnisse bereits eine Photoproduktion erlauben, Laub- und Wurzelneuaufbau aber noch sehr gering sind. Es werden also nur wenige Assimilate für diese Aufbauraten benötigt. Gleichzeitig wird durch diese zeitliche Verschiebung aber ein gewisser Assimilatvorrat geschaffen, auf den dann bei Erreichen der Austriebszeit für Laub und Wurzeln zurückgegriffen werden kann.

ZEIT [a]	WURZ [t/ha]	ASSI [t/ha]	LAUB [t/ha]	BIOM [t/ha]
5.0000000E+0	9.7951100E+0	1.3683900E+1	1.7140000E+1	3.4372000E+2
5.0192300E+0	9.6432100E+0	1.3415500E+1	1.7083300E+1	3.4384900E+2
5.0384600E+0	9.4924300E+0	1.3152300E+1	1.7026600E+1	3.4397500E+2
5.0576900E+0	9.3440800E+0	1.2894400E+1	1.6969900E+1	3.4409800E+2
5.0769200E+0	9.1993400E+0	1.2641400E+1	1.6913200E+1	3.4421800E+2
5.0961500E+0	9.0629000E+0	1.2393500E+1	1.6856500E+1	3.4433500E+2
5.1153800E+0	8.9362000E+0	1.2150300E+1	1.6799700E+1	3.4444900E+2
5.1346200E+0	8.8207100E+0	1.1912000E+1	1.6742900E+1	3.4456100E+2
5.1538500E+0	8.7178200E+0	1.1678400E+1	1.6686100E+1	3.4467000E+2
5.1730800E+0	8.6392400E+0	1.1449300E+1	1.6629300E+1	3.4477700E+2
5.1923100E+0	8.5887800E+0	1.1224700E+1	1.6572500E+1	3.4488200E+2
5.2115400E+0	8.5704000E+0	1.1004500E+1	1.6515700E+1	3.4498600E+2
5.2307700E+0	8.5879500E+0	1.0788700E+1	1.6458800E+1	3.4508900E+2
5.2500000E+0	8.6579800E+0	1.0577000E+1	1.6402000E+1	3.4519100E+2
5.2692300E+0	8.8026200E+0	1.0369600E+1	1.6345100E+1	3.4529400E+2
5.2884600E+0	9.0299900E+0	1.0166100E+1	1.6288200E+1	3.4539900E+2
5.3076900E+0	9.3477500E+0	9.9667300E+0	1.6231300E+1	3.4550700E+2
5.3269200E+0	9.6118400E+0	9.9233200E+0	1.6174300E+1	3.4561800E+2
5.3461500E+0	9.9716300E+0	9.9119600E+0	1.6117400E+1	3.4573500E+2
5.3653800E+0	1.0018800E+1	9.9310800E+0	1.6473900E+1	3.4586000E+2
5.3846200E+0	1.0152500E+1	9.9886100E+0	1.6840500E+1	3.4599200E+2
5.4038500E+0	1.0324000E+1	1.0085500E+1	1.7198200E+1	3.4613400E+2
5.4230800E+0	1.0351300E+1	1.0222300E+1	1.7547100E+1	3.4627700E+2
5.4423100E+0	1.0277100E+1	1.0408400E+1	1.7887800E+1	3.4642100E+2
5.4615400E+0	1.0112500E+1	1.0636200E+1	1.8220900E+1	3.4656600E+2
5.4807700E+0	9.8652500E+0	1.0905800E+1	1.8546800E+1	3.4671000E+2
5.5000000E+0	9.5161700E+0	1.1217200E+1	1.8865900E+1	3.4685100E+2
5.5192300E+0	9.5027700E+0	1.1569800E+1	1.8808800E+1	3.4698700E+2
5.5384600E+0	9.4750100E+0	1.1943300E+1	1.8751700E+1	3.4711800E+2
5.5576900E+0	9.4044400E+0	1.2334900E+1	1.8694500E+1	3.4724200E+2
5.5769200E+0	9.3345700E+0	1.2742100E+1	1.8637400E+1	3.4736500E+2
5.5961500E+0	9.2625000E+0	1.3149800E+1	1.8580200E+1	3.4748700E+2
5.6153800E+0	9.2390300E+0	1.3555300E+1	1.8523000E+1	3.4760800E+2
5.6346200E+0	9.2813800E+0	1.3940400E+1	1.8465700E+1	3.4772900E+2
5.6538500E+0	9.3912000E+0	1.4303100E+1	1.8408500E+1	3.4784900E+2
5.6730800E+0	9.5367000E+0	1.4641700E+1	1.8351200E+1	3.4797000E+2
5.6923100E+0	9.7770800E+0	1.4955200E+1	1.8294000E+1	3.4809300E+2
5.7115400E+0	1.0127500E+1	1.5225100E+1	1.8236700E+1	3.4821900E+2
5.7307700E+0	1.0585000E+1	1.5451500E+1	1.8179300E+1	3.4835000E+2
5.7500000E+0	1.0983000E+1	1.5635400E+1	1.8122000E+1	3.4848800E+2
5.7692300E+0	1.1227100E+1	1.5778200E+1	1.8064700E+1	3.4863000E+2
5.7884600E+0	1.1333300E+1	1.5881700E+1	1.8007300E+1	3.4877900E+2
5.8076900E+0	1.1339000E+1	1.5928500E+1	1.7949900E+1	3.4893200E+2
5.8269200E+0	1.1262300E+1	1.5922100E+1	1.7892500E+1	3.4908800E+2
5.8461500E+0	1.1131900E+1	1.5866900E+1	1.7835100E+1	3.4924400E+2
5.8653800E+0	1.0961200E+1	1.5767300E+1	1.7777600E+1	3.4939800E+2
5.8846200E+0	1.0756900E+1	1.5633100E+1	1.7720100E+1	3.4955000E+2
5.9038500E+0	1.0669900E+1	1.5329900E+1	1.7662600E+1	3.4969900E+2
5.9230800E+0	1.0562000E+1	1.5029200E+1	1.7605100E+1	3.4984500E+2
5.9423100E+0	1.0439200E+1	1.4734400E+1	1.7547500E+1	3.4998700E+2
5.9615400E+0	1.0303900E+1	1.4445400E+1	1.7490000E+1	3.5012600E+2
5.9807700E+0	1.0159500E+1	1.4162100E+1	1.7432400E+1	3.5026300E+2
6.0000000E+0	1.0008600E+1	1.3884300E+1	1.7374800E+1	3.5039800E+2

Tab. 6.1: Zahlenwerte für den Normallauf im 6. Simulationsjahr

Für denselben Simulationslauf unter Normalbedingungen zeigt Abb. 6.13
neben den Werten des Integrators LAUB die des Laubaufbaus ALAU und des
natürlichen Laubabwurfs LAAB. Man erkennt deutlich die Austriebszeit
an den Spitzen in der Laubaufbaukurve. Ferner ist entsprechend der
allgemeinen Tendenz zum Wachstum auch ein Anwachsen der Laubabwurf-
rate festzustellen. Diese entspricht ja im ungeschädigten Fall immer
etwa einem Siebtel des momentanen Laubbestandes (vgl. Tab. 6.1).

In Abb. 6.14 ist der Einfluß der Wurzelmasse auf die Assimilatproduktion unter Normalbedingungen sehr gut zu sehen. Während die Kurve für
die theoretische Photosyntheseleistung PHPR jeweils ein Maximum im
Juni/Juli zeigt, sieht man, daß dort die Wurzelmasse nicht ausreicht,
um genügend Wasser nachzuliefern. Der Förderkoeffizient unterschreitet
hier den Wert 1, und somit erfährt die tatsächliche Photoproduktion
PROD eine Abschwächung ihres Maximums. Beachtlich ist dabei die Tatsache, daß bei zu kleinem Förderkoeffizient das Wurzelwachstum verstärkt
wird, um eine Wurzelmenge zu erreichen, die der angestrebten Photoproduktion entspricht (vgl. Abb. 6.10). Dies macht sich hier dadurch bemerkbar, daß nach einem anfänglichen Einbruch in der Photoproduktion
diese doch noch weiter ansteigt.

An den Simulationsergebnissen für das Untermodell 'ASSBIO' lassen sich
neben dem bereits beschriebenen Verhalten der Größen ASSI und BIOM die
beiden Einschränkungsfaktoren CASS und UATM ablesen (Abb. 6.15). Hieran
sieht man, daß im ungeschädigten Fall die Assimilation den Atmungsbedarf voll decken kann. Deswegen bleibt der Wert für den Unterversorgungs-
faktor UATM ständig auf Null. Der Wert von CASS bleibt hier bei 1, was
ebenfalls gute Versorgung mit Assimilaten zum Laub- und Wurzelaufbau
bescheinigt. Lediglich in der Zeit, in der kein Assimilatbedarf für
diesen Aufbau gemeldet wird, bleibt CASS bei 0.

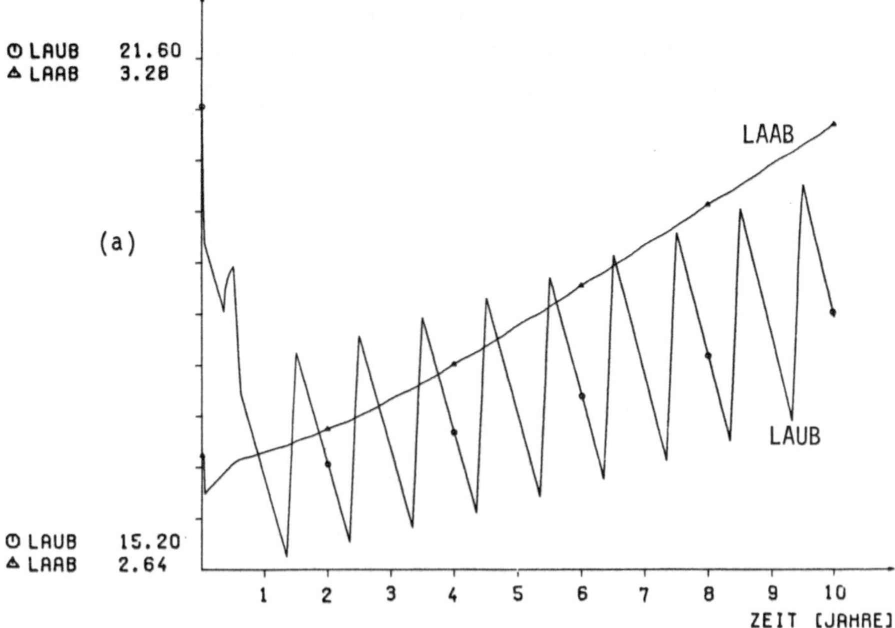

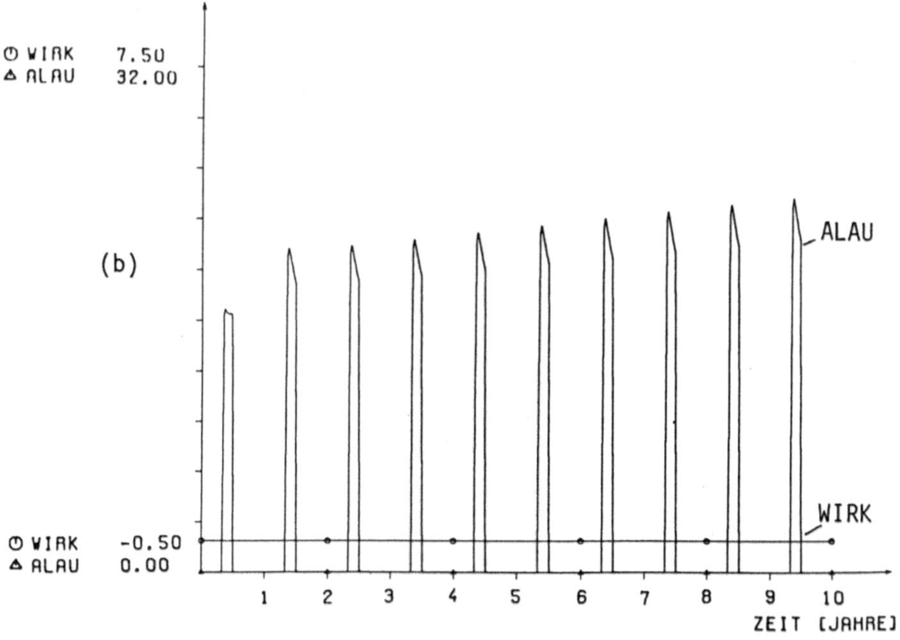

<u>Abb. 6.13:</u> Laubmenge mit Auf- und Abbaurate

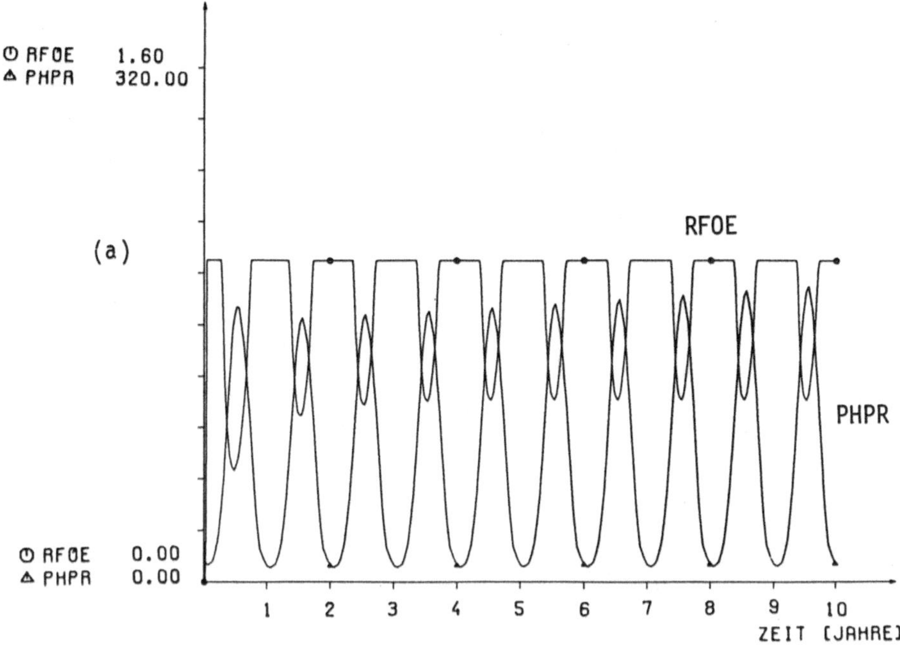

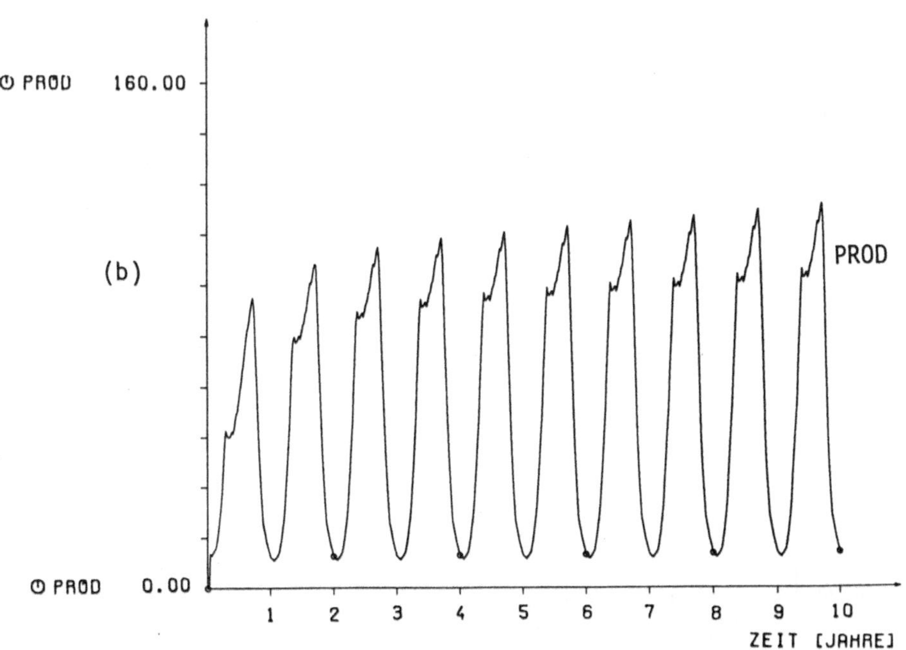

<u>Abb. 6.14</u>: Einfluß der Wurzelmasse auf die Assimilatproduktion

114

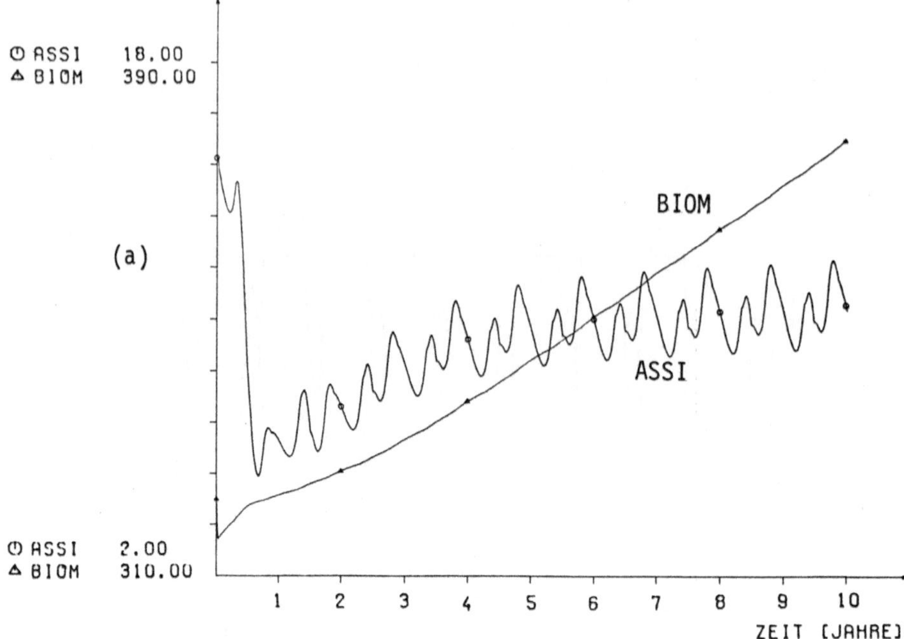

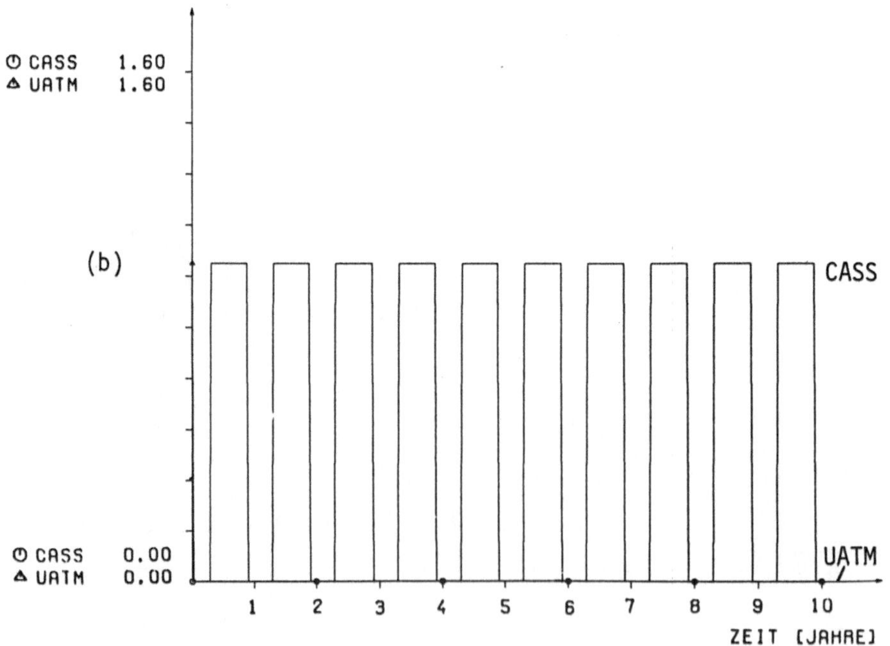

Abb. 6.15: Einfluß von CASS und UATM auf das Untermodell 'ASSBIO'

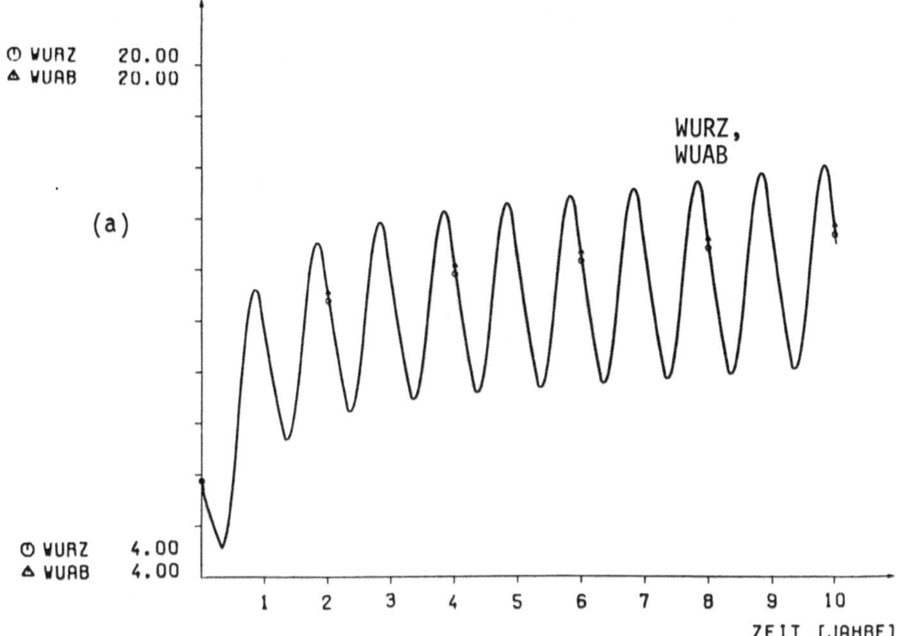

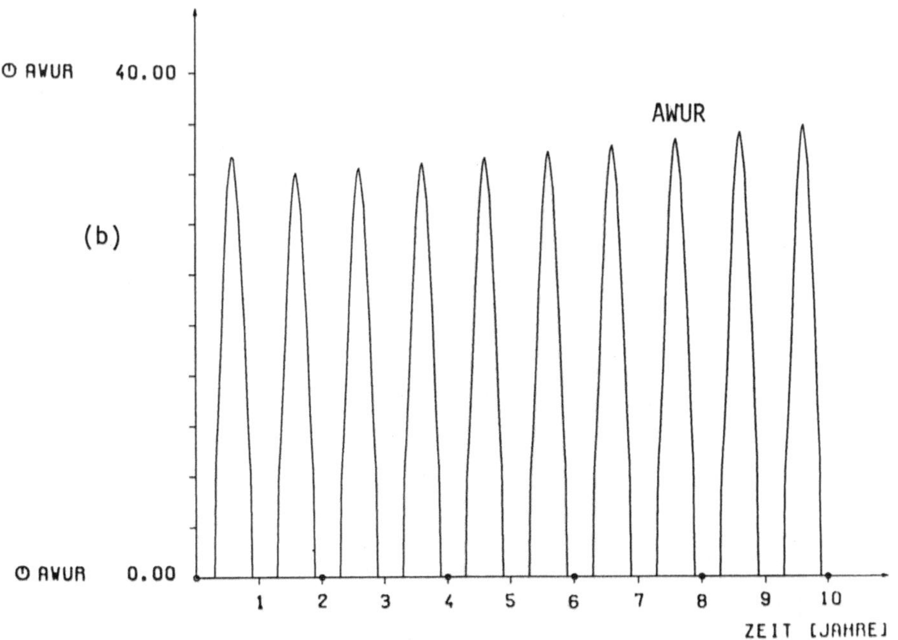

Abb. 6.16: Wurzelmenge mit Auf- und Abbaurate

Betrachtet man nun in Abb. 6.16 den Kurvenverlauf für den Wurzelabwurf
WUAB, so erkennt man, daß dieser immer parallel mit dem momentanen
Bestand an Feinwurzeln WURZ verläuft. Dies entspricht dem angestrebten
ständigen Austausch der Feinwurzeln mit einer Umlaufrate von einem
Jahr.

Da nun aber für den Wurzelaufbau nur die Zeit des Jahres genutzt werden
kann, in der im Boden die von uns angenommene Mindesttemperatur von
$6^{\circ}C$ erreicht wird, verläuft die Kurve für den Wurzelaufbau AWUR wesentlich steiler. Bei Temperaturen unter $6^{\circ}C$ wird das Wurzelwachstum total
eingestellt.

Am Simulationslauf (wieder für den ungeschädigten Normalfall) für das
Untermodell 'NKREIS' ist sehr gut zu erkennen, daß für die Pflanzen hier
ständig genug Stickstoff zur Verfügung steht, so daß der Stickstoffversorgungsfaktor NVFK ständig bei 1 liegt. Die Werte für den bauminternen
Stickstoffspeicher NSPE pendeln stets um die Nullage. Dies bestätigt
seine Rolle als Zwischenspeicher, für die vor dem Laubabwurf (der ständig
geschieht) rückgeführte Stickstoffmenge.

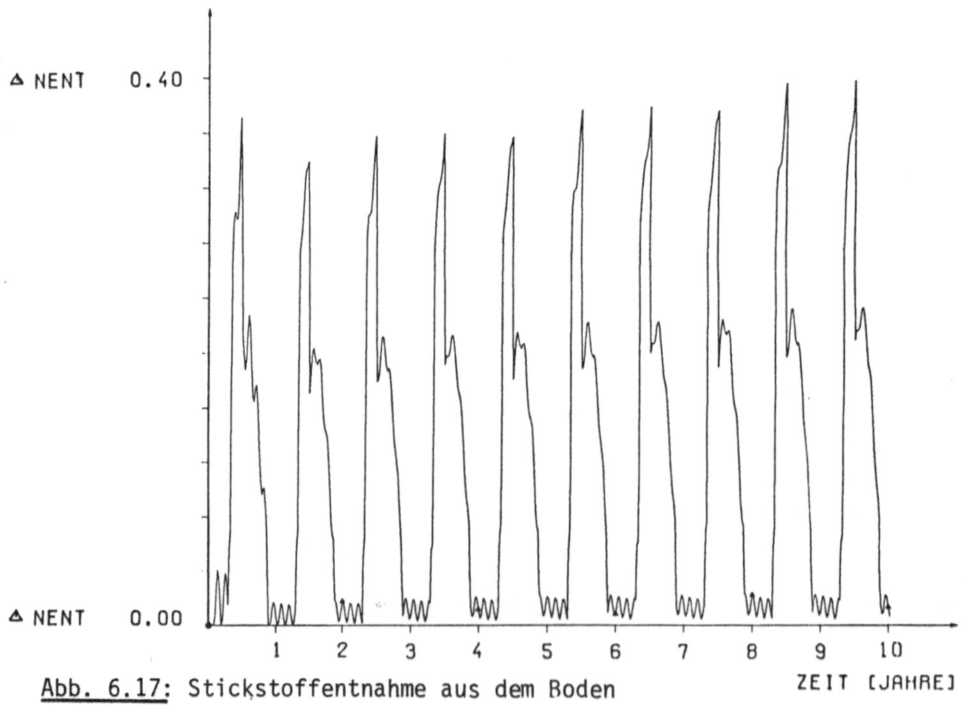

Abb. 6.17: Stickstoffentnahme aus dem Boden

Parallel zu den Aufbauraten für Laub- und Wurzeln erkennt man weiter bei der Stickstoffentnahme aus dem Boden NENT ein Hauptmaximum in der Zeit des größten Laubaufbaus (im Mai) und ein Nebenmaximum in der Zeit des maximalen Wurzelaustriebs (im Juli). In den Wintermonaten kann bedingt durch die niedrigen Bodentemperaturen kein Stickstoff aus dem Boden entnommen werden (Abb. 6.17).

6.8 Testläufe: Verhaltensspektrum

Besondere Aussagekraft über die Modellierbarkeit von Schadstoffeinträgen sowie Maßnahmen gegen bereits aufgetretene Schäden in Waldökosystemen haben nun die folgenden Testläufe.

Wie man an den für den Schadenseinfluß von SO_2, NO_x, HF, HCl und O_3 erstellten Tabellenfunktionen sieht, genügt es, bei der Simulation der atmosphärischen Schadstoffeinträge einen repräsentativen Schadstoff zu betrachten. Die Schadeinflüsse laufen parallel und werden bei Auftreten mehrerer Schadstoffe lediglich addiert.

In den Läufen 1 und 2 wurden unterkritische und kritische Schädigungen über den Blattpfad, in den Läufen 3 und 4 solche über den Wurzelpfad, untersucht. Der Lauf 5 zeigt kritische Schädigung bei kombinierter, jeweils unterkritischer Belastung über die beiden Pfade. Im Lauf 6 wird untersucht, ob sich durch rechtzeitige Reduzierung einer kritischen Luftbelastung der Zusammenbruch des Baumes verhindern läßt.

118

<u>Test 1:</u> 'Unterkritische SO_2-Belastung'

Mit dem in Abb. 6.18 dokumentierten Testlauf läßt sich der Einfluß der
Schadstoffbelastung aus der Atmosphäre (hier ein SO_2-Gehalt von 90 µg
pro m^3 Luft) auf Assimilat-, Laub- und Wurzelmenge sowie holzige Biomasse belegen. Man erkennt wiederum die charakteristischen jahreszeitlichen Schwankungen, nun allerdings auf einem niedrigeren Niveau. Auch
die holzige Biomasse, die anfangs noch steigt, wird bei fortdauernder
Schadstoffbelastung den niedrigeren Werten der direkt beeinflußten Größen
LAUB und ASSI angeglichen. Jedoch reagiert diese Größe, wie schon beim
Normallauf, auch hier wesentlich träger. Da das 'System Baum' bei der
hier simulierten Schadstoffmenge noch überleben kann, muß der SO_2-Gehalt
von 90 µg/m^3 <u>für dieses Modell</u> als <u>unterkritisch</u> bezeichnet werden. Simulationen über 40 Jahre zeigten ebenfalls ein Überleben des Baumes.

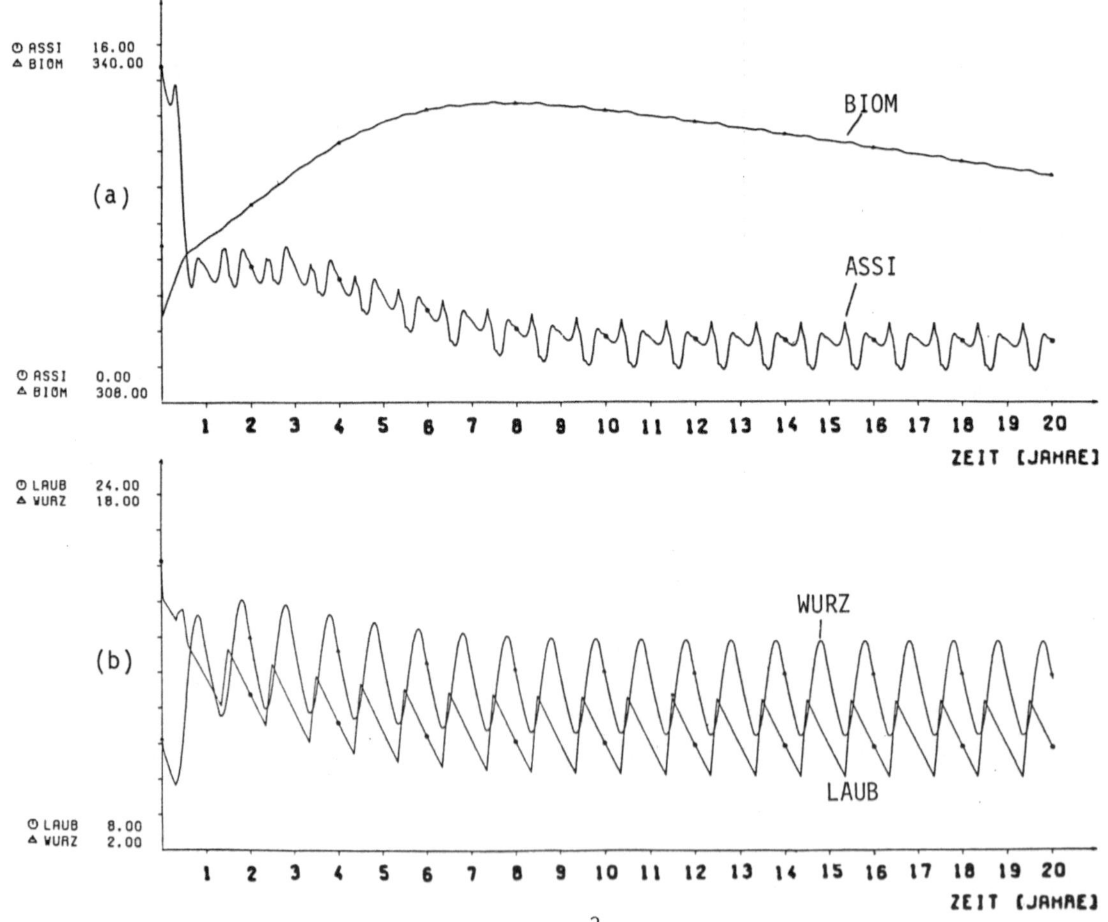

<u>Abb. 6.18:</u> Testlauf 1 mit $SO_2 = 90$ [µg/m^3]

<u>Test 2:</u> 'Überkritische SO_2-Belastung'

Abb. 6.19 zeigt einen Testlauf, bei dem der SO_2-Gehalt auf 120 µg/m^3 heraufgesetzt wurde. Es kommt hierbei zunächst wiederum zu den eingangs beschriebenen jahreszeitlichen Schwankungen bei Assimilaten, Laub und Wurzeln. Lediglich bei der holzigen Biomasse ist von Beginn der Rechnung an eine Stagnation zu beobachten. Im Gegensatz zu niedrigeren SO_2-Gehalten kommt es hier jedoch nach 11 - 12 Jahren zu einem plötzlichen Zusammenbrechen des Systems. Erstaunlich ist dabei, daß noch nach 10 Jahren kein qualitativer Unterschied zu dem vorherigen Testlauf feststellbar ist. Die Zusammenbruchsphase setzt abrupt ein und führt innerhalb von 3 Jahren zum Absterben des Baumes. SO_2-Gehalte von mehr als 120 µg pro m^3 Luft werden daher im folgenden als <u>kritisch</u> bezeichnet. Bei höheren Werten für den Schadstoffeintrag wird der Zeitpunkt des Zusammenbruchs früher erreicht.

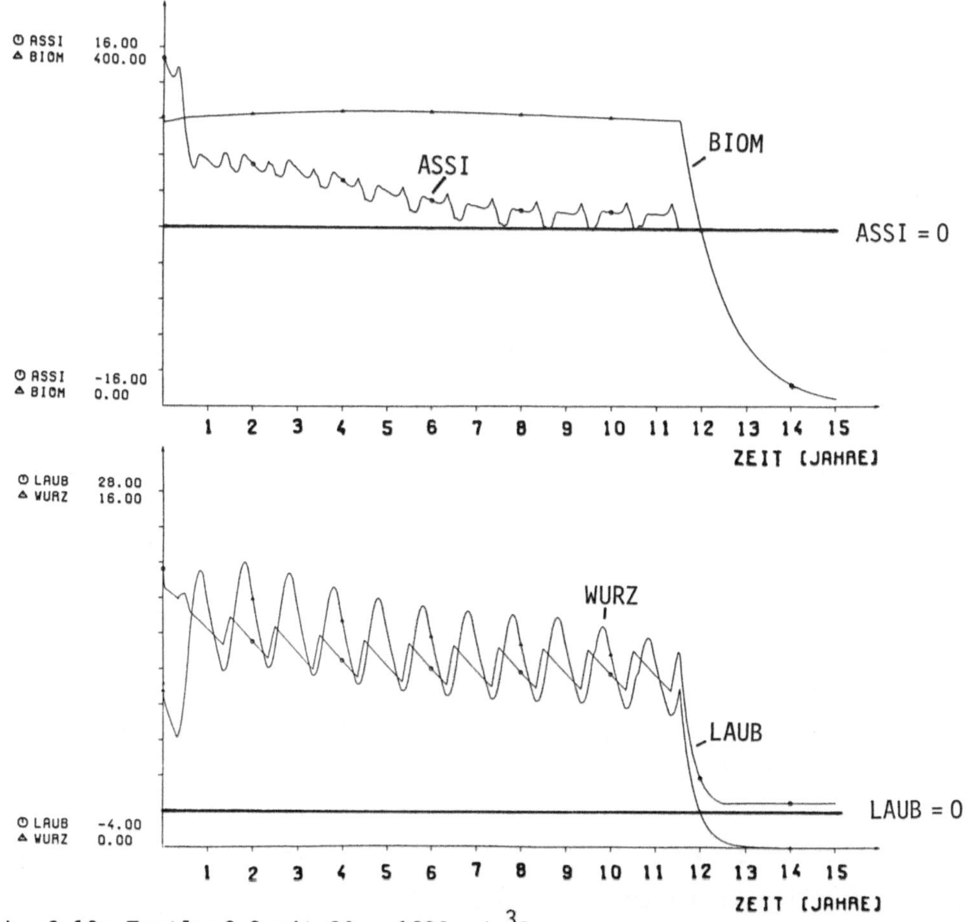

<u>Abb. 6.19:</u> Testlauf 2 mit SO_2 = 120 [µg/m^3]

Test 3: 'Unterkritische Wurzelschädigung'

Gemäß Abb. 6.10 ist der Wurzelabbau stark vom pH-Wert der Bodenlösung
abhängig. Abb. 6.20 zeigt das Systemverhalten bei einem pH-Wert von 3.0.
Auch hier ist wieder zu erkennen, daß die jahreszeitlichen Schwankungen
auf einem niedrigeren Niveau stattfinden. Die bereits im Testlauf für
SO_2-Gehalt von 90 $\mu g/m^3$ festgestellte Anpassung des Systems an anhaltende Schädigung ist auch hier feststellbar. Allerdings geht hier die Wirkung von einem verstärkten Wurzelumlauf aus, was sich in einer größeren
Amplitude der Wurzelkurve äußert. Da für den Neuaufbau der mehr abgewor-
fenen Wurzeln wieder Assimilate benötigt werden, findet hier die Anpassung über den Assimilathaushalt statt. Da dieser Testlauf ebenfalls noch
nach 40 Jahren ein Überleben des Baumes zeigt, wird der pH-Wert von 3.0
als unterkritisch bezeichnet.

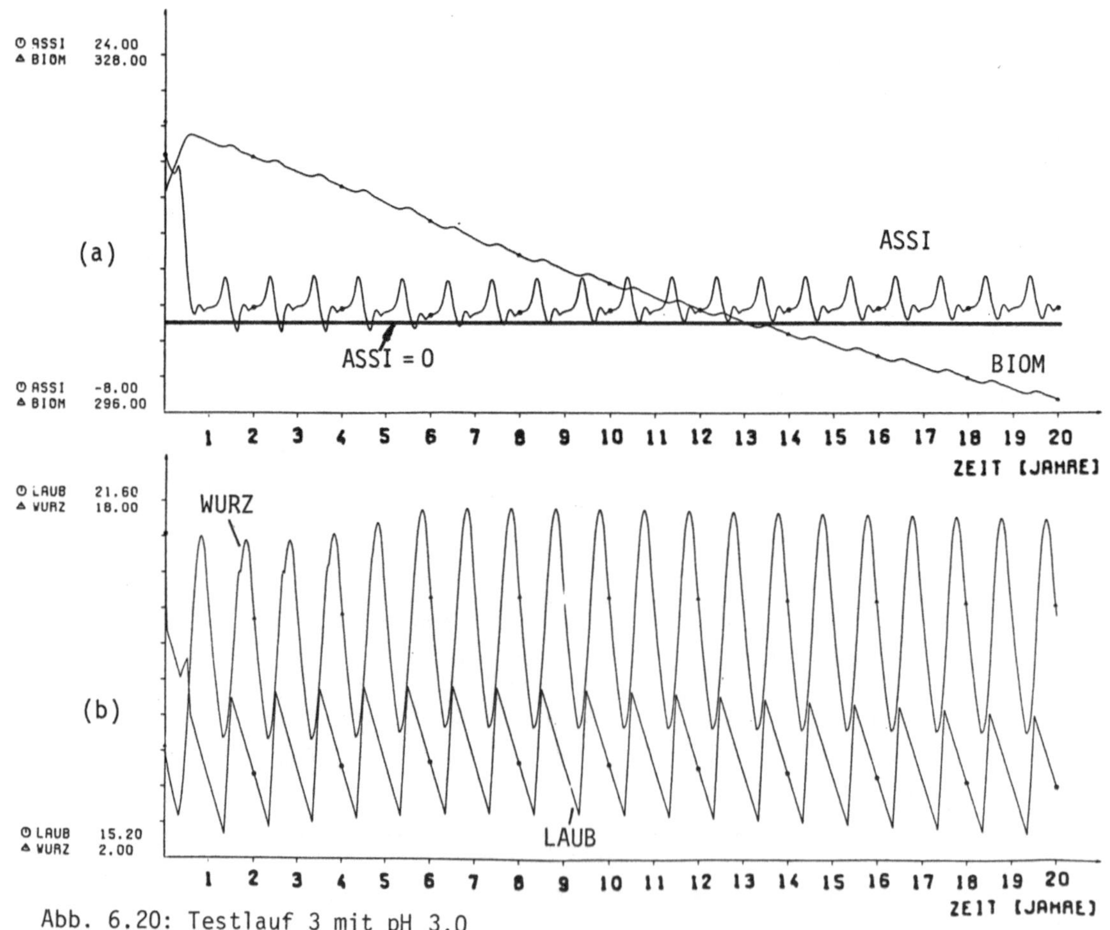

Abb. 6.20: Testlauf 3 mit pH 3.0

<u>Test 4:</u> 'Kritische Wurzelschädigung'

Verringert man nun den pH-Wert im Boden (etwa auf den Wert 2.97), so
verläßt man auch hier den unterkritischen Bereich (Abb. 6.21). Analog
zu dem beschriebenen Verhalten bei kritischen SO_2-Werten stellt man auch
hier ein Absterben des Baumes innerhalb kurzer Zeit fest.

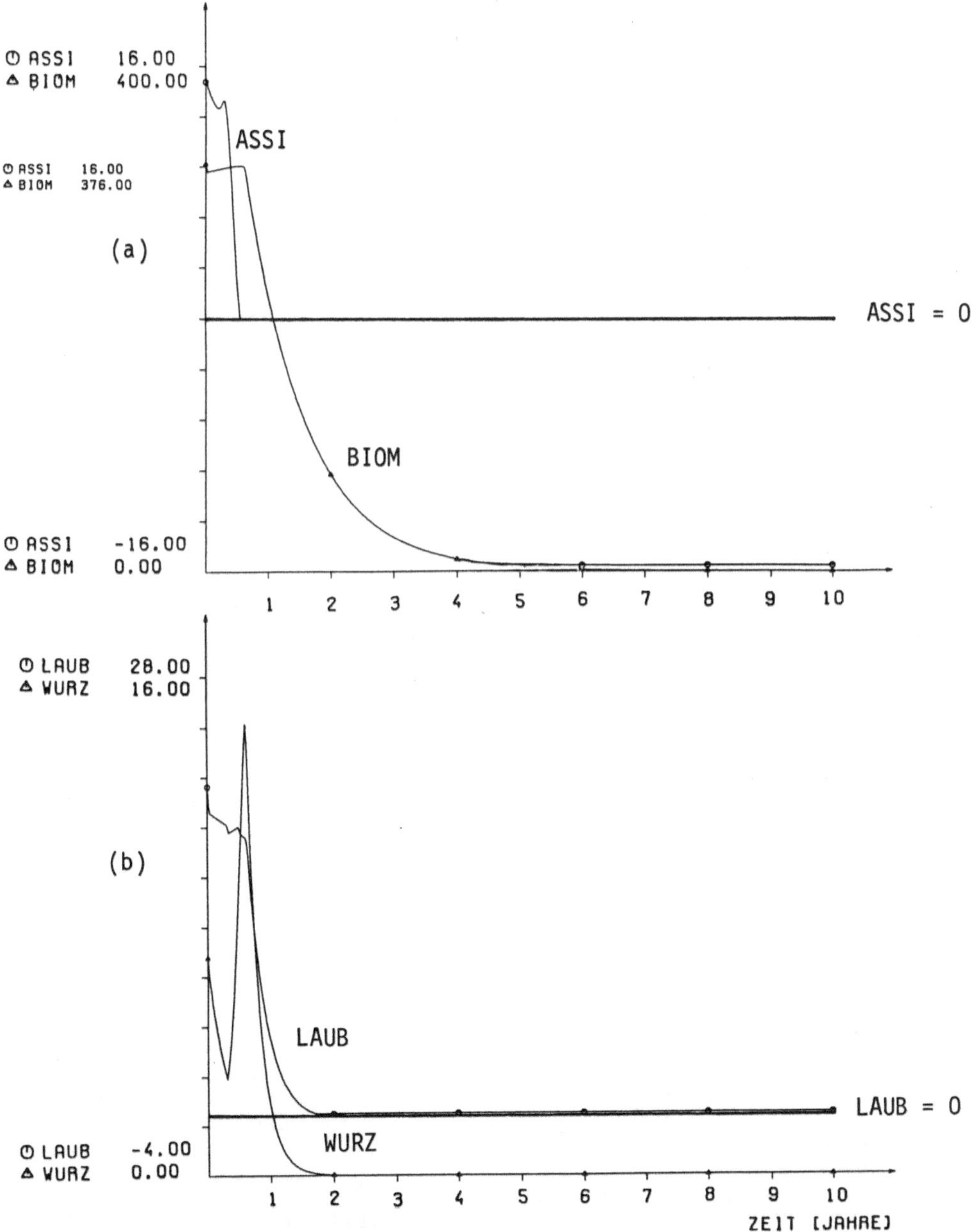

<u>Abb. 6.21:</u> Testlauf 4 mit pH 2.97

122

<u>Test 5</u>: 'Kombinierte Schädigung'

An den bisherigen Testläufen ist eine gewisse Symmetrie bei der Schädigung 'von unten' bzw. 'von oben' festzustellen. Diese Tatsache wird durch Abb. 6.22 noch verstärkt: Schadwerte, die allein als unterkritisch gelten, bewirken bei Kombination Zusammenbruch.

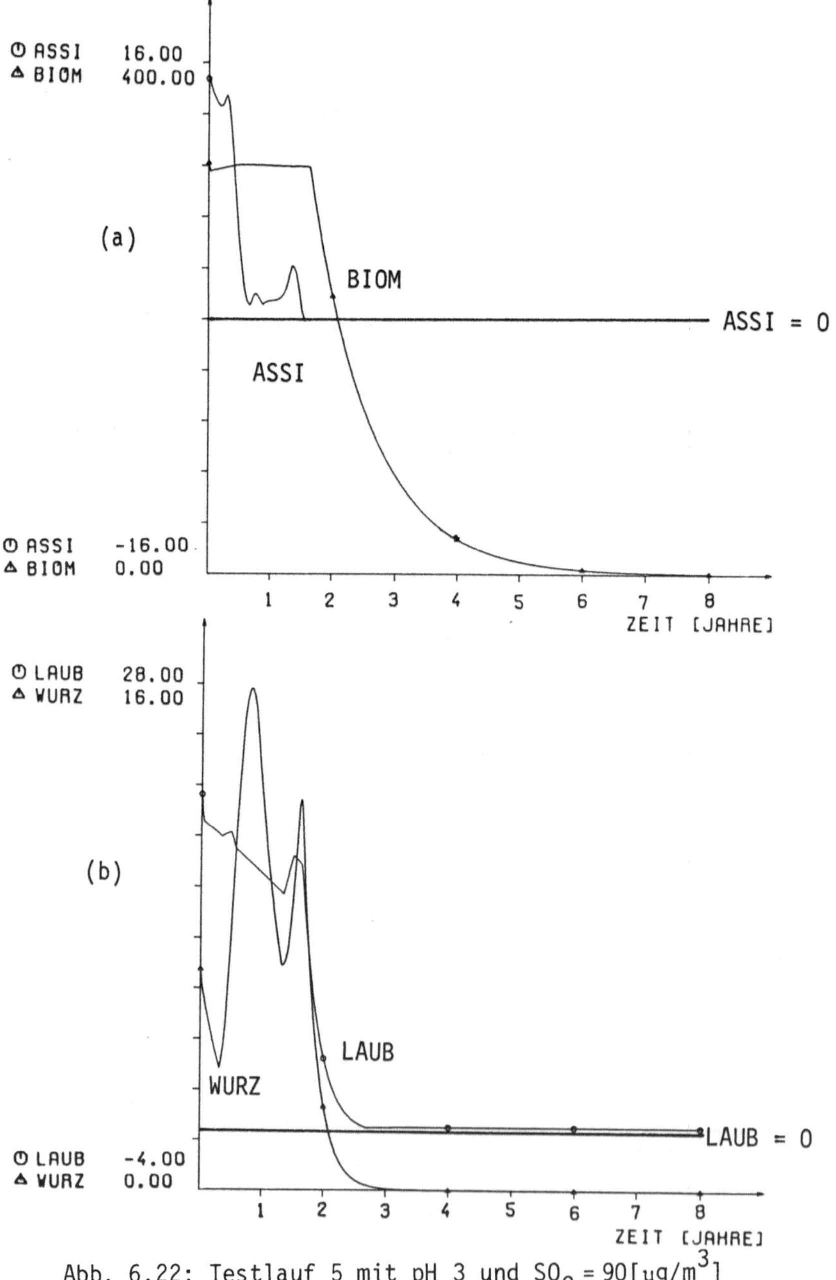

<u>Abb. 6.22:</u> Testlauf 5 mit pH 3 und $SO_2 = 90 [\mu g/m^3]$

Test 6: 'Erholungslauf'

Als erster Ansatz für die Simulation eines Waldökosystems bei Umwelt-
schutzmaßnahmen kann der Testlauf aus Abb. 6.23 angesehen werden. Hier
wurde, beginnend im dritten Jahr, eine Schadstoffbelastung der Atmosphäre (SO_2-Gehalt = 120 µg/m^3) angenommen, der zum Zusammenbruch führen
muß. Allerdings wurde im elften Jahr die Schadstoffbelastung auf Null
zurückgesetzt. Man sieht nun in den Jahren 3 - 10 dasselbe Einschwingen
auf niedrigere Ebene wie bereits in Abb. 6.18. Danach erholt sich im Modell der bereits stark geschädigte Baum. Man sieht deutlich, daß die
Laubmenge sofort nach Ende der Schadstoffbelastung (die ja das Laub an-
greift) wieder ansteigt. Durch den im Untermodell 'WUSCHA' modellierten
Anforderungsprozess für Feinwurzeln zur Assimilatbildung erhöht sich dann
auch wieder die Wurzelmenge. Schließlich werden wieder Assimilatüberschüsse zur Biomasseproduktion (holzig) frei, so daß auch die Biomasse
langsam wieder aufgebaut wird.

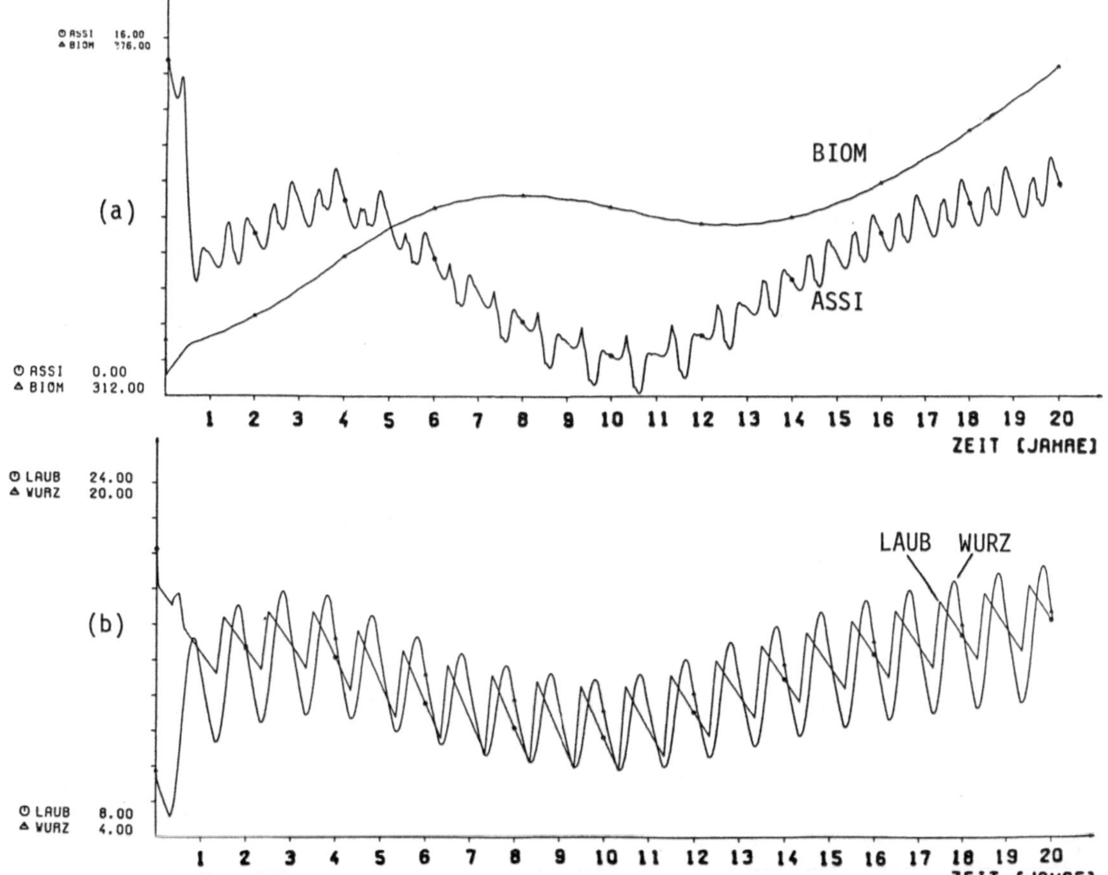

Abb. 6.23: Testlauf 6 mit Erholung eines bereits geschädigten Bestandes

7 Simulation der Bodenversauerung bei Wasserstoff-Ioneneintrag

W. Metzler, N. Trost, W. Wischniewsky

7.1 Das Teilmodell »Bodenchemie«: Aufgabenstellung und Überblick

Bei der derzeitigen Destabilisierung der Wälder durch 'sauren Niederschlag'
kann man unterschiedliche Wirkungsphasen erkennen. Nach einer Phase der
vorübergehenden Wachstumsförderung durch Akkumulation von Nährstoffen in
der Vegetation, besonders von Stickstoff aus Luftverunreinigungen (ULRICH
1982, (LOELF), S. 11), macht sich als nächstes eine Akkumulation von Säure
im Boden (Senkung des pH-Wertes) bemerkbar (a.a.O. S. 12).

Eine wässerige Lösung reagiert sauer, wenn sie freie Wasserstoff-Ionen
(H - Ionen) enthält. Den Gehalt an H - Ionen (und damit die Acidität der
Lösung) charakterisiert man durch den pH-Wert. Die Skala der pH-Werte
reicht von 0 bis 14. Abb. 7.1 zeigt die Bedeutung des pH-Wertes:
bei pH 7 ist eine Lösung neutral, bei pH 0 ist sie extrem sauer,
und bei pH-Werten oberhalb von 7 verhält sie sich alkalisch. Die
Acidität einer Lösung ist demnach umso geringer, je größer der pH-Wert
ist. Beispielsweise hat Essig, der in der Küche verwendet wird, einen
pH-Wert von etwa 2.5 .

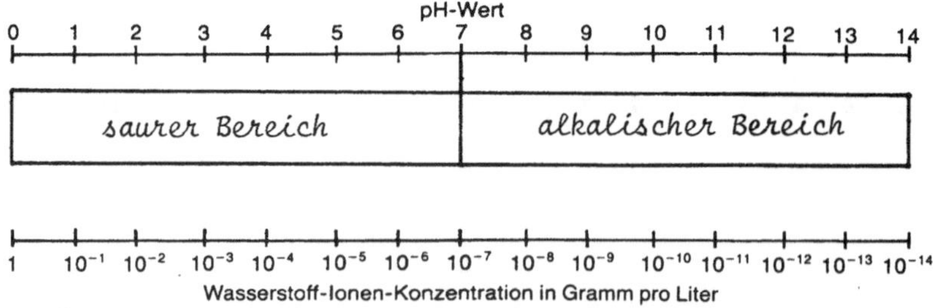

Abb. 7.1: Der pH-Wert ist - wie ein Vergleich der Zahlen an den
oberen und unteren Skalen zeigt - gleich dem negativen
Logarithmus der Wasserstoff-Ionen-Konzentration. Kleine
pH-Werte entsprechen großen Aciditäten (zunehmende
Schwärzung unter der linken Hälfte der oberen Skala).
Eine Lösung mit dem pH-Wert 7 ist neutral, d.h. sie verhält sich weder sauer noch - wie Lösungen mit pH-Werten
über 7 - alkalisch.

ULRICH 1980/81 (Vorlesungsmanuskript, S. 114) klassifiziert Waldböden abhängig vom pH-Wert der Bodenlösung nach Pufferbereichen, dabei ergibt sich grob folgende Einteilung:

Carbonat-(bzw. Silikat-)Pufferbereich:	pH 8.6 - pH 5.0
Austauscher-Pufferbereich:	pH 5.0 - pH 4.2
Aluminium-Pufferbereich:	pH 4.2 - pH 2.8
Eisen-Pufferbereich:	pH < 3.0

ULRICH u. MATZNER erläutern die Entwicklungszustände und Entwicklungsphasen bei der Versauerung an späterer Stelle (ULRICH u. MATZNER 1983, S. 179 ff):

"Reagieren Säuren mit anderen Stoffen so, daß die Säurestärke abnimmt (der pH-Wert zunimmt), so spricht man von Pufferung. Im Ökosystem ist diese Pufferung vorrangig eine Aufgabe des Bodens, doch können sich auch Organismen an ihr beteiligen."

Die Pufferbereiche im Boden werden nach Pufferreaktionen unterschieden (ULRICH u.a. 1979; ULRICH 1981):

"Im Carbonat-Pufferbereich werden Säuren durch die Auflösung von Calciumcarbonat gepuffert. Hierbei entsteht Calciumhydrogencarbonat, das mit dem Sickerwasser ausgewaschen wird und ein hartes Grundwasser bildet (Bodenbildungsprozeß: Entkalkung).

Im Silikat-Pufferbereich werden Säuren durch die Freisetzung von Alkali- und Erdalkali-Ionen (Na, K, Mg, Ca) aus primären Silikaten gepuffert. Die primären Silikate werden zu (sekundären) Tonmineralen umgebildet, die die freigesetzten Kationen in austauschbarer Form binden (Bodenbildungsprozeß: Verlehmung und Verbraunung). Das Sickerwasser ist salzarm und bildet ein weiches Grundwasser. Aus chemischer Sicht stellt der Silikat-Pufferbereich das ökologische Optimum dar: wie im Carbonat-Pufferbereich ist der Boden frei von toxischen Stoffen, darüber hinaus ist hier die Wahrscheinlichkeit am größten, daß die Organismen in der

Bodenlösung die Nährstoffe in harmonischer Zusammensetzung vorfinden.

Im <u>Austauscher-Pufferbereich</u> werden Säuren durch die Freisetzung von Aluminium-Ionen aus Tonmineralen (und den Restgittern primärer Silikate) gepuffert, wobei als Neubildung polymere Aluminiumhydroxo-Kationen entstehen, die in die Zwischenschichträume der Tonminerale eingelagert werden. Die Kationenaustauschkapazität geht zurück, die vorher austauschbar gebundenen Ca-, Mg- und K-Ionen werden ausgewaschen. Mit der Freisetzung von Al-Ionen und anderen Kationsäuren (z.B. Mn-Ionen, Schwermetalle) beginnt die Hemmung nichttoleranter Arten durch Säure-Toxizität; entscheidend für das Verbleiben von Arten im Ökosystem wird ihre Säuretoleranz. In der Regel werden säuretolerante Arten als "anspruchslos" bezeichnet; der entscheidende Faktor sind jedoch nicht ihre Nährstoffansprüche, sondern ihre Säuretoleranz. Als Säuren treten neben H-Ionen besonders Al-, Mn-, Fe- und Schwermetall-Ionen auf; mengenmäßig dominieren meist H- oder Al-Ionen. Geringe Säuretoleranz weisen viele Bakterien, die Edellaubhölzer, viele krautige Pflanzen und manche Gräser auf. Die wichtigsten Wirtschaftsbaumarten wie Tanne, Fichte, Kiefer, Lärche, Buche, Eiche, gehören zu den säuretoleranten Arten. Zersetzerorganismen und Wurzeln auch säuretoleranter Arten verringern den Kontakt mit dem Mineralboden; werden die Kationsäuren nicht durch Komplexbildung mit organischer Substanz maskiert, so ziehen sich die Zersetzer weitgehend aus dem Mineralboden zurück und bauen auf der Mineralbodenoberfläche einen Auflagehumus auf.

Im <u>Aluminium-Pufferbereich</u> werden Säuren durch die Freisetzung von Al-Ionen aus Tonmineralen und Aluminiumhydroxo-Kationen gepuffert. Die Konzentration toxischer Ionen in der Bodenlösung nimmt zu, zusätzlich werden im Verlauf der Huminstoffbildung auch wasserlösliche phenolische Verbindungen gebildet, die ebenfalls toxische Eigenschaften haben. Die Nährstoffe sind weitgehend ausgewaschen oder, wie Phosphat und Molybdän, in schwerlöslichen Verbindungen festgelegt. Die Nitrifikation wird gehemmt, wenn auch nicht unterbunden. Säuretolerante Arten erleiden Wurzelschäden, hierdurch wird ihre Vitalität herabgesetzt.

Im <u>Eisen-Pufferbereich</u> werden Säuren durch die Auflösung von Eisenoxiden gepuffert. Im Gegensatz zur Lösung und Verlagerung von Aluminium, die zu keiner Farbänderung im Boden führen, ist die Lösung und Verlagerung von Eisen mit markanten Farbänderungen im Boden verbunden und als Podsolierung

weithin bekannt. Die Waldgeschichte lehrt, daß anhaltende Podsolierung
zur Verdrängung aller Baumarten aus dem Ökosystem führt (Heidepodsole).
Diese Verdrängung beruht nicht allein auf der direkten menschlichen
Einflußnahme z.B. durch Beweidung, sondern auch und wahrscheinlich ent-
scheidend auf der mit der starken Bodenversauerung verknüpften hohen
Toxicität im Boden."

ULRICH u. MATZNER (Forschungsbericht 104 02 615 1983, S. 80) geben
darüber hinaus Werte an zur Berechnung der Pufferkapazität und zur Ab-
schätzung von Pufferraten für die einzelnen Pufferbereiche. Übersteigt
die Rate der Säurebelastung in einem Pufferbereich die Pufferrate, so
'versauert' der Boden, d.h. er geht in den zu tieferen pH-Werten folgenden Pufferbereich über. Solange die Pufferkapazität im ursprünglichen
Pufferbereich noch nicht aufgezehrt ist, ist dieser Vorgang reversibel.

Das gegenwärtige Waldsterben ist darüber hinaus gekennzeichnet durch eine
starke Zunahme der Waldschäden nach warmtrockenen Jahren. Hier führt der
Wassermangel zu einem zusätzlichen (neben dem bereits durch immissions-
bedingten Säureeintrag vorhandenen) Streß, der sich in einer Schädigung
der Bäume auswirken kann. Hinzu kommt dann noch ein durch die Entkopplung
des Ionenkreislaufs ausgelöster Versauerungsschub.

"Auf Ökosystemebene bedingt die Variabilität des Wärme- und des Feuchte-
klimas Entkopplungen im Ionenkreislauf des Systems, die mit der Produktion
oder Konsumtion von Protonen, d.h. von Säuren, verbunden sind (ULRICH
1981 u. 1983a). In unserem Klimaraum, wo bei Jahresmitteltemperaturen
um 8°C die Niederschlagsmenge die potentielle Evapotranspiration übersteigt, wird das Wärmeklima entscheidend. Höhere Bodentemperatur regt
die Zersetzertätigkeit an und beschleunigt damit die Freisetzung von
Stickstoff aus der organischen Bodensubstanz. Selbst in versauerten
Böden entsteht dabei Salpetersäure HNO_3 als Endprodukt. Übersteigt die
Anregung der Stickstoff-Mineralisierung die Fähigkeit der Vegetation
Stickstoff aufzunehmen, so bedeutet dies das Verbleiben von Säure im
Boden: ein Versauerungsschub läuft ab. Dieser wird nur dann im pH-Wert
des Bodens meßbar, wenn er nicht mehr zur Gänze durch Austausch von
Ca^{2+}-Ionen abgepuffert wird. Die Wirkung des Wärmeklimas kann vom
Feuchteklima überprägt werden (z.B. Mineralisierungshemmung bei Boden-
austrocknung). In kühlen Jahren besteht umgekehrt eine Tendenz zur An-
reicherung stickstoff-reicher Humusstoffe aus der Zersetzung von Bio-

masse im Boden; dies macht sich als Entsauerungsphase bemerkbar. Mit dem Versauerungsschub ist ein reichliches Nährstoffangebot verknüpft, mit der Entsauerungsphase ein Unterangebot. Bei einem Versauerungsschub können die Bäume daher mit Wuchssteigerung reagieren, wenn sie nicht selbst Wurzelschäden erleiden." (ULRICH u. MATZNER, S. 46)

Und weiter sagen die Autoren: "Die Auswirkungen eines Versauerungsschubes auf Bodenorganismen und Wurzeln hängen stark von den im Boden vorhandenen Puffermöglichkeiten ab. Hier. schließt sich der Kreis zum Einfluß der sauren Depositionen auf den Boden und die Pflanzen, da die Puffermöglichkeiten des Bodens zunehmend durch die sauren Depositionen verbraucht werden. Ein gut gepufferter Boden kann einen Versauerungsschub abpuffern, ohne daß es zu einem Auftreten potentiell giftiger Ionen (H^+, Al, Mn, Fe, Schwermetalle) in der Bodenlösung kommt, Ist die Pufferkapazität des Bodens durch den Eintrag von Säure aus der Luft verbraucht, werden Versauerungsschübe in immer stärkerem Maß ökotoxikologisch wirksam." (a.a.O., S. 47)

Im Kontext des Gesamtmodells zum Waldsterben kommt dem Teilmodell 'Bodenchemie' die Aufgabe zu, mit Hilfe eines geeigneten mathematischen Modells die bodenchemischen Vorgänge bei Schadstoffeintrag (hier ausschließlich als H‑Ionen‑Eintrag berücksichtigt) ökosystemtheoretisch korrekt zu beschreiben.

Im Hinblick auf die gewünschten Anwendungsmöglichkeiten des Modells ergeben sich bestimmte Minimalanforderungen, nach denen im Modell mindestens die nachfolgenden chemischen Spezies berücksichtigt werden müssen:

H^+ , um den Eintrag von sauren Depositionen in Waldökosysteme zu simulieren. H^+ entsteht dabei erst als Folge der Emission von Schwefeldioxid (SO_2) und Stickoxiden (NO_x) durch Kohleverbrennung, Autoabgase usw. in der Atmosphäre:
"Das Gas Schwefeldioxid löst sich in den Wassertröpfchen von Nebel, Wolken und Regen und bildet dabei Schwefelsäure. Ähnliches gilt für die bei Hochtemperaturverbrennungen entstehenden Stickoxide, die letztlich zu Salpetersäure umgewandelt werden und das z.B. bei der PVC-Verbrennung entstehende Chlor (Salzsäure)." (ULRICH 1982 (LOELF), S. 9)

Ca^{2+}, um den Abpufferungsvorgang von H-Ionen in der Bodenlösung durch
Calcium zu simulieren. Zusätzlich soll auch eine etwaige Regeneration des versauerten Bodens durch Kalkung simuliert werden können.

Al^{3+}, um die Schädigung der Wurzeln durch Aluminium-Ionen zu simulieren
(Aluminium-Toxizität).

"Mit dem Auftreten von Aluminium-Ionen kommt als neuer ökologischer
Faktor Aluminium-Toxicität ins Spiel. Dieser Faktor wirkt sich
über die Schädigung von Wurzeln auf die Vegetation und über die
Schädigung der Bodenmikroorganismen auf die Zersetzerkette bis auf
die Regenwürmer aus. Mit dem Auftreten von Aluminium-Ionen wird
die Toleranz gegenüber Al-Toxicität zum entscheidenden Konkurrenz-
faktor sowohl bei den Pflanzen wie bei den Mikroorganismen (Bakterien, Pilze)." (ULRICH 1982 (LOELF), S. 14)

Die Spezies H^+, Ca^{2+} und Al^{3+} werden im Modell durch chemische Reaktions-
gleichungen repräsentiert (vgl. PRENZEL 1982a):

$$(1) \quad H^+ + OH^- \rightleftharpoons H_2O$$

$$(2) \quad Al^{3+} + 3\ OH^- \rightleftharpoons Al(OH)_3$$

$$(3) \quad 1/3\ Al^{3+} + 1/2\ Ca^{ex} \rightleftharpoons 1/3\ Al^{ex} + 1/2\ Ca^{2+}$$

$$(4) \quad 1/3\ Al^{3+} + H^{ex} \rightleftharpoons 1/3\ Al^{ex} + H^+$$

Für jede Reaktion erhält man aus der Annahme chemischen Gleichgewichts
(vgl. Abschnitt 7.2) eine thermodynamische Gleichgewichtsbedingung. Drei
weitere Bedingungen, die sich aus den Reaktionen ergeben, sind:

(5)   die Erhaltung der Gesamt-H-Menge
(6)   die Erhaltung der Gesamt-Ca-Menge
(7)   die Erhaltung der Gesamtmenge an austauschbaren Kationen.

Mit Hilfe dieser sieben Bedingungen wird im folgenden Abschnitt 7.2 ausführlich ein *bodenchemisches Gleichgewichtsmodell* hergeleitet. Dabei
handelt es sich um ein nichtlineares Gleichungssystem, dessen unbekannte
Variablen die Konzentrationen (in Mol/Liter) der in Bedingung (1) bis
(4) vorkommenden chemischen Spezies sind. Das Lösen des Gleichungssystems
führt mathematisch auf das Problem der *Nullstellenbestimmung in nichtlinearen Gleichungssystemen* (mittels NEWTON-Verfahren) und wird in Abschnitt 7.3 ausführlich behandelt (vgl. auch REUSS 1980).

Für den Umgang mit chemischen Gleichgewichtsmodellen gibt PRENZEL (1982 b, S. 15) folgende Regeln an:

"(1) Man definiert ein physikalisch-chemisches System, insbesondere die erwarteten chemischen Spezies und die Reaktionen zwischen ihnen. Die Konzentrationen der Spezies sind im allgemeinen unbekannt und sollen durch das Modell berechnet werden.

(2) Man entnimmt der Theorie Aussagen über das definierte System, die als Gleichungen formuliert sind. Die Theorie des Systems kann dabei ganz oder teilweise hypothetischen Charakter haben.

(3) Man stellt ein Gleichungssystem auf, wobei jeder unbekannten Konzentration eine Gleichung als Bestimmungsgleichung zugeordnet wird.

(4) Man berechnet eine Lösung des Gleichungssystems, die für alle Konzentrationen positiv (und reell) sein sollte.

(5) Man vergleicht diese Lösung mit Experimenten. Dabei können die Theorie oder die Annahmen über das spezielle System falsifiziert oder nicht falsifiziert werden."

Dem Teilmodell 'Bodenchemie' wird in jedem Simulationsschritt (d.h. wöchentlich) der aktuelle H - Ionen-Eintrag aus dem Nachbarmodell 'Mineralisierung' gemeldet (s. Abb. 7.2). Es berechnet daraus unter Berücksichtigung der aktuellen Bodenfeuchte wöchentlich eine Gleichgewichtslösung, bestehend aus den an den Reaktionen beteiligten Konzentrationen, und meldet wöchentlich den pH-Wert an die Teilmodelle 'Mineralisierung' und 'System Baum'.

Aus den Reaktionen (1) bis (4) ergibt sich als <u>Gültigkeitsbereich</u> des Modells der Bereich von pH 2.8 bis pH 4.2 (Aluminium-Pufferbereich). Dieser Pufferbereich ist dadurch gekennzeichnet, daß hier höhere Konzentrationen an freien Aluminium-Ionen auftreten (0.1 bis 1 mmol Al pro Liter (nach ULRICH 1982 (LOELF), S. 14)), während für pH-Werte in der Bodenlösung oberhalb von pH 4.2 bis pH 5 (Austauscher-Puffer) entweder Aluminium vorwiegend in komplex gebundener Form auftritt bzw. für pH-Werte über pH 5 (Silikat-Puffer) nahezu keine freien Aluminium-Ionen vorkommen.

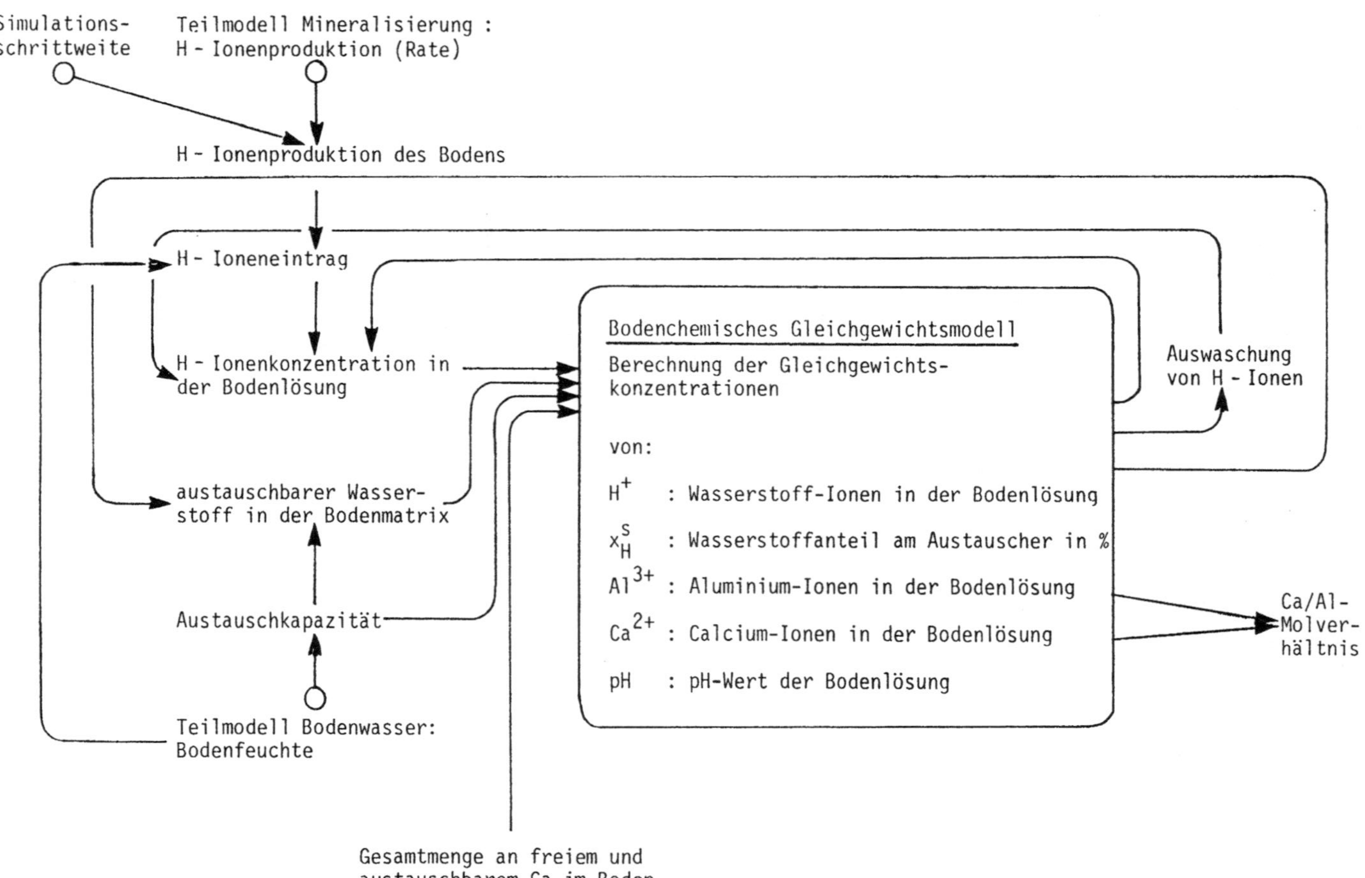

Abb. 7.2: Wirkungsdiagramm für das Teilmodell 'Bodenchemie'

7.2 Bodenchemisches Gleichgewichtsmodell

Unter den chemischen Modellen bilden die *bodenchemischen Modelle* eine Untergruppe. Diese bodenchemischen Modelle können weiterhin in mikroskopische und makroskopische Modelle unterschieden werden. Mikroskopische Modelle modellieren Interaktion im atomaren Bereich, z.B. das Orbitalmodell als ein Modell chemischer Bindung auf der Basis der heutigen Quantenmechanik.

Makroskopische Modelle hingegen modellieren Interaktionen zwischen größeren Mengen von Atomen oder Molekülen. Die Variablen der Modelle sind im wesentlichen Konzentration, Druck und Temperatur, also meßbare Größen. Diese makroskopischen Modelle sind überwiegend *kinetische Modelle*, d.h. Modelle, die die Änderung meßbarer Größen als Funktion der Zeit beschreiben, oder *Gleichgewichtsmodelle*, die aufgrund thermodynamischer Gesetzmäßigkeiten den Wert der meßbaren Größen unter der Annahme der Einstellung eines chemischen Gleichgewichts berechnen.

Aufgrund der Aufgabenstellung und der Forderungen an das bodenchemische Modell, welches hier vorgestellt wird, handelt es sich um ein makroskopisches Modell, denn es soll die bodenchemischen Vorgänge in ihrer Gesamtheit (z.B. die Veränderung von Konzentrationen) beschreiben, unabhängig von der Reaktion einzelner Teilchen. Weiterhin wurde als Modellierungsansatz ein Gleichgewichtsmodell gewählt, denn im allgemeinen lassen sich diese Modelle einfacher als kinetische Modelle behandeln (PRENZEL 1982 b, S. 4).

Ein Überblick über chemische Gleichgewichtsmodelle findet sich in BUTLER (1964); BOLT/BRUGGENWERT (1978) liefern eine gute Allgemeindarstellung. Als relativ neuen Ansatz findet man in BOSATTA (1983) die Beschreibung eines kinetischen Modells.

Chemische Gleichgewichtsmodelle basieren auf der Annahme, daß sich unter den betrachteten chemischen Spezies ein Gleichgewicht im thermodynamischen Sinne, also ein dynamisches Gleichgewicht einstellt. Makroskopisch herrscht dabei Gleichgewicht, mikroskopisch hingegen finden noch Reaktionen statt, jedoch gleich viele in einander entgegengesetzten Richtungen. Nachdem ein physikalisch-chemisches System definiert ist, also insbesondere die äußeren Bedingungen und die chemischen Spezies festgelegt sind, können auf der Basis des heutigen Wissens der Theorie

Aussagen über die Wechselwirkungen zwischen diesen Spezies getroffen und
Gleichungen formuliert werden. Da das Modell im allgemeinen die Konzentrationen der Spezies im Gleichgewichtszustand berechnen soll, ordnet
man jeder unbekannten Konzentration eine Bestimmungsgleichung zu. Um
zu garantieren, daß das Modell im Gleichgewichtszustand die unbekannten
Konzentrationen der Spezies eindeutig bestimmt, muß jede dieser Bestim-
mungsgleichungen unabhängig von allen anderen sein, sich also nicht als
Linearkombination der übrigen Gleichungen darstellen lassen. Das Modell sollte dann eine positive und reelle Lösung des so entstandenen
Gleichungssystems berechnen, die dann mit den Resultaten von Experimenten unter gleichen äußeren Bedingungen wie denen bei der Konstruktion
des Modells verglichen werden sollte.

Das zu modellierende *physikalisch-chemische System* ist der Bodenkörper
eines Waldbodens unter einem Fichtenbestand bis zu einer Tiefe von
10 cm.

Die Temperatur soll in einer ersten Approximation keinen Einfluß auf die
bodenchemischen Vorgänge und damit auf das Modell haben, wohl aber die
Bodenfeuchte, die im Modell durch das Teilmodell 'Bodenwasser' jeweils
aktualisiert wird. Das Modell sollte dann die H - Ionen-Konzentration
in der Bodenlösung und damit den pH-Wert der Bodenlösung (vgl.
Abschn. 7.1) berechnen und in den Teilmodellen 'System Baum' sowie
'Mineralisierung' jeweils aktualisieren.

Die Gleichungen, die das Grundgerüst des Modells bilden und die die
Wechselwirkungen der chemischen Spezies untereinander beschreiben, lassen
sich in vier Gruppen unterteilen:

a) Erhaltungsgleichungen:
   Diese Gleichungen basieren auf dem Gesetz von der Erhaltung der
   Masse, welches aussagt, "..., daß im Verlauf einer gewöhnlichen, chemischen Reaktion keine merkbare Masseveränderung eintritt" (MORTIMER
   1980, S. 136). Die verschiedenen Terme in jeweils einer Gleichung
   sind dabei in der gleichen Maßeinheit (mol/l Bodenlösung) auszudrücken.
   Die x^S-Werte in den Erhaltungsgleichungen bezeichnen die Mengen der austauschbaren Kationen in %. Der Ausdruck

$$E \cdot \frac{x^S_A}{z_A} \cdot AK$$

134

stellt daher die Konzentration der austauschbaren Kationen in mol/l dar,
wobei AK [mol Ionen-Äquivalente (IÄ)/kg] die Austauschkapazität des
Bodens bezeichnet. z_A ist die stöchiometrische Wertigkeit des Kations
A und E [kg/l] der Umrechnungsfaktor der Anteile des Kations A am
Austauscher in mol/l.

Im Modell sind die Gleichungen (1), (2) und (3) von diesem Typ.

b) <u>Kationenaustauschgleichungen</u>:

Als Spezialfall einer chemischen Reaktion kann die Kationenaustauschreaktion angesehen werden:

$$\frac{1}{z_A} \cdot x_A^s + \frac{1}{z_B} \cdot [B^{z_B^+}] = \frac{1}{z_A} [A^{z_A^+}] + \frac{1}{z_B} \cdot x_B^s$$

Die physikalisch-chemische Theorie liefert als empirisch gut bewährte Nähe-
rungsgleichung für die obige Kationenaustauschreaktion die Gapongleichung

$$\frac{([A^{z_A^+}] \cdot \gamma_A)^{1/z_A} \cdot x_B^s}{([B^{z_B^+}] \cdot \gamma_B)^{1/z_B} \cdot x_A^s} = K_{A,B}^G \quad ,$$

wobei γ_A bzw. γ_B die Aktivitätskoeffizienten der Spezies A bzw. B
auf der Basis der Debye-Theorie darstellen (vgl. hierzu MOORE/HUMMEL
1976, 534 ff.), und $K_{A,B}^G$ den Gaponkoeffizienten darstellt. Eine
Ableitung dieser Gleichung findet man in BOLT/BRUGGENWERT (1976).

Im Modell sind die Gleichungen (6) und (7) von diesem Typ.

c) <u>Löslichkeitsprodukt</u>:

Für das heterogene Gleichgewicht

$$AB_{fest} \rightleftharpoons A^+ + B^- \text{ (gelöst)}$$

gilt:

"Im Gleichgewichtszustand ist (...) das Produkt der Konzentration der Ionen in der gesättigten Lösung konstant. Man bezeichnet diese Konstante als *Löslichkeitsprodukt* (L_p) des betreffenden Salzes" (CHRISTEN 1974, S. 183):

$$L_p = [A^+] \cdot [B^-]$$

Im Modell ist die Gleichung (5) von diesem Typ.

d) <u>Ionenprodukt des Wassers</u>:
Aus der Dissoziationsreaktion

$$H_2O \rightleftharpoons H^+ + OH^- \quad \text{(vereinfachte Schreibweise)}$$

läßt sich die Gleichung

$$K_W = [H^+] \cdot [OH^-]$$

herleiten. Die Konstante K_W bezeichnet das *Ionenprodukt* des Wassers.

Im Modell ist die Gleichung (4) von diesem Typ.

Auf der Basis dieser vier Gleichungstypen ergibt sich für unsere Aufgabenstellung folgendes Gleichungssystem:

$$(1) \qquad [H^+] + E \cdot x_H^S = u_H$$

$$(2) \qquad [Ca^{2+}] + \frac{1}{2} E \cdot x_{Ca}^S = u_{Ca}$$

$$(3) \qquad x_H^S + x_{Al}^S + x_{Ca}^S = 1$$

$$(4) \qquad \gamma_H \cdot [H^+] \cdot \gamma_{OH} \cdot [OH^-] = k_2 \quad , \qquad k_2 := K_w$$

$$(5) \qquad \gamma_{Al} \cdot [Al^{3+}] \cdot \gamma_{OH} \cdot [OH^-]^3 = k_4 \quad , \qquad k_4 := L_p(Al^{3+}(OH^-)_3)$$

$$(6) \qquad \frac{(\gamma_{Al} \cdot [Al^{3+}])^{1/3} \cdot x_H^S}{\gamma_H \cdot [H^+] \cdot x_{Al}^S} = k_1 \quad , \qquad k_1 := K_{Al,H}^G$$

$$(7) \qquad \frac{(\gamma_{Al} \cdot [Al^{3+}])^{1/3} \cdot x_{Ca}^S}{(\gamma_{Ca} \cdot [Ca^{2+}])^{1/2} \cdot x_{Al}^S} = k_3 \quad , \qquad k_3 := K_{Al,Ca}^G$$

Die Gleichungen sollen nun im einzelnen erläutert werden:

([ ] bedeutet dabei immer die Konzentration der entsprechenden Ionen in mol/l sowie x^S den prozentualen Anteil der austauschbaren Ionen.)

$$(1) \qquad \boxed{[H^+] + E \cdot x_H^S = u_H}$$

$[H^+]$: H‑Ionen‑Konzentration in mol/l.

Aus der im Gleichgewicht vorliegenden H‑Ionen‑Konzentration berechnet sich der pH-Wert der Bodenlösung gemäß

$$pH = -\log_{10} \frac{[H^+]}{mol/l} \ .$$

$E \cdot x_H^S$: Konzentration des austauschbaren Wasserstoffs in mol/l. Dabei ist $E = \alpha \cdot E \cdot AK$ gesetzt. Der Faktor $\alpha = 2.0202 / (-BOF(\%) + 0.7)$ skaliert den Einfluß der Bodenfeuchte (BOF), die vom Teilmodell 'Bodenwasser' jeweils aktualisiert wird, auf das System.

Mit $E = 0.66$ [kg/l] und $AK = 0.06$ [mol Ionenäquivalente (IÄ)/kg] nach PRENZEL, S. 31, ergibt sich unter Beachtung, daß H - Ionen einwertig sind:

$$E \cdot x_H^S = \alpha \cdot E \cdot AK \cdot x_H^S = \frac{2,0202}{-BOF+0.7} \cdot 0.66 \text{ [kg/l]} \cdot 0.06 \text{ [mol IÄ/kg]} \cdot x_H^S$$

$$= \frac{2,0202 \cdot 0,66 \cdot 0,06}{- BOF(\%) + 0,7} \cdot x_H^S \text{ [mol/l]}$$

u_H : Gesamtmenge an freiem und austauschbarem Wasserstoff in mol/l. Deposition durch saure Niederschläge sowie Veränderung der Bodenfeuchte werden über Veränderung von u_H in das System eingebracht.

Die Veränderung der Bodenfeuchte führt zu

$$u_{H(neu)} = [H^+]_{(alt)} + E_{(neu)} \cdot x_{H(alt)}^S \quad .$$

Die Deposition saurer Niederschläge führt zu

$$u_{H(neu)} = u_{H(alt)} + \Delta [H^+] \quad .$$

Unter der Annahme eines pH-Wertes der Bodenlösung von 4.2 (obere Grenze des Aluminium-Pufferbereichs), einer Bodenfeuchte von 30 % und 6.3 % austauschbarem Wasserstoff (nach B. ULRICH; Meßwert aus einer Exkursion anläßlich der forstlichen Hochschulwoche in Göttingen am 16.10.80 in das Forstamt Clausthal-Schulenberg, Revier Hahnenklee, Harz) ergibt sich der Anfangswert von u_H zu

$$u_H = 10^{-4.2} \text{[mol/l]} + 2.0202 / (-0.3 + 0.7) \cdot 0.66 \cdot 0.06 \cdot 0.063 \text{[mol/l]}$$

$$= 0.126631 \text{ [mol/l]} \quad .$$

138

$$(2) \quad \boxed{[Ca^{2+}] + 1/2 \cdot E \cdot x_{Ca}^{S} = u_{Ca}}$$

$1/2 \cdot E \cdot x_{Ca}^{S}$: Konzentration des austauschbaren Calciums in mol/l.
Da Ca^{2+}-Ionen zweiwertig sind, tritt hier zur Umrechnung in mol/l der Faktor $1/2$ auf (vgl. Erhaltungsgleichungen).

u_{Ca} : Gesamtmenge an freiem und austauschbarem Calcium in mol/l.

u_{Ca} dient als Steuergröße des Systems. Durch Veränderung des Wertes von u_{Ca} ist die Möglichkeit gegeben, Kalkung zu simulieren.

u_{Ca} wurde auf $0.5\,[mol/l]$ festgesetzt.

$$(3) \quad \boxed{x_{H}^{S} + x_{Al}^{S} + x_{Ca}^{S} = 1}$$

Die Gesamtmenge der austauschbaren Kationen bleibt erhalten. Da im Modell nicht alle im Boden vorkommenden Kationen berücksichtigt werden, ist die Summe der Prozentzahlen der austauschbaren Kationen $x_{H}^{S} + x_{Al}^{S} + x_{Ca}^{S}$ geringer als 1. Dies wird durch entsprechende Umrechnung der Prozentzahlen x_{H}^{S}, x_{Al}^{S}, x_{Ca}^{S} berücksichtigt.

$$(4) \quad \boxed{\gamma_{H} \cdot [H^{+}] \cdot \gamma_{OH}[OH^{-}] = k_{2}}$$

γ_{H} : Aktivitätskoeffizient von H^{+},
$\gamma_{H} = 0.95$ (ULRICH 1961, S. 107).

γ_{OH} : Aktivitätskoeffizient von OH^{-},
$\gamma_{OH} = 0.95$ (ULRICH, a.a.O.)

k_{2} : Ionenprodukt des Wassers,
$k_{2} = 10^{-14}\,[mol^{2}/l^{2}]$ (bei $25^{\circ}C$, vgl. MORTIMER 1980, S.482).

$$(5) \quad \boxed{\gamma_{Al} \cdot [Al^{3+}] \cdot \gamma_{OH} [OH^-]^3 = k_4}$$

γ_{Al} :   Aktivitätskoeffizient von Al^{3+} ,

           $\gamma_{Al} = 0.6$ (ULRICH 1961, S. 107).

k_4 :   Löslichkeitsprodukt von $Al^{3+} (OH^-)_3$

           $k_4 = 10^{-33}[mol^4/l^4]$ (bei $25^{o}C$,

                            vgl. AYLWARD/FINDLAY 1975, S. 126).

$$(6) \quad \boxed{\frac{(\gamma_{Al} \cdot [Al^{3+}])^{1/3} \cdot x_H^S}{\gamma_H \cdot [H^+] \cdot x_{Al}^S} = k_1}$$

k_1 :   Gaponkoeffizient.

           $k_1 = 431$ (PRENZEL 1982 b, S. 26, Gl. (8), u. S. 31).

$$(7) \quad \boxed{\frac{(\gamma_{Al} \cdot [Al^{3+}])^{1/3} \cdot x_{Ca}^S}{\gamma_{Ca}^{1/2} \cdot [Ca^{2+}]^{1/2} \cdot x_{Al}^S} = k_3}$$

k_3 :   Gaponkoeffizient,

           $k_3 = 0.1$ (PRENZEL, a.a.O.).

Damit ist die Beschreibung des chemischen Gleichungssystems abgeschlossen, zunächst folgt eine kurze Erläuterung einiger bodenchemischer Begriffe.

Bodenchemische Begriffe und Abkürzungen

Aktivität, Aktivitätskoeffizient

Wirksame Konzentration von Atomen, Ionen oder Molekülen, "... d.h. sie
ist das Konzentrations-Maß, das in die für ideale Mischungen und Lösungen abgeleiteten Gesetze ... einzusetzen ist, damit sich diese auch
dann anwenden lassen, wenn in dem betreffenden System kein ideales
Verhalten ... mehr vorliegt. Der Aktivitätskoeffizient drückt den Anteil der "wirksamen" an der Gesamtzahl der vorhandenen identischen
Atome, Ionen oder Moleküle aus; er liefert durch Multiplikation mit
der wahren Konzentration die scheinbare Konzentration, d.h. die
Aktivität." (ÜHLEIN 1974, S. 26)

Austauschkapazität

s. Kationenaustausch

Bestimmungsgleichung

Eine Gleichung im chemischen Gleichungssystem, die einer unbekannten
Konzentration zugeordnet wurde.

Erhaltungsgleichung

Klasse von chemischen Gleichungen, die aussagen, daß die Gesamtmenge
der beteiligten Stoffe erhalten bleibt.

Gleichgewicht, chemisches

"Chemische Reaktionen in homogener Phase verlaufen nie vollständig,
sondern bleiben bei einem Zustand, dem chemischen Gleichgewicht, stehen.
Hier sind neben dem Reaktionsprodukt auch die Reaktionspartner noch
zum Teil vorhanden." (ÜHLEIN 1974, S. 138)
Äußerlich scheint Stillstand erreicht zu sein, tatsächlich aber ist
der Betrag der Geschwindigkeit von Hin- und Rückreaktion identisch.

Kationenaustausch, Kationenaustauschgleichungen

Die Bodenmatrix hält eine gewisse Menge von Kationen fest, die gegen
andere Kationen in der Bodenlösung ausgetauscht werden können.

Gleichgewichtsreaktionen werden durch Kationenaustauschgleichungen
beschrieben. Im Modell sind dies die Gapon-Gleichungen (vgl. Kap. 7,2).

Löslichkeitsprodukt

Gleichgewichtsbedingung zwischen gelöstem und nicht gelöstem Salz in
einer gesättigten Lösung (vgl. Kap. 7,2).

Massenwirkungsgesetz

Gleichgewichtsbedingung für Reaktionen in Lösungen (vgl. Kap. 7.2).

Reaktion, chemische

"... Sammelbezeichnung für alle zu stofflichen Umwandlungen bei Erhaltung der chemischen Elemente führende Wechselwirkung zwischen
chemischen Elementen und/oder Verbindungen." (ÜHLEIN 1974, S. 736)

Spezies, chemische

Unterschiedliche chemische Stoffe.

Stöchiometrische Wertigkeit

Die stöchiometrische Wertigkeit eines Atoms ist die ganze Zahl,
welche angibt, wieviele Grammäquivalente (früher mit val
bezeichnet) von Wasserstoff (1 Grammäquivalent H = 1.00797 [g]) ge-
bunden oder ersetzt werden können.

7.3 Lösung des Modells

Mit den Abkürzungen

$$x_1 := [H^+] \qquad\qquad x_6 := x_{Ca}^s$$
$$x_2 := x_H^s \qquad\qquad x_7 := [OH^-]$$
$$x_3 := [Al^{3+}] \qquad\qquad \gamma_1 := \gamma_H = \gamma_{OH}$$
$$x_4 := x_{Al}^s \qquad\qquad \gamma_2 := \gamma_{Ca}$$
$$x_5 := [Ca^{2+}] \qquad\qquad \gamma_3 := \gamma_{Al}$$

und nach Setzung von

$$G := (\gamma_2^{1/2} \cdot k_3 / \gamma_3^{1/3}) \cdot (\gamma_3^{1/3} / \gamma_1 \cdot k_1) \quad,$$

$$K := 1 + \frac{(k_4 / \gamma_1 \cdot \gamma_3)^{1/3}}{(\gamma_1 \cdot k_1 / \gamma_3^{1/3}) \cdot (k_2 / \gamma_1^2)} \quad,$$

geht das Gleichungssystem nach einigen Termumformungen in das äquivalente Nullstellenproblem

$$0 = f(x_1, E, u_H, u_{Ca})$$
$$= G \cdot (u_H - x_1) \cdot \left(\frac{u_{Ca}}{E - K \cdot (u_H - x_1)} - \frac{1}{2}\right) - x_1 \tag{N}$$

über. Die Lösungen dieser Gleichung stellen die gesuchten Gleichgewichtskonzentrationen für $x_1 = [H^+]$ in mol/l dar. Durch Rückberechnung können dann aus den Gleichungen (1) - (7) die Gleichgewichtskonzentrationen der übrigen Spezies, insbesondere die von Ca^{2+} und Al^{3+}, ermittelt werden.

Die Auflösung des Gleichungssystems bis hin zum Nullstellenproblem (N) geschieht in folgenden Schritten:

Setzt man

$$k_1 := (\gamma_1 \cdot k_1) / \gamma_3^{1/3} \quad , \qquad k_2 := k_2 / \gamma_1^2 \quad ,$$

$$k_3 := (\gamma_2^{1/2} \cdot k_3) / \gamma_3^{1/3} \quad , \qquad k_4 := k_4 / (\gamma_1^3 \cdot \gamma_3) \quad ,$$

so nimmt obiges Gleichungssystem für die Unbekannten x_1 bis x_6 folgende Form an:

$$(1) \qquad x_1 + E \cdot x_2 = u_H$$

$$(2) \qquad x_5 + 1/2 \cdot E \cdot x_6 = u_{Ca}$$

$$(3) \qquad x_3 \cdot x_7^3 = k_4$$

$$(4) \qquad x_2 + x_4 + x_6 = 1$$

$$(5) \qquad x_1 \cdot x_7 = k_2$$

$$(6) \qquad x_2 \cdot x_3^{1/3} = k_1 \cdot x_1 \cdot x_4$$

$$(7) \qquad x_3^{1/3} \cdot x_6 = k_3 \cdot x_4 \cdot x_5^{1/2}$$

Die Unbekannten x_2 bis x_7 werden im weiteren nacheinander eliminiert:

Gleichung (1) liefert $x_2 = (u_H - x_1) / E$. Durch Einsetzen dieses Terms für die Unbekannte x_2 in die Gleichungen (2) bis (7) entsteht ein äquivalentes Gleichungssystem, in welchem nur noch die Unbekannten $x_1, x_3, \ldots, x_7$ explizit auftreten:

$$(2) \qquad x_5 + 1/2 \cdot E \cdot x_6 = u_{Ca}$$

$$(3) \qquad x_3 \cdot x_7^3 = k_4$$

$$(4) \qquad (u_H - x_1) / E + x_4 + x_6 = 1$$

$$(5) \qquad x_1 \cdot x_7 = k_2$$

$$(6) \qquad (u_H - x_1) / E \cdot x_3^{1/3} = k_1 \cdot x_1 \cdot x_4$$

$$(7) \qquad x_3^{1/3} \cdot x_6 = k_3 \cdot x_4 \cdot x_5^{1/2}$$

Gleichung (2) liefert $x_6 = 2 \cdot (u_{Ca} - x_5) / E$ und damit:

$$(3) \qquad x_3 \cdot x_7^3 = k_4$$

$$(4) \qquad (u_H - x_1) / E + x_4 + 2 \cdot (u_{Ca} - x_5) / E = 1$$

$$(5) \qquad x_1 \cdot x_7 = k_2$$

$$(6) \qquad (u_H - x_1) / E \cdot x_3^{1/3} = k_1 \cdot x_1 \cdot x_4$$

$$(7) \qquad x_3^{1/3} \cdot 2 \cdot (u_{Ca} - x_5) / E = k_3 \cdot x_4 \cdot x_5^{1/2}$$

Gleichung (5) liefert $x_7 = k_2 / x_1$:

$$(3) \qquad x_3 \cdot (k_2 / x_1)^3 = k_4$$

$$(4) \qquad (u_H - x_1) / E + x_4 + 2 \cdot (u_{Ca} - x_5) / E = 1$$

$$(6) \qquad (u_H - x_1) / E \cdot x_3^{1/3} = k_1 \cdot x_1 \cdot x_4$$

$$(7) \qquad x_3^{1/3} \cdot 2 \cdot (u_{Ca} - x_5) / E = k_3 \cdot x_4 \cdot x_5^{1/2}$$

Gleichung (3) liefert $x_3 = x_1^3 \cdot k_4 / k_2^3$:

$$(4) \qquad (u_H - x_1) / E + x_4 + 2 \cdot (u_{Ca} - x_5) / E = 1$$

$$(6) \qquad (u_H - x_1) / E \cdot k_4^{1/3} / k_2 = k_1 \cdot x_4$$

$$(7) \qquad x_1 \cdot k_4^{1/3} / k_2 \cdot 2 \cdot (u_{Ca} - x_5) / E = k_3 \cdot x_4 \cdot x_5^{1/2}$$

Gleichung (6) liefert $x_4 = (u_H - x_1) / E \cdot k_4^{1/3} / (k_1 \cdot k_2)$:

$$(4) \qquad (u_H - x_1) / E + (u_H - x_1) / E \cdot k_4^{1/3} / (k_1 \cdot k_2) + 2 \cdot (u_{Ca} - x_5) / E = 1$$

$$(7) \qquad x_1 / k_3 \cdot 2 \cdot (u_{Ca} - x_5) = (u_H - x_1) / k_1 \cdot x_5^{1/2}$$

Mit $K := 1 + k_4^{1/3} / (k_1 \cdot k_2)$ folgt aus Gleichung (4)

$x_5 = u_{Ca} + 1/2 \cdot (K \cdot (u_H - x_1) - E)$ und mit der Abkürzung $G := k_3 / k_1$ schließlich aus Gleichung (7)

$$x_1 \cdot (E - K \cdot (u_H - x_1)) = G \cdot (u_H - x_1) \cdot (u_{Ca} - 1/2 \cdot (E - K \cdot (u_H - x_1))) \, .$$

Letztere Gleichung läßt sich durch elementare Umformungen transformieren in die äquivalente Gleichung

$$0 = G \cdot (u_H - x_1) \cdot \left(\frac{u_{Ca}}{E - K \cdot (u_H - x_1)} - \frac{1}{2} \right) - x_1 =: f(x_1, E, u_H, u_{Ca}) \, ,$$

in der die unbekannte Konzentration der H-Ionen in der Bodenlösung gerade als Nullstelle der Funktion f gegeben ist.

Diese Nullstelle kann nun recht bequem iterativ bestimmt werden. Aus Gründen der Konvergenzgeschwindigkeit bietet sich hierzu das Newtonsche Verfahren mit $x_1 = 10^{-4.2} = 6.31 \cdot 10^{-5}$ als Startwert in der Nähe der zu erwartenden Nullstelle an (vgl. dazu z.B. WILLE 1976, S. 111 ff.).

7.4 Dynamische Simulation

Zentraler Bestandteil des Simulationssystems 'Bodenchemie' ist das FORTRAN-Unterprogramm ASSOP9. Es löst das Nullstellenproblem (N)

$$0 = f(x_1, E, u_H, u_{Ca})$$

$$= G \cdot (u_H - x_1) \cdot (\frac{u_{Ca}}{E - K \ (u_H - x_1)} - \frac{1}{2}) - x_1$$

(G, K konstant) mit Hilfe des Newton-Verfahrens. Als Lösung erhält man in jedem Simulationsschritt die Konzentration

$$x_1 = [H^+]$$

im Gleichgewicht in der Einheit Mol pro Liter [mol/l]. Durch Rückwärtsrechnung ergeben sich daraus die restlichen Gleichgewichtskonzentrationen, insbesondere die Konzentrationen $[Al^{3+}]$ und $[Ca^{2+}]$.

Das Programm ASSOP9 ist am Schluß dieses Abschnitts, reichlich versehen mit Kommentarzeilen, vollständig dokumentiert.

Als Eingabeblöcke für ASSOP9 dienen UH, HEX und CA (vgl. Abb. 7.3). UH addiert den aktuellen Wert HION der H – Ionen-Konzentration in der Bodenlösung zu dem jeweils in mol/l umgerechneten Wert HBO für den austauschbaren Wasserstoff in der Bodenmatrix.

Die Blöcke HEX und CA haben dieselben Werte wie E bzw. UCA; sie werden aus programmtechnischen Gründen benötigt.

Die H – Ionen-Konzentration in der Bodenlösung HION errechnet sich als Summe aus der H – Ionen-Konzentration im Gleichgewicht (Verbindung von ASSOP9-Ausgabeblock H+ nach HION) und dem H – Ionen-Eintrag HEIN, der als jährliche H – Ionen-Produktion H (in Kilogramm pro Hektar und Jahr) vom Teilmodell 'Mineralisierung' kommt.

H wird zunächst in die Einheit Gramm pro Hektar und Jahr, dann durch SKAL in die der Simulationsschrittweite DT entsprechende Menge und schließlich mit Hilfe der aktuellen Bodenfeuchte BOF (aus dem Teilmodell 'Bodenwasser' in mol/l umgerechnet.

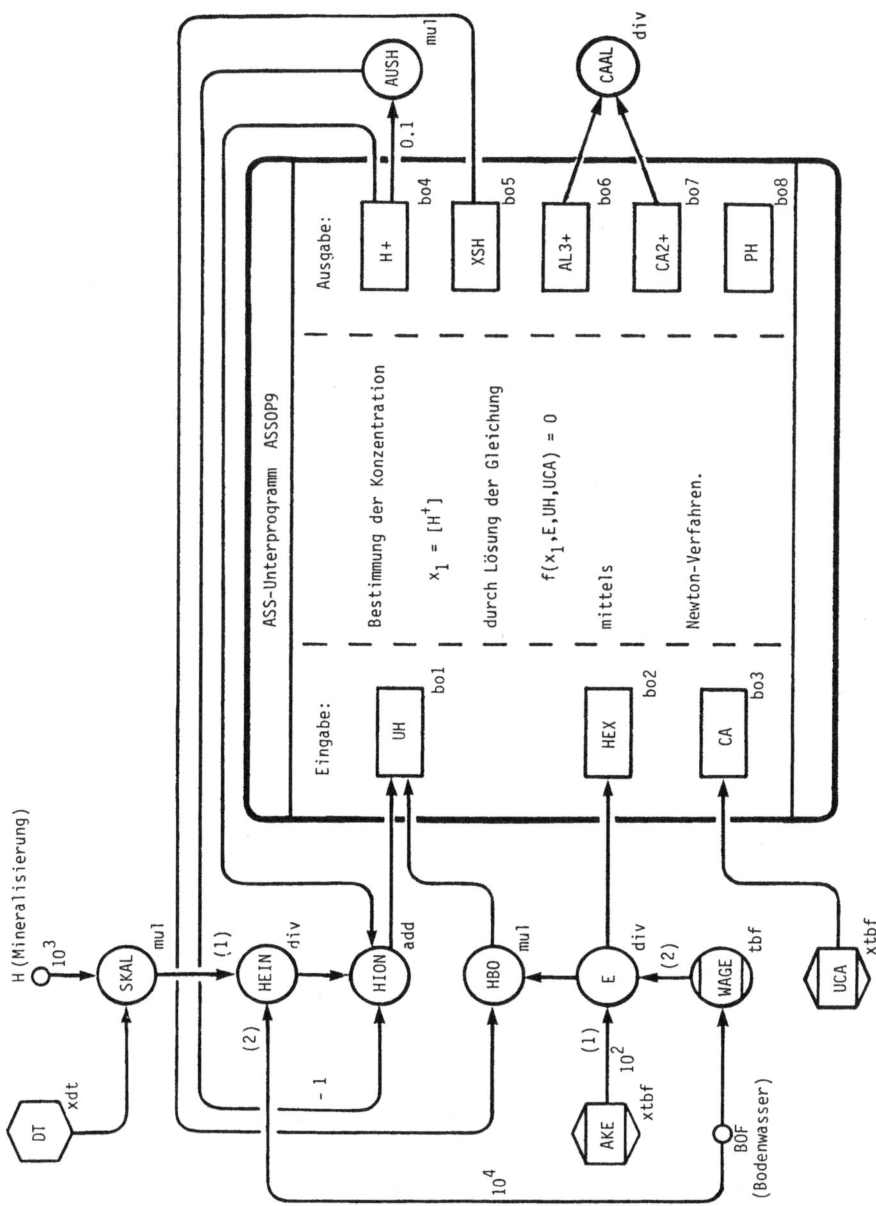

Abb. 7.3: ASS-Simulationsdiagramm für das Teilmodell 'Bodenchemie'

Dokumentation von ASSOP9

```
      SUBROUTINE ASSOP9
C
C
C     *****************************************************************
C     *                                                               *
C     * UNTERPROGRAMM ZUR BERECHNUNG DES BODENCHEMISCHEN GLEICHGEWICHTS *
C     * ============================================================== *
C     *                                                               *
C     *                                                               *
C     * W.METZLER , N.TROST , W.WISCHNIEWSKY  *  STAND : SEPTEMBER 1984 *
C     *                                                               *
C     * ASS V01 COPYRIGHT PROCOS 1979                                  *
C     * UPDATE 28-JAN-80                                               *
C     *                                                               *
C     *****************************************************************
C
C
C     IVEKT(5)  = PARAMETER INDEX
C     IVEKT(6)  = ELEMENT-INDEX
C     IVEKT(40) = OPERATIONSNUMMER
C
C
      COMMON /BLK1/IRAF,INDEX,IN,OUT,OUTE
     * /BLK2/BUFFER(3200),PUF(3000)
     * /BLK3/FLAG(30),OPT(50)
     * /BLK5/IVEKT(40),FVEKT(10)
     * /BLK8/ET(300,3),PP(1200)
     * /BLK9/EV(300),PT(2000)
     * /BLK14/IPE(300)
C
      DIMENSION DV(2)
C
      INTEGER   ISTART,OUT,OUTE
      INTEGER*2 BUFFER,PUF,IPE,IVEKT,PP
      INTEGER*2 ET,FLAG,OPT
      REAL      K,K1,K2,K3,K4,CUB,MITTE
C
C
      I        = IVEKT (6)
      IF(ISTART.GT.0) GOTO 1003
      IF(FLAG(7)) 1002,1002,1003
 1003 CONTINUE
      IF (IVEKT (40) .EQ. 51) GOTO 1000
      IF (IVEKT (40) .EQ. 52) GOTO 2000
      IF (IVEKT (40) .EQ. 53) GOTO 3000
      IF (IVEKT (40) .EQ. 54) GOTO 4000
      IF (IVEKT (40) .EQ. 55) GOTO 5000
      IF (IVEKT (40) .EQ. 56) GOTO 6000
      IF (IVEKT (40) .EQ. 57) GOTO 7000
      IF (IVEKT (40) .EQ. 58) GOTO 8000
C
C     B01 ------------------------------------------------------------
C
C     EINGABEBLOCK FUER UH
C     B01 BERECHNET DIE NEUE GESAMTMENGE AN FREIEM UND AUSTAUSCHBAREM
C     WASSERSTOFF UH = HBO+HION.SETZUNGEN BEI SIMULATIONSBEGINN,
C     SOWIE DIE BERECHNUNG EINIGER KONSTANTEN SIND IN DIESEM BLOCK
C     VERANKERT.
C
C     SETZUNGEN BEI SIMULATIONSBEGINN
C
 1002 CONTINUE
      FEHLER = 1.0E-08
      ISTART = 1
      CUB    = 0.333333333333
      X1     = 6.31E-005
      X2     = 0.063
      UH     = 0.012474
      UCA    = 0.5
      AK     = 0.06
      E      = 0.1
      G1     = 0.95
      G2     = 0.8
      G3     = 0.6
C
C     KONSTANTENBERECHNUNG
C
      K1     = (431.0*G1)/(G3**CUB)
      K2     = 1.0E-14/(G1*G1)
      K3     = (SQRT(G2)*0.1)/(G3**CUB)
      K4     = 1.0E-33/(G1**3*G3)
      K      = 1.0+(K4**CUB)/(431.0*1.0E-14)
      G      = 0.1/431.0
      GOTO 4000
C
C     BERECHNUNG DES NEUEN WERTES FUER UH
C
 1000 CONTINUE
      IF(FLAG(7)) 1004,1004,1005
 1005 CALL ASSSUM
      UH       = FVEKT (10)
 1004 CONTINUE
      EV(I)    = UH
 1001 RETURN
C
C     B02 ------------------------------------------------------------
C
C     EINGABEBLOCK FUER HEX
C     B02 STELLT DIE GROESSE E FUER DIE GLEICHGEWICHTSBERECHNUNG
C     BEREIT.E IST DER UMRECHNUNGSFAKTOR,MIT DEM DER PROZENTUALE
C     ANTEIL DES WASSERSTOFFS AM AUSTAUSCHER UMGERECHNET WIRD IN
C     MOL/L.
C
 2000 CONTINUE
      IF(FLAG(7)) 2002,2002,2003
 2003 CALL ASSSUM
      E        = FVEKT(10)
 2002 CONTINUE
      EV(I)    = E
 2001 RETURN
```

```
C
C      B03  -----------------------------------------------------------
C
C      EINGABEBLOCK FUER CA2+
C      B03 STELLT DEN WERT UCA FUER DIE GLEICHGEWICHTSBERECHNUNG ZUR
C      VERFUEGUNG.UCA BEZEICHNET DIE GESAMTMENGE AN FREIEM UND AUS-
C      TAUSCHBAREM CALCIUM IM BODEN UND DIENT ALS STEUERPARAMETER DES
C      SYSTEMS (Z.B. SIMULATION VON KALKUNG).
C
3000   CONTINUE
       IF(FLAG(7)) 3002,3002,3003
3003   CALL ASSSUM
       UCA    = FVEKT(10)
3002   CONTINUE
       EV(I)  = UCA
3001   RETURN
C
C      B04  -----------------------------------------------------------
C
C      AUSGABEBLOCK FUER H+
C      B04 BERECHNET ITERATIV DURCH DAS NEWTONSCHE VERFAHREN DIE NEUE
C      GLEICHGEWICHTSKONZENTRATION VON H+-IONEN (INTERN X1) IN DER
C      BODENLOESUNG.
C
C      NEWTONVERFAHREN
C
4000   CONTINUE
       F1     = UH-X1
       F2     = E-K*F1
       FW     = G*F1*(UCA/F2-0.5)-X1
       IF (ABS(FW).LT.FEHLER) GOTO 4010
       AB     = -1.0*G*((UCA/F2-0.5)+(F1*UCA*K)/(F2*F2))-1.0
       X1     = X1-FW/AB
       GOTO 4000
C
4010   CONTINUE
       IF (X1.GE.0.0) GOTO 4013
       STOP'** FEHLER : ASSOP9 , H+-IONENKONZENTRATION NEGATIV **'
       GOTO 4013
C
C      AUSGABE VON H+ (INTERN X1)
C
4013   CONTINUE
       IF (FLAG(7)) 4002,4002,4003
4003   CALL ASSSUM
       X1     = X1+FVEKT(10)
4002   CONTINUE
       EV(I)  = X1
4001   RETURN
C
C      B05  -----------------------------------------------------------
C
C      AUSGABEBLOCK FUER XSH
C      B05 BERCHNET AUF DER BASIS DES NEUEN GLEICHGEWICHTSZUSTANDES
C      DEN WERT FUER XSH (INTERN X2).
C
5000   CONTINUE
       X2     = (UH-X1)/E
       EV(I)  = X2
5001   RETURN


C
C      B06  -----------------------------------------------------------
C
C      AUSGABEBLOCK FUER AL3+
C      B06 BERECHNET AUF DER BASIS DES NEUEN GLEICHGEWICHTSZUSTANDES
C      DIE GLEICHGEWICHTSKONZENTRATION AN AL3+-IONEN (INTERN X3) IN
C      DER BODENLOESUNG.
C
6000   CONTINUE
       X3     = (X1**3*K4*G1**3)/(K2**3*G3)
       EV(I)  = X3
6001   RETURN
C
C      B07  -----------------------------------------------------------
C
C      AUSGABEBLOCK FUER CA2+
C      B07 BERECHNET AUF DER BASIS DES NEUEN GLEICHGEWICHTSZUSTANDES
C      DIE GLEICHGEWICHTSKONZENTRATION AN CA2+-IONEN (INTERN X5) IN
C      DER BODENLOESUNG.
C
7000   CONTINUE
       X5     = UCA-E/2*(1-X2-((X3*G3)**CUB*X2)/(X1*G1*K1))
       EV(I)  = X5
7001   RETURN
C
C      B08  -----------------------------------------------------------
C
C      AUSGABEBLOCK FUER PH
C      B08 BERECHNET AUF DER BASIS DES NEUEN GLEICHGEWICHTSZUSTANDES
C      DEN PH-WERT DER BODENLOESUNG (PH = -LOG(H+) ).
C
8000   CONTINUE
       EV(I)  = -1.0*ALOG10(X1)
8001   RETURN
C
       END
```

Exogene Blöcke sind AKE, die Austauschkapazität des Bodens, und UCA.
AKE ist über die gesamte Simulationsdauer konstant gleich

$$6 \cdot 10^{-2} \quad [\text{mol Ionenäquivalente (IÄ) / kg}]$$

gesetzt (PRENZEL 1982 b, S. 31). Der Wert für die Gesamtmenge UCA an
freiem und austauschbarem Calcium im Boden ist auf

$$0.5 \ [\text{mol/l}]$$

festgesetzt; UCA dient als Steuergröße, mit der im Modell annähernd
eine Bodenkalkung berücksichtigt werden soll.

Die ASSOP9-Ausgabeblöcke H+, XSH, AL3+, CA2+ enthalten die Werte der
Gleichgewichtskonzentrationen (in mol/l) von H^+, H^{ex} (austauschbarer Wasserstoff), Al^{3+}, Ca^{2+}. In jedem Simulationsschritt, also
wöchentlich, werden sie als numerische Lösung des Gleichgewichtsmodells
über das Newton-Verfahren neu berechnet.

Im Block PH wird aus H+ der pH-Wert der Bodenlösung bestimmt, welcher einerseits im Teilmodell 'System Baum' über die Schadensfunktion
SCHA den Feinwurzelabbau beeinflußt, und andererseits im Teilmodell
'Mineralisierung' über die Tabellenfunktionen PHSK, PHAM und PHNI
die Ammonifikations- und Nitrifikationsrate.

Der Dividierer CAAL bestimmt aus CA2+ und AL3+ das Ca/Al-Molver-
.hältnis der Bodenlösung im Gleichgewichtszustand.

Schließlich noch die H - Ionen-Auswaschung AUSH; sie wird im entkoppelten Modell prozentual zur H - Ionen-Konzentration im Gleichgewicht festgesetzt: 10 % Auswaschung. Im verkoppelten Zustand ist AUSH abhängig
von der Menge VERS des pro Simulationsschritt versickernden Bodenwassers.

7.5 Bedeutung der Blöcke

Blockname	Blocktyp	Dimension	Beschreibung
DT	xdt	a	DT rechnet die jährliche H - Ionen-Produktionsrate auf die der Simulationsschrittweite entsprechende Menge um.
SKAL	mul	g/ha	H - Ionenproduktion des Bodens: $SKAL = H \cdot (kg/(ha \cdot a)) \cdot DT \cdot a$ $ = H \cdot 10^3 \cdot DT \; [g/ha]$ 10^3 ist das Gewicht der Verbindung von H nach SKAL.
HEIN *)	div	mol/l	H - Ionen-Eintrag in das Teilmodell 'Bodenchemie': $HEIN = \dfrac{SKAL}{10^4 \cdot BOF} \; [mol/l]$ 10^4 ist das Gewicht der Verbindung von BOF nach HEIN. Die Herleitung dieser Berechnungsformel siehe unten.
HION	add	mol/l	Die H - Ionen-Konzentration in der Bodenlösung HION bestimmt sich zu jedem Simulationszeitpunkt als Summe aus der H - Ionen-Gleichgewichtskonzentration und dem H - Ionen-Eintrag, vermindert durch die Auswaschung. Im entkoppelten Modell ist die Auswaschungsrate konstant (Gewicht von H+ nach AUSH).
HBO	mul	mol/l	HBO ist die umgerechnete Konzentration des austauschbaren Wasserstoffs: $HBO = E \cdot XSH$ (zur Herleitung vgl. Abschn. 7.2).
E	div	mol/l	E ist der Umrechnungsfaktor, mit dem der prozentuale Anteil des Wasserstoffs am Austauscher umgerechnet wird in mol/l.
WAGE	tbf	l(Lösung)/kg	$WAGE = - BOF + 70$ skaliert den Einfluß der Bodenfeuchte auf den austauschbaren Wasserstoff. Das Gewicht 10^2 der Verbindung von AKE nach E ergibt zusammen mit WAGE die Prozentzahl für den Wassergehalt.

*) Herleitung der Berechnungsformel für HEIN:

$$HEIN = H \cdot \frac{kg}{ha \cdot a} \cdot DT \cdot a = H \cdot \frac{10^3 \cdot g}{ha} \cdot DT = SKAL \cdot \frac{g}{ha} = SKAL \cdot \frac{g}{10^4 \cdot BOF \cdot l} = \frac{SKAL}{10^4 \cdot BOF} \left[\frac{mol}{l} \right]$$

Blockname	Blocktyp	Dimension	Beschreibung
AKE	xtbf	molIÄ/kg	Der Wert für die Austauschkapazität AK des Bodens ist über die gesamte Simulationszeit konstant gleich $6 \cdot 10^{-2}$ [molIÄ/kg] gesetzt. Der Wert stammt aus PRENZEL, 1982 b, S. 31.
UCA	xtbf	mol/l	Der Wert von UCA für die Gesamtmenge u_{Ca} an freiem und austauschbarem Calcium im Boden ist auf $u_{Ca}=0.5$[mol/l] festgesetzt. UCA dient als Steuergröße für das Teilmodell.
AUSH	mul	mol/l	Die H-Ionen-Auswaschung ist im entkoppelten Modell prozentual zur H-Ionenkonzentration im Gleichgewicht gesetzt (10% Auswaschung).
CAAL	div	–	CAAL ist das Ca/Al-Molverhältnis der Bodenlösung im Gleichgewichtszustand.
UH	bo1	mol/l	Aus der ersten Modellgleichung $[H^+] + E \cdot x_H^S = u_H$ folgt für pH 4.2 und $x_H^S = 6.3 \cdot 10^{-2}$ (vgl. Abschnitt 7.2) bei einem Wassergehalt des Bodens von 30%: $$u_H = 0.0126631 \text{[mol/l]}$$ Mit diesem Wert für die Gesamtmenge an freiem und austauschbarem Wasserstoff im Boden wird die Simulation gestartet.
HEX	bo2	mol/l	} Modelltechnische Blöcke [*]
CA	bo3	mol/l	
H+	bo4	mol/l	Konzentrationen für H^+, x_H^S, Al^{3+}, Ca^{2+}, die sich als numerische Lösungen des Gleichgewichtsmodells mit dem Newton-Verfahren ergeben (nach der H-Ionen-Abpufferung).
XSH	bo5	mol/l	
AL3+	bo6	mol/l	
CA2+	bo7	mol/l	
PH	bo8	–	pH-Wert der Bodenlösung: $$pH = -\log_{10}[H^+] / (\text{mol/l}) .$$

[*] Die Blöcke vom Typ bo1 bis bo8 sind sog. ASS-benutzerspezifische Blöcke (vgl. Kap. 4).

7.6 Simulationslauf unter Normalbedingungen (Normallauf)

Dieser Simulationslauf des (entkoppelten) Teilmodells 'Bodenchemie' unter Normalbedingungen dient

(a) zur Kontrolle der Lauffähigkeit des Unterprogramms ASSOP9 und der simulationstechnisch korrekten Einbindung von ASSOP9 in das gesamte Teilmodell 'Bodenchemie' (vgl. Abb. 7.3) sowie

(b) der Überprüfung, inwieweit das Teilmodell die H‑Ionen‑Abpufferung im Aluminium‑Pufferbereich über einen Zeitraum von 10 Jahren bei konstant gesetztem H‑Ionen‑Eintrag quantitativ richtig beschreibt.

Unter Normalbedingungen verstehen wir dabei:

- 2 Kilogramm H‑Ionen‑Eintrag pro Hektar und Jahr konstant über 10 Jahre,

- 10 Prozent H‑Ionen‑Auswaschung (nach der Abpufferung),

- 20 Prozent Bodenfeuchte konstant über 10 Jahre.

Die Werte für die exogenen Parameter UCA und AKE sind auf 0.5 [mol/l] bzw. $6 \cdot 10^{-2}$ [mol IÄ/kg] festgesetzt (vgl. Abschn. 7.5).

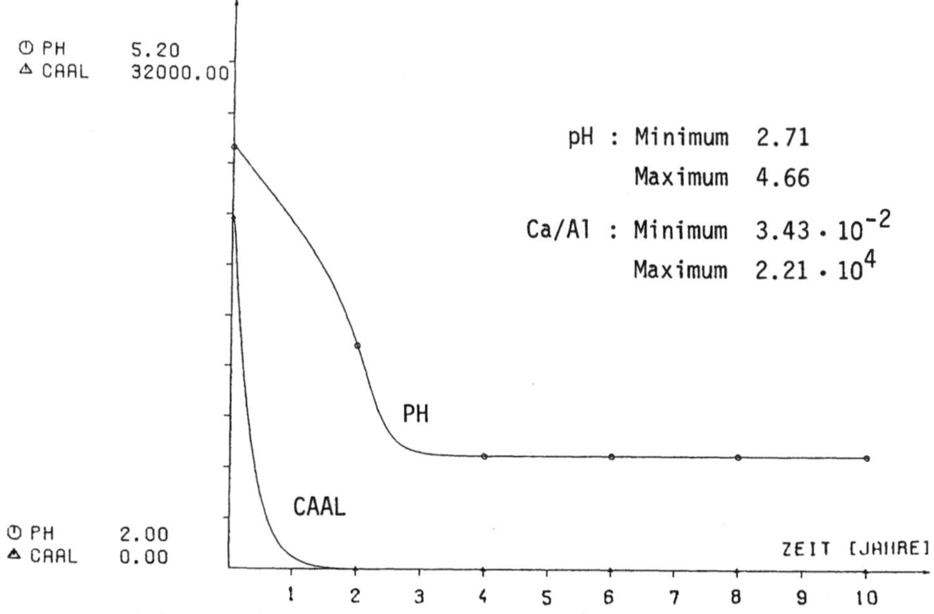

Abb. 7.4: Standardlauf für das Teilmodell 'Bodenchemie' mit Simulationsergebnissen für pH, Ca/Al über 5 Jahre

ZEIT[a]	PH[-]	CAAL[-]	Ca2+[mol/l]	Al3+[mol/l]
0.0E0	4.6610100E+0	2.2167800E+4	4.7067200E-1	2.1232200E-5
9.6153800E-2	4.6279500E+0	1.7468600E+4	4.6606500E-1	2.6680200E-5
1.7307700E-1	4.5899300E+0	1.3469600E+4	4.6732300E-1	3.4694600E-5
2.5000000E-1	4.5522300E+0	1.0409900E+4	4.6857800E-1	4.5012800E-5
3.4615400E-1	4.5054000E+0	7.5575100E+3	4.7014500E-1	6.2208900E-5
4.2307700E-1	4.4679900E+0	5.8523600E+3	4.7139600E-1	8.0547900E-5
5.0000000E-1	4.4305300E+0	4.5297700E+3	4.7264400E-1	1.0434200E-4
5.9615400E-1	4.3834100E+0	3.2821900E+3	4.7420100E-1	1.4447700E-4
6.7307700E-1	4.3453500E+0	2.5297100E+3	4.7544400E-1	1.8792900E-4
7.5000000E-1	4.3068100E+0	1.9436600E+3	4.7668300E-1	2.4525000E-4
8.4615400E-1	4.2577600E+0	1.3895400E+3	4.7822600E-1	3.4416100E-4
9.2307700E-1	4.2176300E+0	1.0556600E+3	4.7945600E-1	4.5409200E-4
1.0000000E+0	4.1765300E+0	7.9692600E+2	4.8068200E-1	6.0316900E-4
1.0961500E+0	4.1235000E+0	5.5425300E+2	4.8220500E-1	8.7001000E-4
1.1730800E+0	4.0794900E+0	4.0997700E+2	4.8341700E-1	1.1791300E-3
1.2500000E+0	4.0337900E+0	2.9973600E+2	4.8462100E-1	1.6168300E-3
1.3461500E+0	3.9738400E+0	1.9870700E+2	4.8611400E-1	2.4463900E-3
1.4230800E+0	3.9231800E+0	1.4037400E+2	4.8729500E-1	3.4714000E-3
1.5000000E+0	3.8696600E+0	9.7224300E+1	4.8846300E-1	5.0240800E-3
1.5961500E+0	3.7979600E+0	5.9421700E+1	4.8989900E-1	8.2444500E-3
1.6730800E+0	3.7360000E+0	3.8821200E+1	4.9102400E-1	1.2648400E-2
1.7500000E+0	3.6691700E+0	2.4522100E+1	4.9212100E-1	2.0068500E-2
1.8461500E+0	3.5775700E+0	1.5058600E+1	4.9344100E-1	3.7786700E-2
1.9230800E+0	3.4968900E+0	7.4944100E+0	4.9444000E-1	6.5974500E-2
2.0000000E+0	3.4091700E+0	4.0965700E+0	4.9537000E-1	1.2092900E-1
2.0961500E+0	3.2907200E+0	1.8111500E+0	4.9640200E-1	2.7408100E-1
2.1730800E+0	3.1923500E+0	9.1928200E-1	4.9709200E-1	5.4073900E-1
2.2500000E+0	3.0966900E+0	4.7527900E-1	4.9764200E-1	1.0470500E+0
2.3461500E+0	2.9908200E+0	2.2895900E-1	4.9813500E-1	2.1756500E+0
2.4230800E+0	2.9222100E+0	1.4261800E-1	4.9839900E-1	3.4946400E+0
2.5000000E+0	2.8685500E+0	9.8477700E-2	4.9858000E-1	5.0628800E+0
2.5961500E+0	2.8195300E+0	7.0214200E-2	4.9872800E-1	7.1029500E+0
2.6730800E+0	2.7916000E+0	5.7903600E-2	4.9880600E-1	8.6144100E+0
2.7500000E+0	2.7711100E+0	5.0265200E-2	4.9886000E-1	9.9245400E+0
2.8461500E+0	2.7530700E+0	4.4381200E-2	4.9890500E-1	1.1241400E+1
2.9230800E+0	2.7429900E+0	4.1396200E-2	4.9893000E-1	1.2052500E+1
3.0000000E+0	2.7356400E+0	3.9349600E-2	4.9894700E-1	1.2679800E+1
3.0961500E+0	2.7292000E+0	3.7639100E-2	4.9896200E-1	1.3256500E+1
3.1730800E+0	2.7256100E+0	3.6716800E-2	4.9897100E-1	1.3589700E+1
3.2500000E+0	2.7229900E+0	3.6059900E-2	4.9897700E-1	1.3837500E+1
3.3461500E+0	2.7207000E+0	3.5493900E-2	4.9898200E-1	1.4058300E+1
3.4230800E+0	2.7194200E+0	3.5181900E-2	4.9898500E-1	1.4185000E+1
3.5000000E+0	2.7184900E+0	3.4956400E-2	4.9898700E-1	1.4274500E+1
3.5961500E+0	2.7176800E+0	3.4760100E-2	4.9898900E-1	1.4355200E+1
3.6730800E+0	2.7172200E+0	3.4651000E-2	4.9899000E-1	1.4400500E+1
3.7500000E+0	2.7168900E+0	3.4571800E-2	4.9899100E-1	1.4433500E+1
3.8461500E+0	2.7166000E+0	3.4502500E-2	4.9899200E-1	1.4462500E+1
3.9230800E+0	2.7164400E+0	3.4463900E-2	4.9899200E-1	1.4478700E+1
4.0000000E+0	2.7163200E+0	3.4435900E-2	4.9899200E-1	1.4490500E+1
4.0961500E+0	2.7162200E+0	3.4411300E-2	4.9899200E-1	1.4500800E+1
4.1730800E+0	2.7161600E+0	3.4397600E-2	4.9899300E-1	1.4506600E+1
4.2500000E+0	2.7161200E+0	3.4387600E-2	4.9899300E-1	1.4510800E+1
4.3461500E+0	2.7160800E+0	3.4378900E-2	4.9899300E-1	1.4514500E+1
4.4230800E+0	2.7160600E+0	3.4374000E-2	4.9899300E-1	1.4516600E+1
4.5000000E+0	2.7160400E+0	3.4370400E-2	4.9899300E-1	1.4518100E+1
4.5961500E+0	2.7160300E+0	3.4367300E-2	4.9899300E-1	1.4519400E+1
4.6730800E+0	2.7160200E+0	3.4365600E-2	4.9899300E-1	1.4520100E+1
4.7500000E+0	2.7160200E+0	3.4364300E-2	4.9899300E-1	1.4520700E+1
4.8461500E+0	2.7160100E+0	3.4363200E-2	4.9899300E-1	1.4521100E+1
4.9230800E+0	2.7160100E+0	3.4362600E-2	4.9899300E-1	1.4521400E+1
5.0000000E+0	2.7160100E+0	3.4362100E-2	4.9899300E-1	1.4521600E+1
5.0961500E+0	2.7160100E+0	3.4361800E-2	4.9899300E-1	1.4521700E+1
5.1730800E+0	2.7160100E+0	3.4361500E-2	4.9899300E-1	1.4521900E+1
5.2500000E+0	2.7160100E+0	3.4361400E-2	4.9899300E-1	1.4521900E+1
5.3461500E+0	2.7160000E+0	3.4361300E-2	4.9899300E-1	1.4522000E+1
5.4230800E+0	2.7160000E+0	3.4361100E-2	4.9899300E-1	1.4522000E+1
5.5000000E+0	2.7160000E+0	3.4361100E-2	4.9899300E-1	1.4522000E+1
5.5961500E+0	2.7160000E+0	3.4361100E-2	4.9899300E-1	1.4522000E+1
5.6730800E+0	2.7160000E+0	3.4361000E-2	4.9899300E-1	1.4522100E+1
5.7500000E+0	2.7160000E+0	3.4361000E-2	4.9899300E-1	1.4522100E+1
5.8461500E+0	2.7160000E+0	3.4361000E-2	4.9899300E-1	1.4522100E+1
5.9230800E+0	2.7160000E+0	3.4361000E-2	4.9899300E-1	1.4522100E+1
6.0000000E+0	2.7160000E+0	3.4361000E-2	4.9899300E-1	1.4522100E+1

Abb. 7.5: Normallauf für das Teilmodell 'Bodenchemie' mit Zahlenwerten für pH, Ca/Al, Ca^{2+}, Al^{3+} über 6 Jahre

Der pH-Wert der Bodenlösung ist die einzige im Teilmodell 'Bodenchemie'
simulierte Größe, die für das Gesamtmodell interessant ist
(pH-Wert → Teilmodell 'Mineralisierung', pH-Wert → Teilmodell 'System
Baum').

In Abb. 7.4 sind beide in Abhängigkeit von der Zeit über einen Zeitraum
von 10 Jahren aufgetragen, Abb. 7.5 enthält die zugehörigen Zahlenwerte
über einen Zeitraum von 6 Jahren.

Für den im Unterprogramm ASSOP9 für das Newton-Verfahren gewählten Start-
wert

$$x_1 = [H^+] = 6.31 \cdot 10^{-5} [mol/l]$$

(vgl. SUBROUTINE ASSOP9) ergibt sich zu Beginn der Simulation der Wert
pH 4.66. Der pH-Wert fällt zunächst und stabilisiert sich nach ca.
3 Jahren auf den Wert

$$pH\ 2.71\ ,$$

der unter den oben angegebenen 'Normalbedingungen' nicht mehr verlassen
wird. Bei pH 2.71 liegt offensichtlich ein Fixpunkt (asymptotisch stabiler Gleichgewichtspunkt) für das bodenchemische Gleichgewichtsmodell vor.

Das Ca/Al-Verhältnis berechnet sich als Quotient aus den in Abb. 7,5 aus-
gedruckten Werten für die Konzentrationen von Ca^{2+} und Al^{3+} <u>im Gleich-
gewicht</u>. Es stabilisiert sich bereits nach ca. 1 1/2 Jahren auf den Wert

$$Ca/Al = 3.43 \cdot 10^{-2}\ ,$$

bei dem nach ULRICH (1982 (LOELF), S. 14) mit beträchtlichen Pflanzen-
schädigungen gerechnet werden muß.

156

7.7 Testläufe: Verhaltensspektrum

Testläufe dienen der Erforschung der Brauchbarkeit eines Modells 'an
den Grenzen' seiner Anwendungsbereiche.

Test 1 arbeitet mit einer (konstanten) oberen Schranke von BOF = 40 %
für die Bodenfeuchte bei sonst unveränderten Bedingungen gegenüber
dem Normallauf von Abschn. 7.6.

Test 2 setzt den H‑Ionen‑Eintrag künstlich auf Null bei einer permanen‑
ten H‑Ionen‑Auswaschung von 10 Prozent.

In Test 3 ist H = 2 [kg/(ha · a)] und AUSH = 10 % wie im Normallauf,
die Bodenfeuchte BOF variiert entsprechend einer willkürlichen Test‑
Tabellenfunktion (vgl. Abb. 7.6), in der sowohl schlagartige als auch
allmähliche Änderungen der Bodenfeuchte vorkommen.

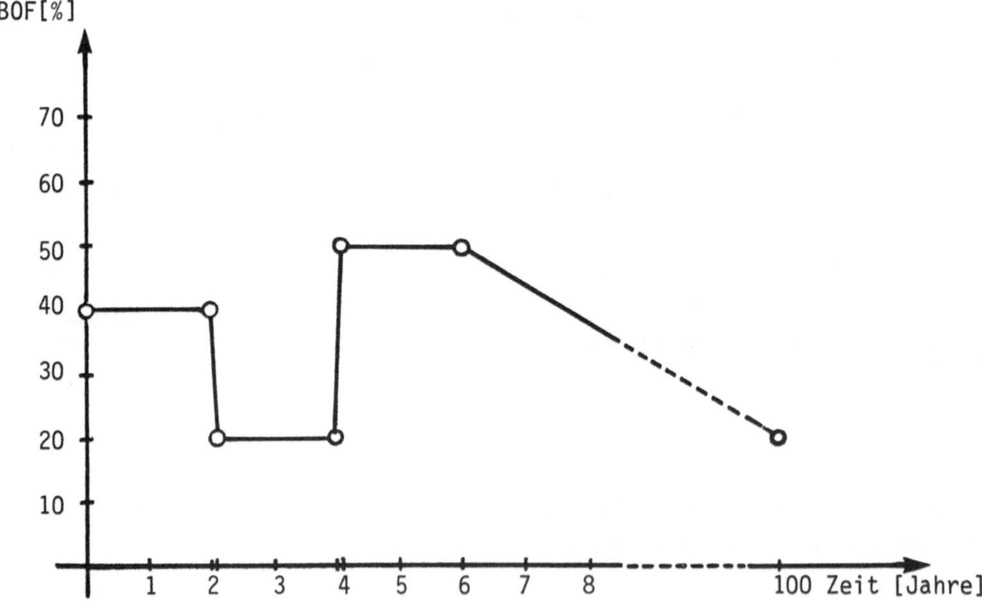

<u>Abb. 7.6:</u> Exogene Tabellenfunktion TEST für die Bodenfeuchte BOF

Test 4 arbeitet mit einer exogenen Tabellenfunktion, die in etwa dem jahreszeitlichen Wechsel der Bodenfeuchte aus dem Teilmodell 'Bodenwasser' entspricht (Abb. 7.7).

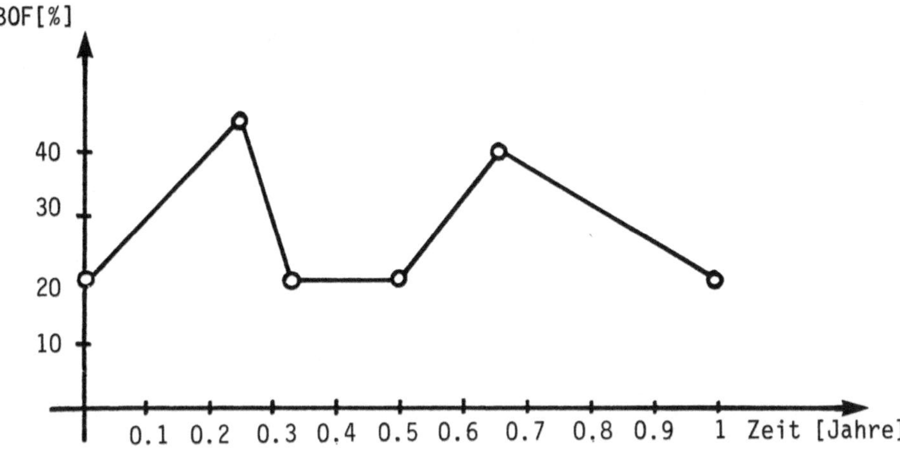

Abb. 7.7: Exogene Tabellenfunktion mit jahreszeitlicher Änderung der Bodenfeuchte BOF

Test 1: 'H – Ionen-Eintrag: 2 kg[(ha · a)], Auswaschung: 10 %,
        Bodenfeuchte: 40 %'

Gegenüber dem Normallauf ist die Bodenfeuchte im ersten Testlauf auf
40 % hochgesetzt. Hier erwartet man eine Erhöhung des pH-Wertes.

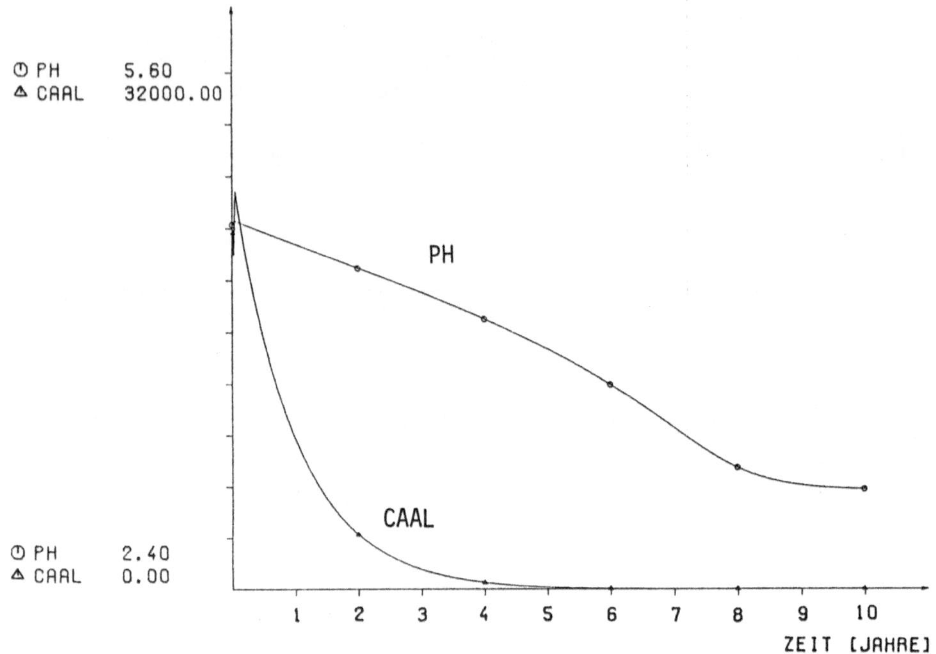

Abb. 7.8: Simulationsergebnisse für Testlauf 1

Sie tritt ein: Der pH-Wert fällt monoton, beginnend bei dem Anfangswert
4.66 und stabilisiert sich schließlich auf den Wert

    pH 3.02 .

Der pH-Wert fällt deutlich langsamer als im Normallauf, der Gleichgewichtspunkt 3.0 wird erst nach ca. 9 Jahren erreicht (Normallauf: pH 2.71
nach 3 Jahren).

Analog verhält sich das Ca/Al-Verhältnis, es fällt monoton und stabilisiert sich nach ca. 4 Jahren auf den Wert

    $Ca/Al = 4.02 \cdot 10^2$.

<u>Test 2:</u> 'H – Ionen-Eintrag: O [kg/(ha · a)], Auswaschung: 10 %,
Bodenfeuchte: 20 %'

In diesem Testlauf findet kein H – Ionen-Eintrag in das bodenchemische
System statt. Infolgedessen steigt aufgrund der Auswaschung von 10 %
der pH-Wert der Bodenlösung vom Anfangswert   pH 4.66   nahezu linear
auf einen Wert von   pH 4.72   im Simulationszeitraum (10 Jahre) an.

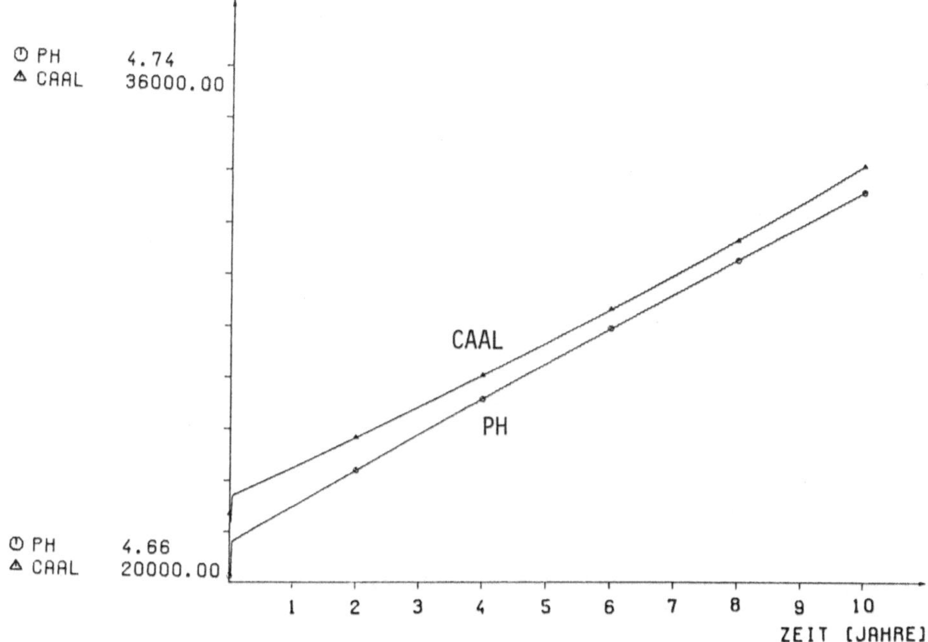

<u>Abb. 7.9:</u> Simulationsergebnisse für Testlauf 2

In ähnlicher Weise verändert sich das Ca/Al-Verhältnis, es steigt vom
Anfangswert   Ca/Al = $2.21 \cdot 10^4$ auf einen Wert von   Ca/Al = $3.28 \cdot 10^4$
nach 10 Jahren an.

<u>Test 3:</u> 'H – Ionen-Eintrag: 2 [kg/(ha · a)], Auswaschung: 10 %,
Bodenfeuchte: vgl. Abb. 7.6 (Tabellenfunktion TEST)'

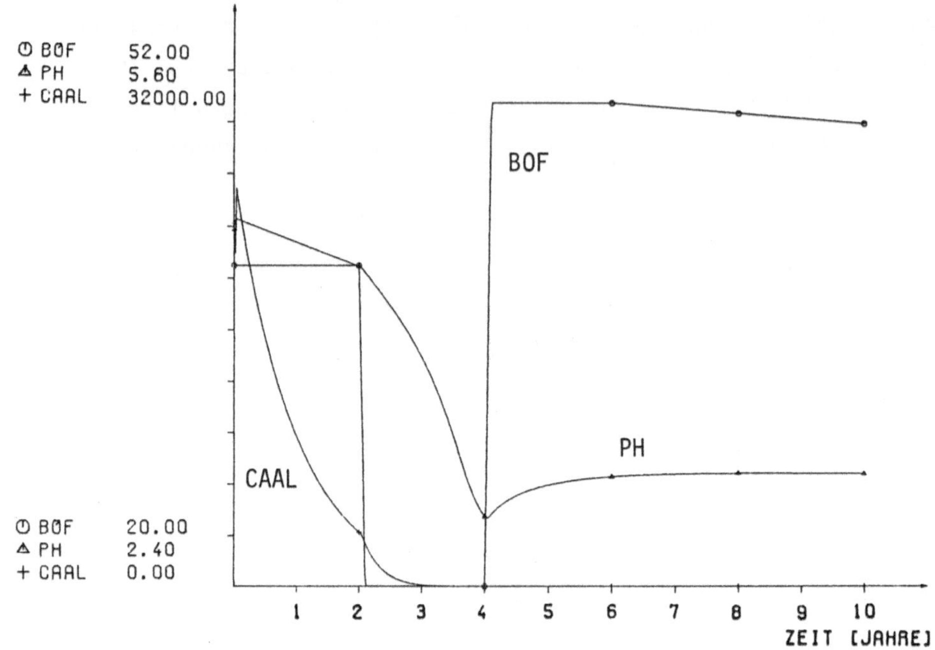

<u>Abb. 7.10:</u> Simulationsergebnisse für Testlauf 3

Infolge der stark variierenden Bodenfeuchte (Tabellenfunktion TEST von
Abb. 7.6) im Simulationszeitraum sind in diesem Testlauf Veränderungen
des pH-Wertes und des Ca/Al-Verhältnisses in ähnlicher Weise zu erwarten:
Bis zum Zeitpunkt von 2 Jahren ist dieser Testlauf identisch mit Test 1.
Dann jedoch reagiert der pH-Wert auf die drastisch verringerte Bodenfeuchte von 20 % im Zeitraum von 2,1 - 4 Jahren und fällt auf einen minimalen Wert von pH 2.83 ab. Bei ansteigender Bodenfeuchte ab dem
4. Jahr der Simulation muß dann auch infolge des 'Verdünnungseffektes'
der pH-Wert wieder ansteigen. Das Ca/Al-Verhältnis fällt monoton und
stabilisiert sich schon frühzeitig nach ca. 3.5 Jahren, so daß die geringen Änderungen des pH-Wertes im späteren Ablauf der Simulation keine
merklichen Auswirkungen mehr auf das Ca/Al-Verhältnis haben.

<u>Test 4:</u> 'H - Ionen-Eintrag: 2 [kg/(ha · a)], Auswaschung: 10 %, Boden-
feuchte: vgl. Abb. 7.7 (jahreszeitliche Bodenfeuchteänderungen)'

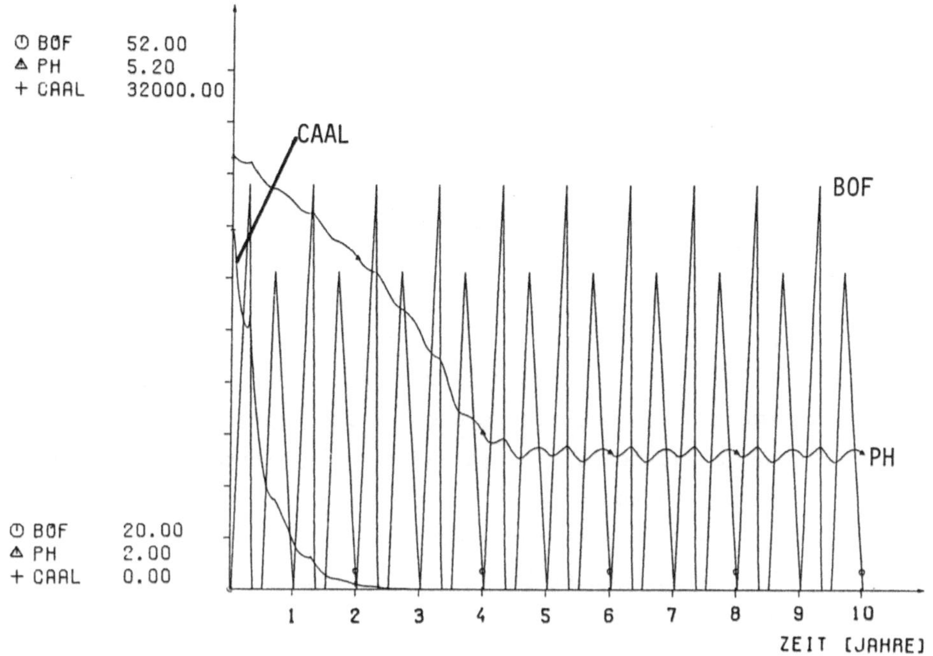

<u>Abb. 7.11:</u> Simulationsergebnisse für Testlauf 4

Gegenüber Testlauf Test 3 reagieren hier pH-Wert und Ca/Al-Verhältnis
auf die Tabellenfunktion von Abb. 7.7, die im wesentlichen die Veränderung der jahreszeitlichen Bodenfeuchte aus dem Teilmodell 'Bodenwasser'
repräsentiert. Die Tabellenfunktion aus Abb. 7.7 wirkt damit über die
gesamte Simulationszeit als periodische Funktion.

Der pH-Wert der Bodenlösung fällt monoton bis zu einem Zeitpunkt von
4 Jahren und verändert sich danach analog zur Bodenfeuchte periodisch
zwischen dem minimalen Wert pH 2.81 und dem maximalen Wert pH 2.88 .
Ähnlich wie im Simulationslauf Test 3 stabilisiert sich im Modell
auch hier das Ca/Al-Verhältnis nach 3.5 Jahren auf einen Wert kleiner
als 2, und spätere Änderungen im pH-Wert haben keinen merklichen Einfluß auf dieses Verhältnis.

8 Simulation der Stickstoffmineralisierung im Waldboden

K. Mathes, H. Schäfer, A. Überla

8.1 Das Teilmodell »Mineralisierung«: Überblick

Das Teilmodell 'Mineralisierung' soll in vereinfachter Form die Nährstoff-
kreisläufe in einem (Fichten-)Waldökosystem beschreiben. Da dem Stickstoff
bei der Pflanzenernährung sowohl qualitativ als auch quantitativ eine
besondere Bedeutung zukommt (vgl. SCHEFFER/SCHACHTSCHABEL 1982, BERGMANN
1983) und er in terrestrischen (ähnlich wie Phosphor in aquatischen)
Ökosystemen oft den das Wachstum begrenzenden Faktor darstellt und damit
die Produktivität maßgeblich bestimmt, wurde er als Repräsentant der
Mineralstoff-Flüsse im Fichtenforst ausgewählt. Alle Nährstoff-Reservoire
(Nadeln, Holz, Wurzeln, Boden) und -Flüsse (Deposition, Pflanzenaufnahme,
Streufall/Totwurzelanfall, Auswaschung) werden lediglich durch den in
ihnen enthaltenen Stickstoff angegeben; Dekompositionsprozesse erfolgen
nur in Form der Ammonifikation.

Weil der Teil des Stickstoffkreislaufs, der in der Pflanze (Fichte) loka-
lisiert ist, im 'System Baum' modelliert wird, weist das noch nicht an die
anderen Modelle angekoppelte Teilmodell 'Mineralisierung' für die Stickstoffaufnahme und für den Nadelabwurf bzw. die abgestorbenen Wurzeln (in
Stickstoffäquivalenten) Tabellenfunktionen (NWAB, AMAU, NIAU) auf. Die
Stickstoff-Nettomineralisation ist in die beiden Teilprozesse Ammonifikation und Nitrifikation aufgeteilt (siehe Abb. 8.1). Deren Raten werden
durch die Bodentemperatur, die Bodenfeuchte, den pH-Wert (und damit indirekt auch die Basenversorgung), die Schwermetallkonzentration im Boden und
die Aluminiumkonzentration in der Bodenlösung gesteuert. Sowohl die Mineralisierung als auch die Stickstoffaufnahme wirken auf den pH-Wert des
Bodens zurück. Alle anderen Parameter, die die Streuzersetzung bzw. die
Stickstoff-Nettomineralisation beeinflussen - z.B. Phosphatverfügbarkeit,
C/N-Verhältnis, Durchlüftung, Makroedaphontätigkeit, Redoxpotential,
Wuchs- und Hemmstoffkonzentrationen, variable Humifizierungsanteile -
gehen nur einmal am Anfang als die mittlere Mineralisationsrate mitbestim-
mende Größen ein.

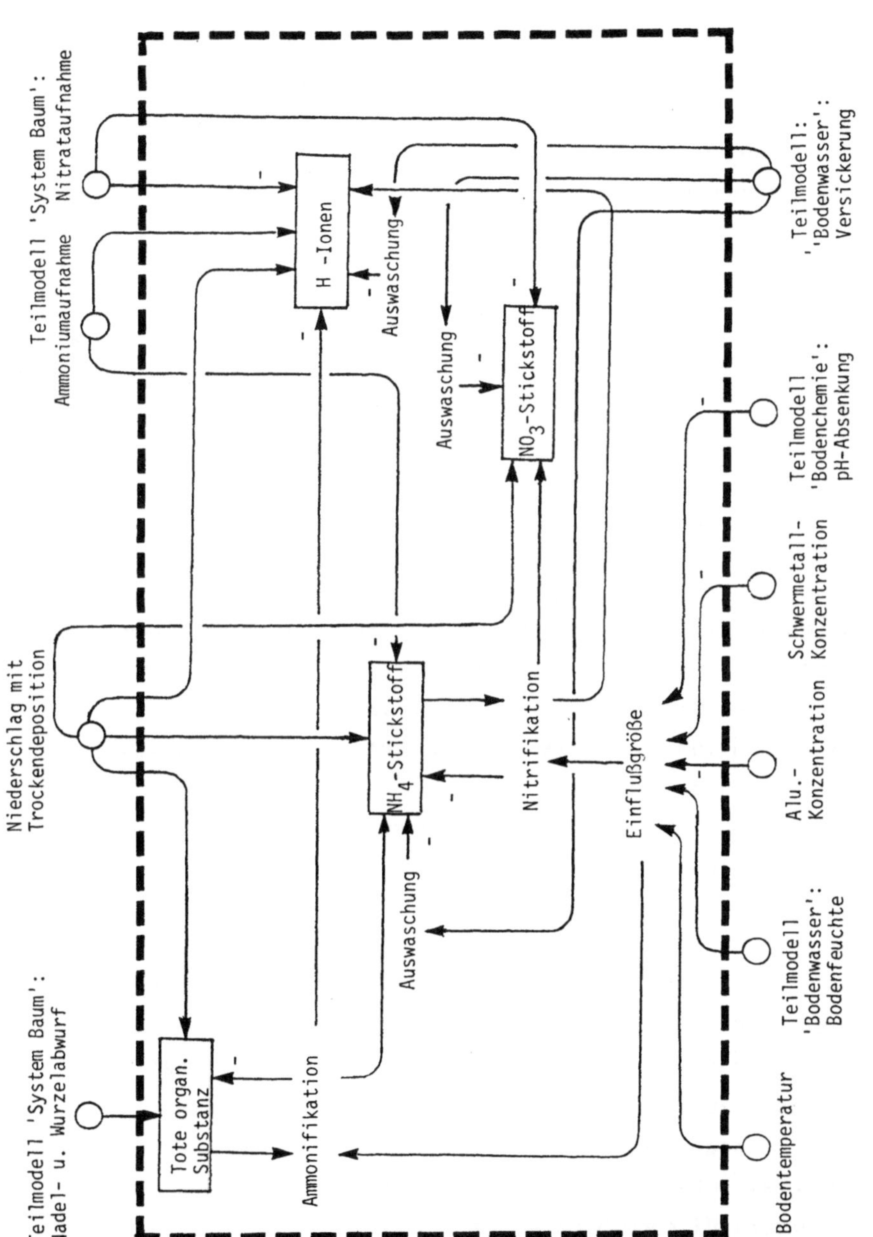

Abb. 8.1: Wirkungsdiagramm zum Teilmodell 'Mineralisierung'

Die ebenfalls in den Stickstoffkreislauf involvierten Prozesse Volatilisation, biologische Denitrifikation, Chemo-Denitrifikation, N_2-Fixierung, NH_4^+-Fixierung, Immobilisierung und Nitratreduktion werden im Modell nicht berücksichtigt, da sie aufgrund der unzureichenden Datenbasis für bodensaure Fichtenwälder noch nicht verläßlich genug quantifiziert werden können und wohl auch insgesamt die für die Fragestellung des Simulationsmodells relevante Dynamik nicht entscheidend verändern dürften. Aus den gleichen Gründen wurde auch im 'System Baum' von einer Modellierung der Stickstoff-Austauschprozesse der Assimilationsorgane mit der Atmosphäre abgesehen, obwohl ihnen durchaus eine große Bedeutung hinsichtlich der Stickstoff-Ernährung von Pflanzen bei erhöhter Luftstickstoff-Konzentration mit eventuellen Konsequenzen für die Wurzelbildung bzw. Mykorrhizierung zukommen kann.

8.2 Systemgrenzen

Da sowohl das Teilmodell 'Mineralisierung' als auch das Gesamtmodell mathematische Beschreibungen eines fiktiven, real nicht existierenden Fichtenwald-Ökosystems darstellen, kann keine Validitätsprüfung des Simulationsmodells anhand vom im Freiland durch kontinuierliche Messungen erhobenen Daten erfolgen. Die Ergebnisse von Simulationsläufen erfahren daher nur eine Plausibilitätsüberprüfung dahingehend, daß sich die gerechneten Speicher- und Flußgrößen im Rahmen der in der Literatur angegebenen Werte bewegen. Dieser Nachteil mangelnder Absicherung, gepaart mit der Gefahr der Inkompatibilität und vor allem der Inkonsistenz der Datensätze sowohl innerhalb der Teilmodelle als auch innerhalb des Gesamtmodells und daraus resultierenden systematischen Fehlern, und damit verbunden die Unmöglichkeit, für konkrete Waldökosystem-Ausschnitte (Forstbezirke, Abteilungen) Prognosen zu liefern, mußte in Kauf genommen werden, um zumindest qualitative Aussagen für eine ganze Reihe verschiedener Wuchsbezirke mit jeweils regional unterschiedlicher Immissionssituation und damit verknüpft auch unterschiedlichem Schadensverlauf treffen zu können. Die Folgen eingeleiteter oder noch ausstehender Maßnahmen zur Rettung des Waldes könnten ohnehin auch in realen Systemen nur bruchstückhaft angegeben bzw. abgeschätzt werden. Spekulation sei daher an dieser Stelle erlaubt.

8.3 Kopplungsstellen zu den anderen Teilmodellen

Die Schnittstellen (vgl. Abb. 8.1) zwischen dem Teilmodell 'Mineralisierung' und den Modellen 'System Baum' (Kap. 6), 'Bodenwasser' (Kap. 9) und
'Bodenchemie' (Kap. 7) lassen sich in zwei Kategorien unterteilen:

Zum einen liefert das Teilmodell 'System Baum' die Menge des Nadelabwurfes
und die Größe des Wurzelabbaus zur Bestimmung des Anfalls an toter organischer Substanz. Das Modell 'Bodenwasser' liefert die prozentuale Bodenfeuchte und die Versickerungsrate, welche für die Auswaschungen von NH_4-,
NO_3- und H-Ionen benötigt werden. Den pH-Wert und die aktuelle Aluminiumkonzentration im Boden erhält das Teilmodell 'Mineralisierung' von dem
Teilmodell 'Bodenchemie'.

Zum anderen erhält das 'System Baum' nach Meldung des Stickstoffbedarfes
die maximal verfügbare Ammonium- und Nitratmenge, je nach vorhandener
Belegung von NH4 und NO3. Das Teilmodell 'Bodenchemie' entnimmt die Ände-
rungsrate von H-Ionen, die aus der Aufnahme bzw. den Umsetzungen von
Stickstoff im Boden resultiert (s. 8.4).

Anzahl und Art der Änderungen zur Kopplung der Modelle sind ausführlich im
Kap. 10 beschrieben.

8.4 Modellierung

Die Modellierung des Zeiteinganges ist wie beim 'System Baum' (vgl. Abb.
6.1) realisiert.

In Abb. 8.2 ist die Synthese der einzelnen Parameter, die im Modell die
Mineralisierung bestimmen, zu zwei Einflußgrößen dargestellt, von denen
eine (EGAM) die Ammonifikations- und eine (EGNI) die Nitrifikationsrate
steuert.

Bei dem Einfluß der Bodentemperatur auf die Ammonifikation (TEAR) bzw. auf
die Nitrifikation (TENI) wird vereinfacht von der gleichen linearen Beziehung ausgegangen (s. Kap. 8.5), da die Literaturwerte keine eindeutig
bevorzugte Stimulation des einen Prozesses gegenüber dem anderen unter

166

Freilandbedingungen erkennen lassen und auch der oft beschriebene exponen-
tielle Anstieg der Stickstoffumsetzungen bei Temperaturerhöhung nicht
immer verifiziert werden konnte.

Ähnliches gilt für den Einfluß der Bodenfeuchte auf Ammonifikation (FAR)
und Nitrifikation (FNI). Bis zu einem Wassergehalt von 80 % der maximalen
Wasserkapazität werden gleiche Verläufe angenommen; während jedoch die
Ammonifikation bei Erreichen der Feldkapazität nur leicht gehemmt wird,
geht die Nitrifikation infolge Sauerstoffmangels bis auf Null zurück
(chemo-autotrophe Nitrifikanten sind streng aerob). Hier wird – wie im
ganzen Teilmodell – die heterotrophe Nitrifikation nicht mit einbezogen,
da trotz eindeutiger Belege für ihre Existenz (RUNGE 1983) zu wenig über
deren Ökologie bekannt ist.

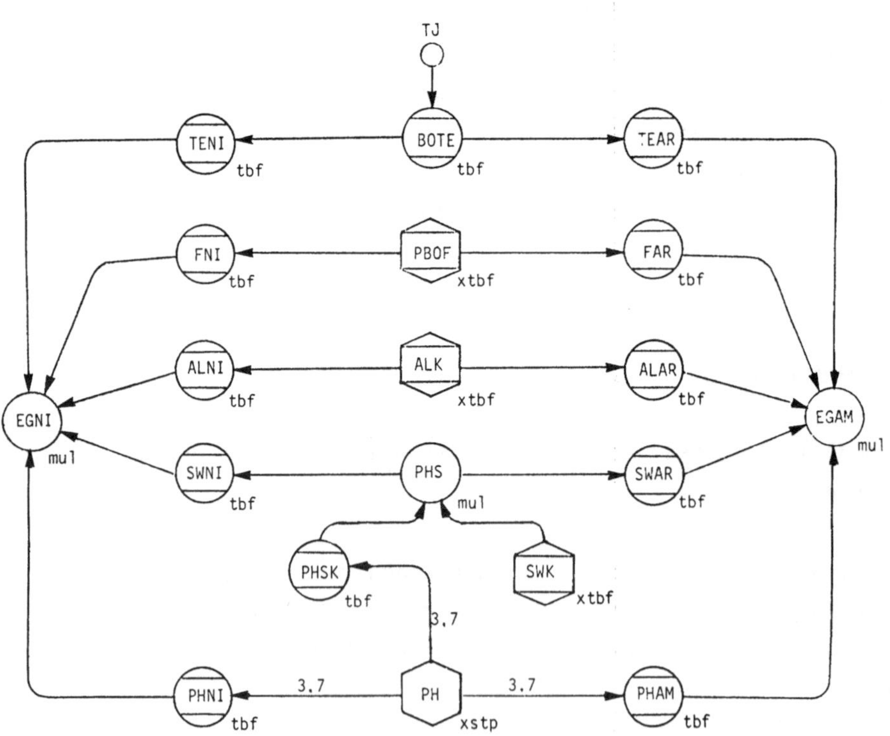

Abb. 8.2: Einflußgrößen für Ammonifikations- und Nitrifikationsrate

Die Stimulierung der Mineralisation durch Anfeuchtung nach Austrocknung
(BIRCH 1958) bzw. durch Auftauen nach Frostperioden (CAMPBELL et al. 1971)
kann durch den wöchentlichen Rechenrhythmus leider nicht berücksichtigt
werden.

Zur Frage der Wirkung von freien (d.h. auch nicht organisch komplexierten)
Aluminium-Ionen auf die Stickstoff-Mineralisation ALAR bzw. ALNI existieren nur sehr wenige Untersuchungen, die zwar eine Toxizität bei erhöhten
Konzentrationen in der Bodenlösung wahrscheinlich machen, jedoch noch
keine Quantifizierung der Beziehungen erlauben. Die angegebene Schadfunktion ist daher rein hypothetisch.

Die für Aluminium gemachten Aussagen gelten für die Schwermetallwirkung
auf Ammonifikation (SWAR) und Nitrifikation (SWNI) entsprechend. Bei den
Schwermetallgehalten wird von einer fiktiven summierten Gesamtkonzentra-
tion toxischer Schwermetall-Ionen ausgegangen, die in ihrer Wirkung nur
qualitative Tendenzen aufzeigen soll und kann. Über den Faktor PHS wird
ihre pH-Wert-abhängige Verfügbarkeit zumindest andeutungsweise berücksichtigt, d.h., daß Schwermetall- und Säureakkumulation synergistisch wirken.

Daß die Nitrifikation vom pH-Wert sehr viel stärker beeinflußt wird als
die Ammonifikation (SCHÄFER 1985), kommt in den unterschiedlichen Tabellenfunktionen PHAM und PHNI zum Ausdruck. Die Quantifizierung ist aufgrund
widersprüchlicher Ergebnisse von Untersuchungen zur Säurewirkung auf die
Stickstoff-Mineralisation eine vorläufige, gibt aber den Trend der meisten
Arbeiten wieder: Kalkung und damit pH-Wert-Erhöhung verstärkt die Stick-
stoffumsatzrate und steigert den Nitrifikationsgrad; Versauerung senkt die
Mineralisationsrate und hemmt die Nitratbildung.

Daß auch unter einem pH-Wert von 4.0 noch Nitrifikation stattfindet, kann
zum Teil durch immer verbleibende Mikrokompartimente mit höherem pH-Wert
und zum Teil durch säureresistente Nitrifikanten-Stämme (JOSSERAND/BARDIN
1981) erklärt werden (abgesehen von der Möglichkeit der Nitratbildung
durch Heterotrophe, s.o.).

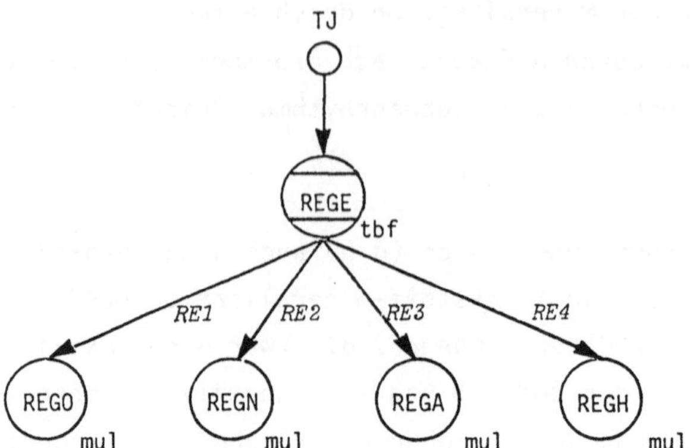

Abb. 8.3: Eintrag von N_{org}, NO_3-N, NH_4-N und H-Ionen mit dem Regen in
den Boden

Abb. 8.3 zeigt die Berechnung des Stickstoff- und H-Ionen-Eintrages durch
den Regen. Mit dem im 'System Baum'beschriebenen Block TJ wird die Tabellenfunktion REGE (vgl. Kap. 8.5) angesteuert, welche dann die aktuelle
Menge des Niederschlages in Jahresraten liefert. Die Blöcke REGO (N_{org}),
REGN (NO_3-N), REGA (NH_4-N) und REGH (H^+) werden dann folgendermaßen
berechnet:

$$
\begin{matrix}
REGO \\
REGN \\
REGA \\
REGH
\end{matrix}
\quad = \quad REGE \quad \cdot \quad
\begin{matrix}
RE1 \\
RE2 \\
RE3 \\
RE4
\end{matrix}
\qquad [kg/(ha \cdot a)]
$$

mit

$$
\begin{matrix}
RE1 \\
RE2 \\
RE3 \\
RE4
\end{matrix}
\quad = \quad 0.7 \quad \cdot \quad
\begin{matrix}
1.59 \cdot 10^{-6} \\
2.19 \cdot 10^{-6} \\
2.29 \cdot 10^{-6} \\
0.473 \cdot 10^{-6}
\end{matrix}
\quad \cdot \quad 0.4166
$$

Der Faktor 0.7 stellt dabei die angenommene Interzeption von 30 % und der

Wert 0.4166 den gesetzten Faktor für den Ah-Horizont (vgl. 5.4.2) dar. Aus
Messungen von 1968 - 1974 (ULRICH/MAYER/KHANNA 1979, S. 86) ergeben sich
folgende Konzentrationen an Stickstoff und H-Ionen für die Kronentraufe
der Fichte:

	N_{org}	NO_3-N	NH_4-N	H^+
Kronentraufe Fichte [mg/l]	1.59	2.19	2.29	0.473

RE1, *RE2*, *RE3* und *RE4* sind Gewichtungen und bestimmen somit die
Jahresraten REGO, REGN, REGA und REGH.

Der im Boden gespeicherte Vorrat an NH_4-N und NO_3-N kann nicht in seiner
Gesamtheit durch die Pflanze (Fichte) aufgenommen werden, d.h. es ver-
bleibt eine Mindestmenge im Boden. Dafür sind 2 kg NH_4-N und 0.5 kg NO_3-N
pro Hektar gesetzt (siehe Abb. 8.4).

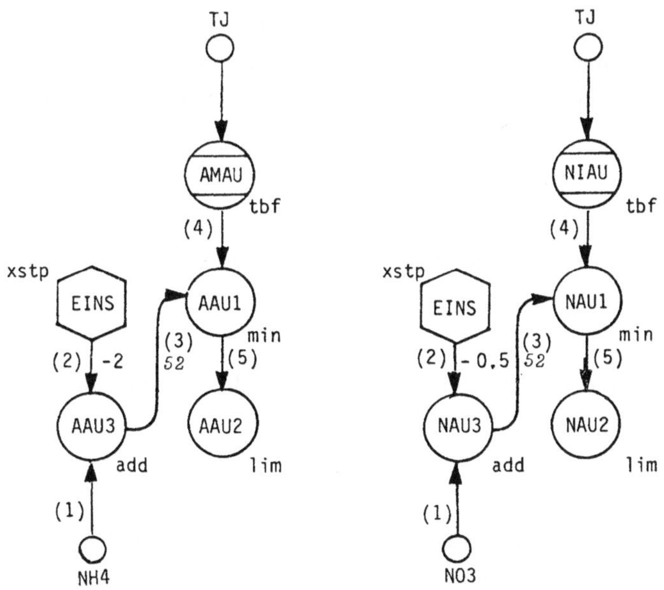

Abb. 8.4: Bestimmung der Ammonium- und Nitrataufnahme

Die Tabellenfunktion AMAU für die (NH_4-N)-Aufnahme durch die Pflanzen
(Fichten) wird durch den Block TJ angesteuert. Es kann aber nicht mehr an
(NH_4-N) aufgenommen werden, als im Boden vorhanden ist. Die dem Boden pro
Zeitschritt ($\cong$ 1 Woche $\cong$ 1/52 [a]) maximal entnehmbare Menge NH_4-N
entspricht (NH4-2) ·52 [kg/(ha·a)] (52 = 52 [1/a]), wenn die NH_4-N-Menge
im Boden ZWE = 2 [kg/ha] nicht überschreiten soll (diese Grundbelegung ist
gesetzt). Diese Maximalmenge wird mit AMAU [kg/(ha·a)], der Ammoniumbe-
darfsrate der Fichten, bezüglich der Größenordnung verglichen; AAU1 bestimmt also das Minimum von beiden und stellt als positiver Wert die
Aufnahmerate von Ammonium dar.

Im Fall, daß AAU1 negativ ist (dies ist der Fall, wenn mehr aufgenommen
werden soll, als vorhanden ist), setzt AAU2 den Wert von AAU1 auf 0. Sonst
ist AAU2 wertemäßig mit AAU1 identisch. Analog ist das Verfahren bei der
NO_3-N-Aufnahme.

Bei der Stickstoff-Aufnahme wird davon ausgegangen, daß Fichten sowohl
Ammonium als auch Nitrat verwerten können. Obwohl Fichten Ammonium zu
bevorzugen scheinen (HÜTTERMANN 1983), zeigen doch einige Untersuchungen
besseres Wachstum bei gleichzeitigem Angebot von Ammonium und Nitrat
(EVERS 1963). Dies trägt auch zu einer ausgeglicheneren Kationen-/Anionen-
Bilanz bei der Aufnahme und innerhalb der Pflanze bei, verhindert damit
zum Teil die Bodenversauerung und Podsolierung infolge der Entkopplung von
Protonen-Produktion und -Konsumption und erhöht die Stabilität des Bestandes (ULRICH/MAYER/KHANNA 1979).

Im Modell wird davon ausgegangen, daß Ammonium und Nitrat im gleichen
Verhältnis aufgenommen werden, wie NH_4-N und NO_3-N im Boden vorliegen.

Abb. 8.5 zeigt den wesentlichen Teil der Modellierung, nämlich das Zusammenspiel von Ammonifikation und Nitrifikation.

Die Zustandsgröße TOSU, die tote organische Substanz, ist mit einem Anfangswert von 1500 kg/ha gesetzt (GLAVAC/KOENIES 1978 b), wobei sich
diese einerseits durch den Eintrag von N_{org} durch den Regen (REGO, vgl.
Abb. 8.3) und andererseits durch den Nadel- und Wurzelabwurf (NWAB, vgl.
Kap. 8.5) vergrößern kann. Die Verbindung von NWAB nach TOSU ist wieder
mit dem Wert NW = 0.4166 (s.o.) gewichtet.

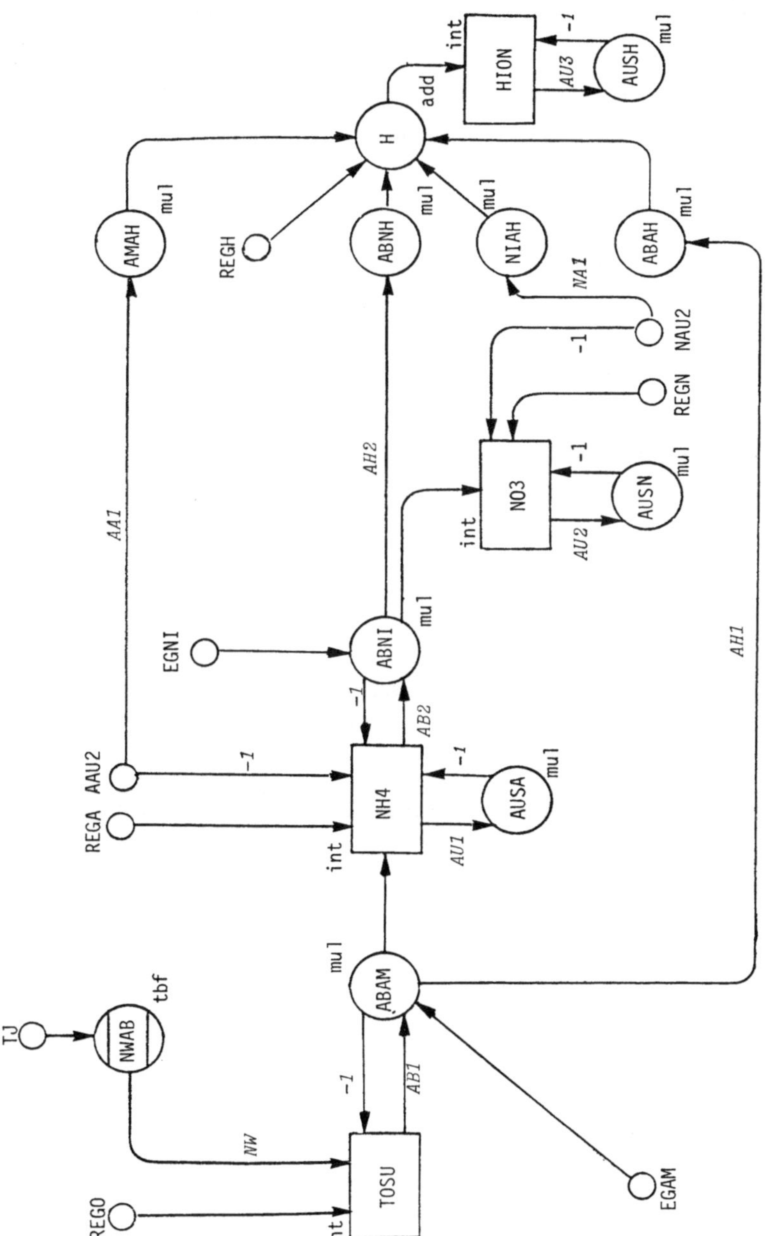

Abb. 8.5: ASS-Diagramm zum Teilmodell 'Mineralisierung'

Die Größe der Ammonifikationsrate ABAM berechnet sich multiplikativ aus dem Wert EGAM (vgl. Abb. 8.2) und aus dem *AB1* -fachen von TOSU, mit *AB1* = $1.6664 \cdot 10^{-2}$ [1/a]. Dies entspricht einer Jahresumsatzrate von 1.66 % des organisch gebundenen Stickstoffs. GLAVAC & KOENIES (1978 a,b) geben für Fichtenforste Umsätze von 2.49 % bzw. 3.14 % (aus deren Daten errechnet) pro Vegetationsperiode an. Im gekoppelten Modell wird von einer Jahresmineralisierungsrate von 2,1 % ausgegangen.

Diese Gewichte entstehen durch die Annahme, daß beim 'Normallauf' (keine Schadeinwirkungen) etwa genausoviel der toten organischen Substanz ammonifiziert wird, wie an N_{org} durch den Nadel- und Wurzelabwurf eingetragen werden.

Der Wert ABAM wird von der Zustandsgröße TOSU subtrahiert (Gewichtung -1).

Die Zustandsgröße NH4 mit Anfangswert 16 [kg/ha] wird zu jedem Zeitpunkt durch die Ammonifikationsrate (ABAM), den Eintrag von NH_4-N durch den Regen (REGA, vgl. Abb. 8.3), die Auswaschung (AUSA), die NH_4-N-Aufnahme durch die Pflanze (AAU2, vgl. Abb. 8.4) und die Nitrifikationsrate (ABNI) neu berechnet. Für Ammonium ist eine geringe Auswaschung angenommen worden, nämlich das *AU1*-fache von NH4 mit *AU1* = 0.182 [1/a].

ABNI berechnet sich multiplikativ aus dem Wert EGNI (vgl. Abb. 8.2) und aus dem *AB2*-fachen von NH4, wobei *AB2* = $3.905625 \cdot 10^{-1}$ [1/a] ist. Das Gewicht entsteht durch die Annahme, daß die Nitrifikationsrate im Jahresschnitt dem vierten Teil der Ammonifikationsrate entspricht.

Der nitrifizierte Stickstoff fließt der Zustandsgröße NO3 mit Anfangswert 4 [kg/ha] zu. Ferner berechnet sich NO3 durch die Auswaschung AUSN, REGN (vgl. Abb. 8.3) und die NO_3-N-Aufnahme durch die Pflanzen (Fichten). Zur Auswaschung (AUSN) von NO_3-N ist die Gewichtung *AU2* = 1.183 [1/a] gesetzt.

Da bei der Ammonifikation und bei der Nitrataufnahme durch die Pflanze H-Ionen verbraucht bzw. bei der Nitrifikation und der Ammonium-Aufnahme durch die Pflanze H-Ionen freigesetzt werden, sind die entsprechenden Multiplikatoren ABAH, NIAH, ABNH und AMAH definiert.

Bei der Ammonifikation wird pro Mol Stickstoff ein Mol Wasserstoff be-
nötigt ($R-NH_2 + H_2O \longrightarrow R-OH + NH_3$, $NH_3 + H^+ \longrightarrow NH_4^+$), daher $AH1 = -1/14$
(Atomgewicht von H / Atomgewicht von N = 1/14), während die Ammoniumauf-
nahme zur Freisetzung eines Mols H-Ionen pro Mol Stickstoff führt, daher
$AA1 = +1/14$.

Die Produktion von Protonen bei der Nitrifikation ($NH_4^+ + 2O_2 \longrightarrow NO_3^- + 2H^+$
$+ H_2O$ (Summe der beiden Teilprozesse)), ausgedrückt durch $AH2 = +2/14$,
wird kompensiert durch die vorherige Konsumption eines H-Ions pro gebilde-
tem NH_4^+ (s.o.) und durch die Konsumption eines H-Ions pro aufgenommenem
Nitrat-Ion, ausgedrückt durch $NA1 = -1/14$.

Mit dem Addierer H berechnet sich nun zu jedem Zeitschritt (neu) die
Zustandsgröße HION. Die Auswaschung AUSH ist durch AUSH = $AU3$ · HION
definiert, mit $AU3 = 2.93748$ [l/a].

Die hier nur vorläufig gesetzten Auswaschungsraten für NH_4^+, NO_3^- und H^+
werden im gekoppelten Modell ersetzt durch das Produkt aus der momentanen
Konzentration bzw. dem (im Bodenwasser) gelösten Anteil der jeweiligen
Ionen und der wöchentlichen Versickerungsrate. Dabei wird davon ausgegangen, daß alle Wasserstoff-Ionen in freier (gelöster) Form vorliegen, während für Ammonium aufgrund seiner starken Sorption an Oberflächen, (Humus,
Ton) ein gelöster Anteil von nur 0.25 % des austauschbaren (= pflanzenverfügbaren) NH_4-N angenommen wird. Nitrat kann in sauren Böden schwach
sorbiert werden (KINJO & PRATT 1971), es soll daher zukünftig von einer
gelösten Fraktion von 90 % des insgesamt vorhandenen Nitrats ausgegangen
werden. Da jedoch zur Zeit nur der Ah-Horizont modelliert wird und daher
der Nitrat-Eintrag aus der organischen Auflage noch nicht berücksichtigt
ist, wird ein gelöster Anteil von nur 33,3 % gesetzt, um eine annähernd
ausgeglichene Stoffbilanz zu erhalten und die ansonsten zwangsläufig ein-
tretende Erschöpfung des N-Pools zu vermeiden.

Aus den obigen ASS-Diagrammen (Abb. 8.2, Abb. 8.3, Abb. 8.4, Abb. 8.5)
resultieren nun folgende Modellgleichungen:

Zu Abb. 8.3:

$$f_1 := \text{TEAR (BOTE)} \qquad g_1 := \text{TENI (BOTE)}$$
$$a_1 := \text{FAR (PBOF)} \qquad b_1 := \text{FNI (PBOF)}$$
$$a_2 := \text{ALAR (ALK)} \qquad b_2 := \text{ALNI (ALK)}$$
$$a_3 := \text{SWK} \quad \text{PHSK } (3.7 \cdot \text{PH}) \qquad b_3 := a_3$$
$$a_4 := \text{SWAR } (a_3) \qquad b_4 := \text{SWNI } (b_3)$$
$$a_5 := \text{PHAM } (3.7 \cdot \text{PH}) \qquad b_5 := \text{PHNI } (3.7 \cdot \text{PH})$$

Damit erhält man nun:

$$\text{EGAM} := a_1 \cdot a_2 \cdot a_4 \cdot a_5 \cdot f_1 \quad \text{und}$$
$$\text{EGNI} := b_1 \cdot b_2 \cdot b_4 \cdot b_5 \cdot g_1.$$

Zu Abb. 8.4:

$$\text{REGO} := RE1 \cdot \text{REGE}$$
$$\text{REGN} := RE2 \cdot \text{REGE}$$
$$\text{REGA} := RE3 \cdot \text{REGE}$$
$$\text{REGH} := RE4 \cdot \text{REGE}$$

Zu Abb. 8.5:

$$f_2 := \min (\text{AMAU, (NH4} - 2) \cdot 52)$$

$$\text{AAU2} := \begin{cases} 0, & \text{falls } f_2 \leqq 0 \quad \text{und} \\ \\ f_2, & \text{falls } f_2 > 0 \end{cases}$$

$$g_2 := \min (\text{NIAU, (NO3} - 0.5) \cdot 52)$$

$$\text{NAU2} := \begin{cases} 0, & \text{falls } g_2 \leqq 0 \\ \\ g_2, & \text{falls } g_2 > 0 \end{cases}$$

<u>Zu Abb. 8.6:</u>

$$\text{ABAM} : = AB1 \cdot \text{EGAM} \cdot \text{TOSU}$$

$$\text{ABNI} : = AB2 \cdot \text{EGNI} \cdot \text{NH4}$$

$$\text{H} : = AA1 \cdot \text{AAU2} + AH2 \cdot \text{ABNI} + \text{REGH} + NA1 \cdot \text{NAU2} + AH1 \cdot \text{ABAM}$$

$$\text{TOSU (T+DT)} = \text{TOSU (T)} + \text{DT} \cdot (\text{REGO} + NW \cdot \text{NWAB} - \text{ABAM})$$

$$\text{NH4 (T+DT)} = \text{NH4 (T)} + \text{DT} \cdot (\text{REGA} - \text{AAU2} + \text{ABAM} - AU1 \cdot \text{NH4} - \text{ABNI})$$

$$\text{NO3 (T+DT)} = \text{NO3 (T)} + \text{DT} \cdot (\text{REGN} - \text{NAU2} + \text{ABNI} - AU2 \cdot \text{NO3})$$

$$\text{HION (T+DT)} = \text{HION (T)} + \text{DT} \cdot (\text{H} + AU3 \cdot \text{HION})$$

8.5 Tabellenfunktionen (alphabetisch geordnet)

ALAR: Einfluß der Aluminiumkonzentration auf die Ammonifikationsrate

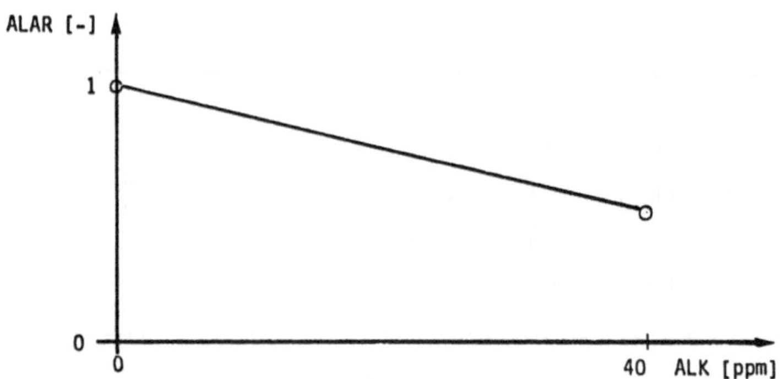

ALK [ppm]	ALAR [-]
0.0	1.0
40.0	0.5

Quelle: MORAVEC 1976
       SCHÄFER 1985

AMAU: Ammoniumaufnahme der Fichten (wird im gekoppelten Modell vom 'System Baum' bestimmt)

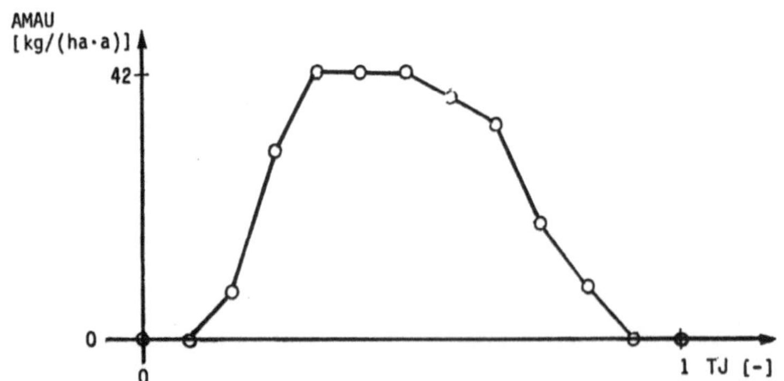

TJ [-]	AMAU [kg/(ha·a)]
0.0000	0.0000
0.0833	0.0000
0.1666	7.5600
0.2500	30.0000
0.3333	42.0000
0.4166	42.0000
0.5000	42.0000
0.5833	37.4400
0.6666	33.7200
0.7500	18.7200
0.8333	9.0000
0.9166	0.0000
1.0000	0.0000

Quelle: FIEDLER/NEBE/HOFFMANN 1973
       REHFUESS 1981

ALNI: Einfluß der Aluminiumkonzentration auf die Nitrifikationsrate

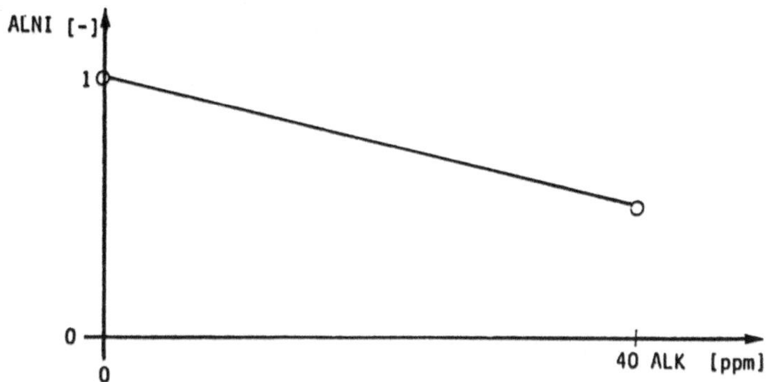

ALK [ppm]	ALNI [-]
1.0	0.0
0.5	40.0

Quelle: MORAVEC 1976
        SCHÄFER 1985

BOTE: Bodentemperatur

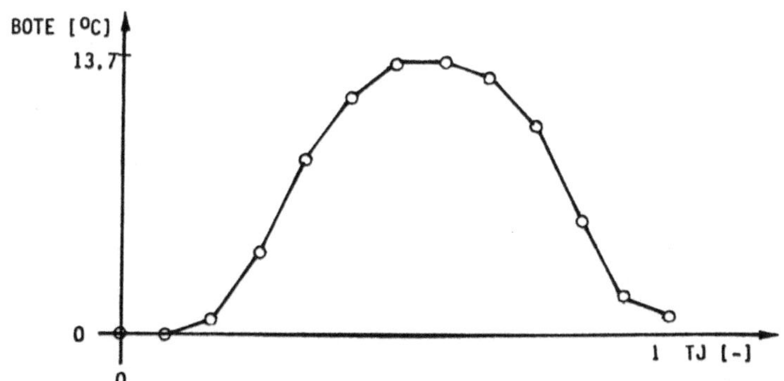

TJ [-]	BOTE [°C]
0.0000	0.00
0.0833	0.00
0.1666	0.70
0.2500	4.30
0.3333	8.80
0.4166	12.00
0.5000	13.70
0.5833	13.20
0.6666	10.50
0.7500	6.10
0.8333	2.10
0.9166	1.00
1.0000	1.00

FAR: Einfluß der Bodenfeuchte auf die Ammonifikationsrate

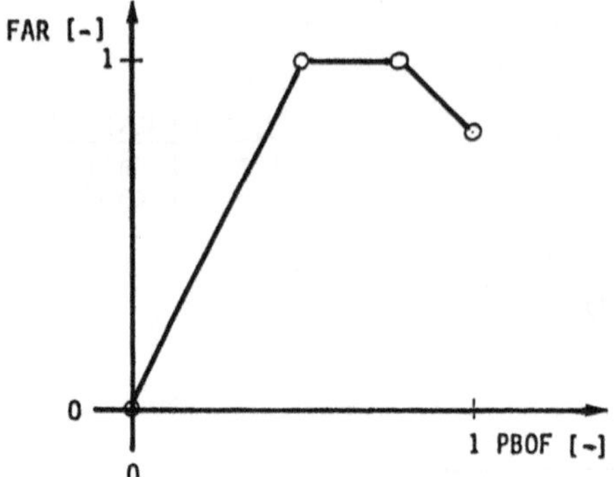

PBOF [-]	FAR [-]
0.0	0.0
0.5	1.0
0.8	1.0
1.0	0.8

Quelle: ZÖTTL 1960

ALEXANDER 1964

KONONOVA 1966

RUNGE 1970

PESCHKE 1978

ULRICH 1980/1981

FNI: Einfluß der Bodenfeuchte auf die Nitrifikationsrate

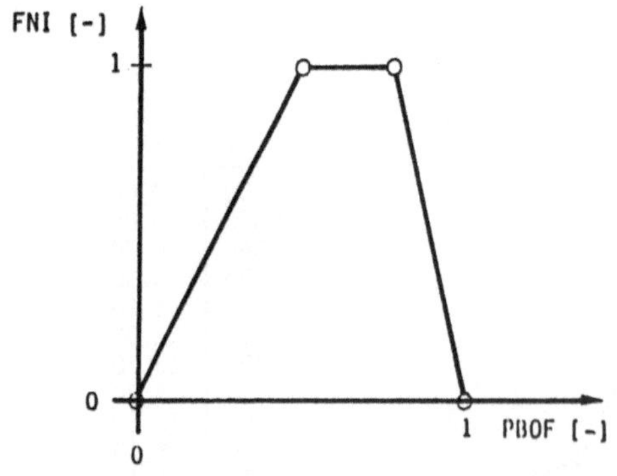

PBOF [-]	FNI [-]
0.0	0.0
0.5	1.0
0.8	1.0
1.0	0.0

Quelle: SCHRÖDER/TIETJEN 1970

PESCHKE 1978

ULRICH 1980/1981

MC GILL u.a. 1981

NIAU: Nitrataufnahme der Fichten (wird im gekoppelten Modell vom 'System Baum' bestimmt)

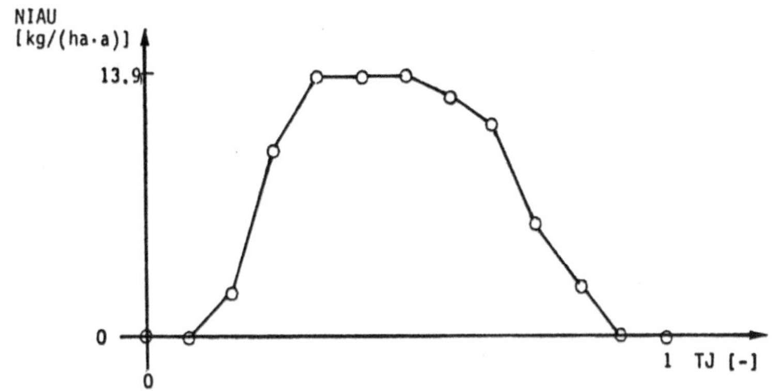

TJ [-]	NIAU [kg/(ha·a)]
0.0000	0.0000
0.0833	0.0000
0.1666	2.5200
0.2500	9.9600
0.3333	13.9999
0.4166	13.9999
0.5000	13.9999
0.5833	12.4800
0.6666	11.2800
0.7500	6.2400
0.833	3.0000
0.9166	0.0000
1.0000	0.0000

Quelle: FIEDLER/NEBE/HOFFMANN 1973
        REHFUESS 1981

NWAB: Nadelabwurf und Totwurzelanfall (in Stickstoffäquivalenten) (wird im gekoppelten Modell vom 'System Baum' geliefert)

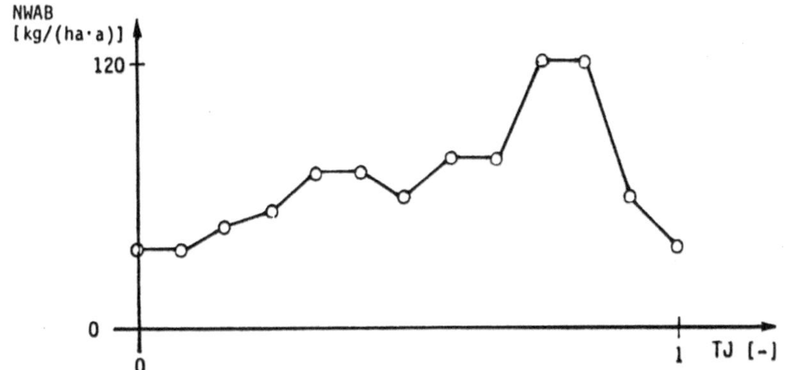

TJ [-]	NWAB [kg/(ha·a)]
0.0000	36.0
0.0833	24.0
0.1666	48.0
0.2500	54.0
0.3333	72.0
0.4166	60.0
0.5000	60.0
0.5833	78.0
0.6666	72.0
0.7500	120.0
0.8333	60.0
0.9166	36.0
1.0000	36.0

Quelle: FIEDLER/NEBE/HOFFMANN 1973
        SCHLATTER 1974
        HARRIS 1981
        REHFUESS 1981

PHAM: Einfluß des pH-Wertes auf die Ammonifikation

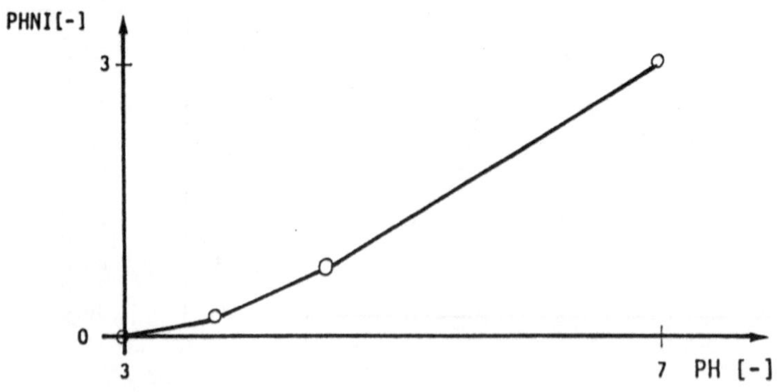

PH [-]	PHAM [-]
2.5	0.25
3.0	0.70
3.7	1.00
7.0	3.00

Quelle: ZÖTTL 1960

        BECK 1968

        NYBORG/HOYT/1978

        ULRICH 1980/1981

        FRANCIS 1982

PHNI: Einfluß des pH-Wertes auf die Nitrifikation

PH [-]	PHNI [-]
3.0	0.0
3.7	1.0
4.5	3.0
7.0	12.0

Quelle: PEARSON/ADAMS 1967

        BÜCKING 1972

        ULRICH 1980/1981

        SCHÄFER 1985

PHSK: Einfluß des pH-Wertes auf die Löslichkeit von Schwermetallen
im Boden

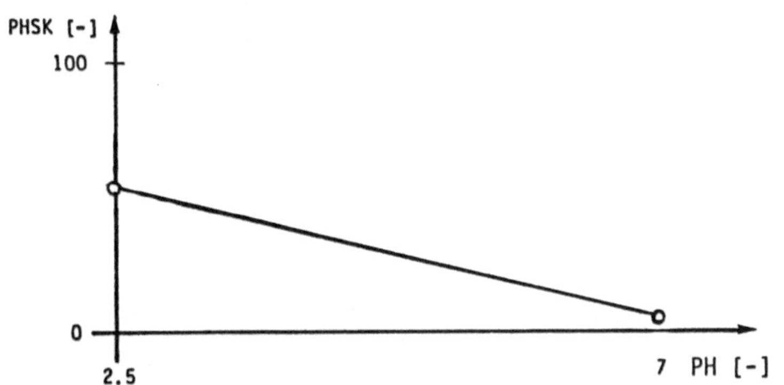

PH [-]	PHSK [-]
2.5	50.0
7.0	1.0

Quelle: BRÜMMER/HERMS 1983

REGE: Monatliche Niederschlagswerte

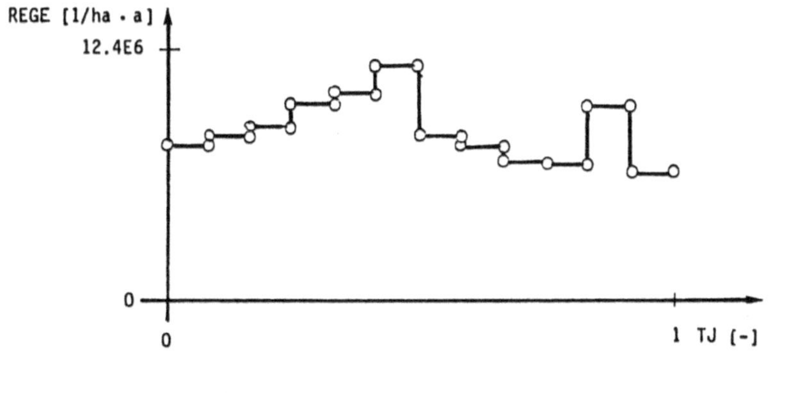

TJ [-]	REGE [1/(ha·a)]
0.0000	8.280E+6
0.0832	8.280E+6
0.0833	8.400E+6
0.1665	8.400E+6
0.1666	8.760E+6
0.2499	8.760E+6
0.2500	1.032E+7
0.3332	1.032E+7
0.3333	1.068E+7
0.4165	1.068E+7
0.4166	1.236E+7
0.4999	1.236E+7
0.5000	9.000E+6
0.5832	9.000E+6
0.5833	8.640E+6
0.6665	8.640E+6
0.6666	7.680E+6
0.7499	7.680E+6
0.7500	7.320E+6
0.8332	7.320E+6
0.8333	1.032E+7
0.9165	1.032E+7
0.9166	6.720E+6
0.9999	6.720E+6

Quelle: ULRICH/MAYER/KHANNA 1979 (b)

SWAR: Einfluß der Schwermetallkonzentration auf die Ammonifikation

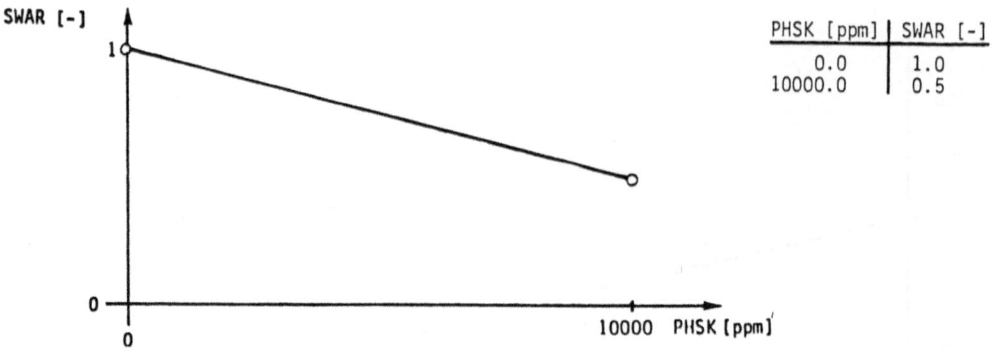

Quelle: FREEDMAN/HUTCHINSON 1980
        SMITH 1981
        TYLER 1984

SWNI: Einfluß der Schwermetallkonzentration auf die Nitrifikation

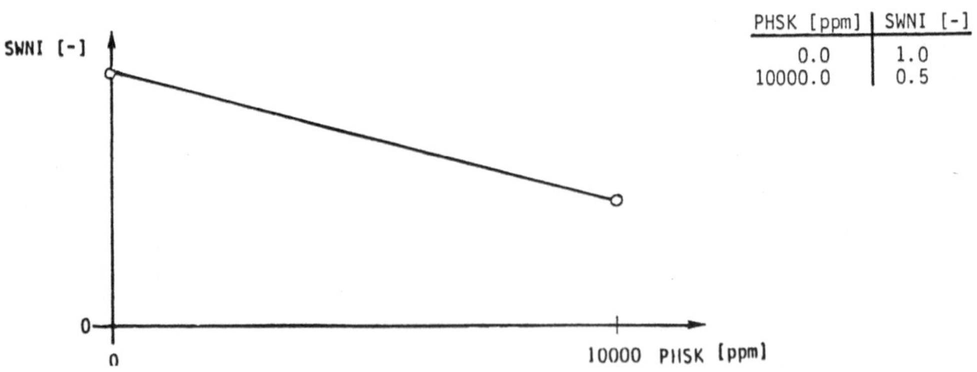

Quelle: SMITH 1981
        TYLER 1984
        SCHÄFER 1985

TEAR: Einfluß der Temperatur auf die Ammonifikationsrate

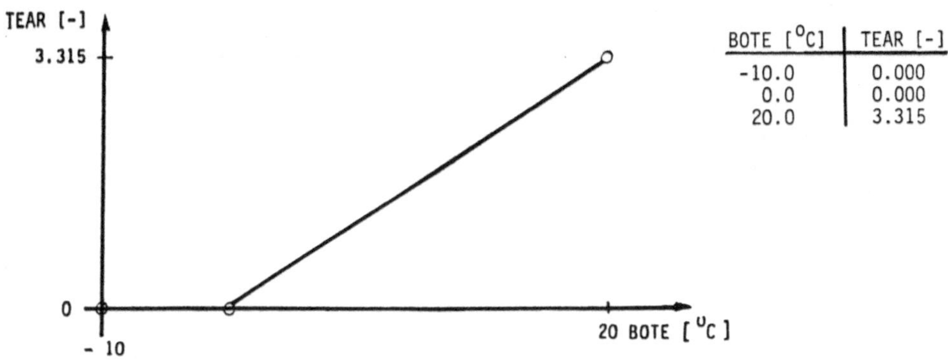

Quelle: STANFORD/FRERE/VAN DER POL 1975
        PESCHKE 1978
        ULRICH 1980/1981
        MC GILL u.a. 1981

TENI: Einfluß der Temperatur auf die Nitrifikationsrate

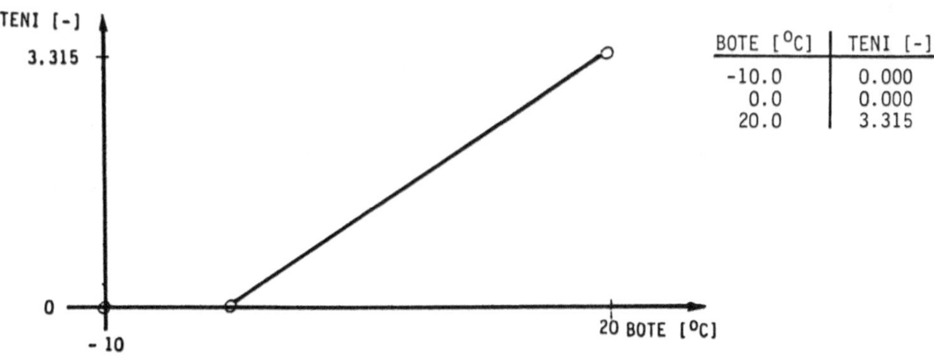

Quelle: SCHROEDER/TIETJEN 1970
        PESCHKE 1978
        ULRICH 1980/1981
        MC GILL u.a. 1981

Für den 'Normallauf' sind die Tabellenfunktionen für die Aluminiumkonzentration (ALK [ppm]) und für die Schwermetallkonzentration (SWK [ppm]) im Boden identisch Null gesetzt. Die prozentuale Bodenfeuchte (PBOF [-]) (bezüglich der maximalen Wasserkapazität) soll 66 % betragen.

8.6 Gesamtübersicht

Blöcke:

Blockname	Blocktyp	Dimension	Beschreibung
AAU1	min	kg/(ha·a)	Der Block bestimmt als positiver Wert die mögliche Aufnahmerate von Ammonium durch die Bäume, in Abhängigkeit von der maximal entnehmbaren Menge NH_4-N aus dem Boden (abzüglich der Grundbelegung von 2 [kg/ha]) sowie dem Bedarf (AMAU) der Pflanzen.
AAU2	lim	kg/(ha·a)	Im Fall, daß die maximal entnehmbare Menge Ammonium (abzüglich der Grundbelegung, vgl. AAU1) kleiner ist als der Bedarf, so ist AAU1 negativ. AAU2 setzt daher diesen Wert auf 0. Falls AAU1 größer oder gleich 0 ist, ist AAU2 identisch mit AAU1.
AAU3	add	kg/(ha·a)	Der Block gibt die maximal mögliche Aufnahmerate an Ammonium durch die Fichten an.
ABAH	mul	kg/(ha·a)	Der Block gibt den Verbrauch von H-Ionen durch die Ammonifikation an.
ABAM	mul	kg/(ha·a)	Gibt die Menge an, die von der toten organischen Substanz (TOSU) ($=N_{org}$) pro Jahr ammonifiziert wird.
ABNH	mul	kg/(ha·a)	Der Block gibt die Menge der freigesetzten H-Ionen infolge der Nitrifikation an.
ABNI	mul	kg/(ha·a)	Gibt an, wieviel pro Jahr nitrifiziert wird.
ALAR	tbf	–	Freies Aluminium im Boden wirkt sich negativ auf die Ammonifikationsrate (ABAM) aus. Der Block ALAR beschreibt den Einfluß (MORAVEC 1976, SCHÄFER 1985).
ALK	xtbf	ppm	Der Block gibt die aktuelle Aluminiumkonzentration im Boden an. Für den 'Normallauf' sind 0 ppm gesetzt.
ALNI	tbf	–	Freies Aluminium im Boden wirkt sich negativ auf die Nitrifikationsrate (ABNI) aus. Der Block ALNI beschreibt den Einfluß (MORAVEC 1976, SCHÄFER 1985).
AMAH	mul	kg/(ha·a)	Durch die Ammoniumaufnahme der Bäume werden H-Ionen freigesetzt. Der Block AMAH gibt die Menge an.

Blockname	Blocktyp	Dimension	Beschreibung
AMAU	tbf	kg/(ha·a)	Der Block gibt den Bedarf der Fichten an Ammonium an (FIEDLER/NEBE/HOFFMANN 1973, REHFUESS 1981).
AUSA	mul	kg/(ha·a)	Der Block gibt die Auswaschung von Ammonium an.
AUSH	mul	kg/(ha·a)	Der Block gibt die Auswaschung von H-Ionen an.
AUSN	mul	kg/(ha·a)	Der Block gibt die Auswaschung von Nitrat an.
BOTE	tbf	^{o}C	Durch den Block ist die Bodentemperatur gegeben.
EGAM	mul	–	Der Block gibt den Gesamteinfluß auf die Ammonifikation an.
EGNI	mul	–	Der Block gibt den Gesamteinfluß auf die Nitrifikation an.
FAR	tbf	–	Die Bodenfeuchte hat Einfluß auf die Ammonifikationsrate. Der Block FAR beschreibt die Wirkung (ZÖTTL 1960, ALEXANDER 1961, KONONOVA 1966, RUNGE 1970, PESCHKE 1978, ULRICH 1980/81).
FNI	tbf	–	Die Bodenfeuchte hat Einfluß auf die Nitrifikationsrate. Der Block FNI beschreibt die Wirkung (SCHROEDER/TIETJEN 1970, PESCHKE 1978, ULRICH 1980/81, MCGILL u.a. 1981).
H	add	kg/(ha·a)	Der Block gibt an, wieviel H-Ionen verbraucht bzw. freigesetzt werden.
HION	int	kg/ha	Der Bestand an H-Ionen im Boden ist durch den Block HION gegeben; mit dem gesetzten Anfangswert 0.475 [kg(ha·a)].
MDL	mdl	–	Modulofunktion: Rechnet ASS-Simulationszeit T auf Jahreszeit um.
NAU1	min	kg/(ha·a)	Der Block bestimmt als positiver Wert die mögliche Aufnahmerate von Nitrat durch die Bäume, in Abhängigkeit von der maximal entnehmbaren Menge NO_3-N aus dem Boden (abzüglich der Grundbelegung von 0.5 [kg/ha]).

Blockname	Blocktyp	Dimension	Beschreibung
NAU2	lim	kg/(ha·a)	Im Fall, daß die maximal entnehmbare Menge Nitrat (abzügl. der Grundbelegung, vgl. NAU1) kleiner ist als der Bedarf, so ist NAU1 negativ. NAU2 setzt daher diesen Wert auf 0. Falls NAU1 größer ist oder gleich 0 ist, ist NAU2 identisch mit NAU1.
NAU3	add	kg/(ha·a)	Der Block gibt die maximal mögliche Aufnahmerate an Nitrat durch die Fichten an.
NIAH	mul	kg/(ha·a)	Bei der Nitrataufnahme der Bäume werden H-Ionen verbraucht. Der Block NIAH gibt die Menge an.
NIAU	tbf	kg/(ha·a)	Der Block gibt den Bedarf der Fichten an Nitrat an (FIEDLER/NEBE/HOFFMANN 1973, REHFUESS 1981).
NH4	int	kg/ha	Der Bestand an NH_4-N im Boden ist durch den Block NH4 gegeben. Der Anfangswert ist auf 16 [kg/ha] gesetzt.
NO3	int	kg/ha	Der Bestand an NO_3-N im Boden ist durch den Block NO3 gegeben. Der Anfangswert ist auf 4 [kg/ha] gesetzt.
NWAB	tbf	kg/(ha·a)	Der Block gibt an, wieviel Stickstoff durch Nadelabwurf und Totwurzelanfall dem Boden zugefügt werden (FIEDLER/NEBE/HOFF-MANN 1973, SCHLATTER 1974, HARRIS 1981, REHFUESS 1981).
PBOF	xtbf	–	Der Block gibt die Bodenfeuchte bezügl. der max. Wasserkapazität (Feldkapazität) in % an.
PH	xstp	–	Der Block mit Gewichtung gibt den aktuellen $pH(H_2O)$-Wert im Boden an.
PHAM	tbf	–	Der Block beschreibt die Wirkung des pH-Wertes auf die Ammonifikationsrate (ZÖTTL 1960, BECK 1968, NYBORG/HOYT 1978, ULRICH 1980/81, FRANCIS 1982).
PHNI	tbf	–	Der Block beschreibt die Wirkung des pH-Wertes auf die Nitrifikationsrate (PEARSON/ADAMS 1967, BÜCKING 1972, ULRICH 1980/81, SCHÄFER 1985).

Blockname	Blocktyp	Dimension	Beschreibung
PHS	mul	–	Der Block ist eine pH-Wert-abhängige Größe zur Bestimmung des Einflusses von Schwermetallen auf die Ammonifikations- und Nitrifikationsrate.
PHSK	tbf	–	PHSK stellt den Faktor dar, um wieviel größer die Schwermetallwirkung (PHS) auf die Ammonifikations- und Nitrifikationsrate ist (BRÜMMER/HERMS 1983).
REGA	mul	kg/(ha·a)	Der Block gibt die Ammoniummenge im Bestandesniederschlag an.
REGE	tbf	kg/(ha·a)	Der Block gibt an, wieviel Niederschlag dem Boden zugeführt wird (ULRICH/MAYER/ KHANNA 1979 b).
REGH	mul	kg/(ha·a)	REGH gibt die H-Ionen-Menge im Bestandesniederschlag an.
REGN	mul	kg/(ha·a)	Der Block gibt die Nitratmenge im Bestandesniederschlag an.
REGO	mul	kg/(ha·a)	Der Block gibt den Anteil an organischem Stickstoff im Bestandesniederschlag an.
SWAR	tbf	–	SWAR beschreibt den Einfluß von Schwermetallen auf die Ammonifikationsrate (FREEDMAN/HUTCHINSON 1980, SMITH 1981, TYLER 1984).
SWK	xtbf	ppm	Der Block gibt die aktuelle Schwermetallkonzentration im Boden an. Für den 'Normallauf' sind 0 ppm gesetzt.
SWNI	tbf	–	SWNI beschreibt die Wirkung von Schwermetallen auf die Nitrifikationsrate (SMITH 1981, TYLER 1984, SCHÄFER 1985).
TEAR	tbf	–	TEAR beschreibt die Wirkung der Bodentemperatur auf die Ammonifikationsrate (STANFORD/FRERE/VAN DER POL 1975, PESCHKE 1978, ULRICH 1980/81, MC GILL u.a. 1981).
TENI	tbf	–	TENI beschreibt die Wirkung der Bodentemperatur auf die Nitrifikationsrate (RUSSEL 1925, SCHROEDER/TIETJEN 1970, PESCHKE 1978, ULRICH 1980/81, MC GILL u.a. 1981).

Blockname	Blocktyp	Dimension	Beschreibung
TJ	mul	–	Der Block hat die Werte 0, 1/52, ..., 51/52 bei wochenweiser Simulation. Er dient als Jahreszeiteingang in das Modell.
TOSU	int	kg/ha	Der Bestand an organisch gebundenem Stickstoff im Ah-Horizont ist durch TOSU gegeben. Der Anfangswert ist auf 1500 [kg/ha] gesetzt (GLAVAC/KOENIES 1978 b).
ZEIT	xtim	a	Der Block liefert fortlaufend die momentane Simulationszeit.

Gewichte:

Name	Zahlenwert	Dimension	Beschreibung
AA1	1/14	–	Faktor zur Bestimmung der Menge der H-Ionen, die bei der Ammoniumaufnahme durch die Fichten freigesetzt werden (ULRICH/MAYER/KHANNA 1979, MENGEL/STEFFENS 1982).
AB1	$1.6664 \cdot 10^{-2}$	1/a	Im 'Normallauf' wird ungefähr so viel ammonifiziert, wie an Stickstoff (durch Nadelabwurf und Totwurzeln) dem Boden zugeführt wird. Damit berechnet sich das Gewicht AB1 zur Bestimmung der Ammonifikationsrate.
AB2	$3.905625 \cdot 10^{-1}$	1/a	Die Nitrifikationsrate ist im 'Normallauf' ungefähr 1/4 mal so groß wie die Ammonifikationsrate. Damit berechnet sich das Gewicht AB2 zur Bestimmung der Nitrifikationsrate.
AH1	–1/14	–	Faktor, mit welchem die H-Ionen-Menge, die bei der Ammonifikation verbraucht wird, bestimmt wird (ULRICH/MAYER/KHANNA 1979).
AH2	2/14	–	Mit diesem Gewicht wird die H-Ionen-Menge bestimmt, die bei der Nitrifikation freigesetzt wird (BECK 1979).
AU1	0.182	1/a	Gewicht zur Bestimmung der NH_4-N-Auswaschung (Setzung).
AU2	1.183	1/a	Gewicht zur Bestimmung der NO_3-N-Auswaschung (Setzung).

Name	Zahlenwert	Dimension	Beschreibung
$AU3$	2.937	1/a	Gewicht zur Bestimmung der H-Ionen-Auswaschung (Setzung).
$NA1$	-1/14	-	Gewicht, mit welchem die H-Ionen-Menge, die bei der Nitrataufnahme verbraucht wird, berechnet wird (ULRICH/MAYER/KHANNA 1979, MENGEL/STEFFENS 1982).
NW	0.4166	-	Faktor für Ah-Horizont.
$RE1$	$4.636 \cdot 10^{-7}$	kg/l	Gewicht zur Berechnung von eingetragenem N_{org} durch den Regen (ULRICH/MAYER/KHANNA 1979).
$RE2$	$6.386 \cdot 10^{-7}$	kg/l	Gewicht zur Berechnung von eingetragenem NO_3-N durch den Regen (ULRICH/MAYER/KHANNA 1979).
$RE3$	$6.678 \cdot 10^{-7}$	kg/l	Gewicht zur Berechnung von eingetragenem NH_4-N durch den Regen (ULRICH/MAYER/KHANNA 1979).
$RE4$	$1.379 \cdot 10^{-7}$	kg/l	Gewicht zur Berechnung von eingetragenen H-Ionen durch den Regen (ULRICH/MAYER/KHANNA 1979).
52	52	1/a	Faktor zur Bestimmung der maximal möglichen Ammonium- bzw. Nitrataufnahme.

190

8.7 Simulationsläufe

<u>Test 1:</u> 'Normallauf'

Ein Simulationslauf bei den (als Tabellen) vorgegebenen Klimadaten (Temperatur und Niederschläge) und einem pH-Wert von 3.7 sowie Aluminium- und
Schwermetallkonzentrationen von 'Null' wird als 'Normallauf' definiert.
Mit diesen Setzungen soll das Gesamtmodell 'normales' Wachstum ohne Schädigung, das Teilmodell 'Mineralisierung' annähernd Gleichgewichtsbedingungen (Abfallmenge (Laub, Wurzeln) = Abbaumenge = Aufnahme durch den Bestand
minus Zuwachs) zeigen. In Abb. 8.6 und 8.7 ist solch ein Lauf dokumentiert. Die Bestandsgrößen TOSU, NH4 und NO3 sind hier jedoch nicht konstant, sondern steigen leicht an. Damit soll dem hohen atmosphärischen
Stickstoffeintrag Rechnung getragen werden, der einer Düngung der Wälder
gleichkommt.

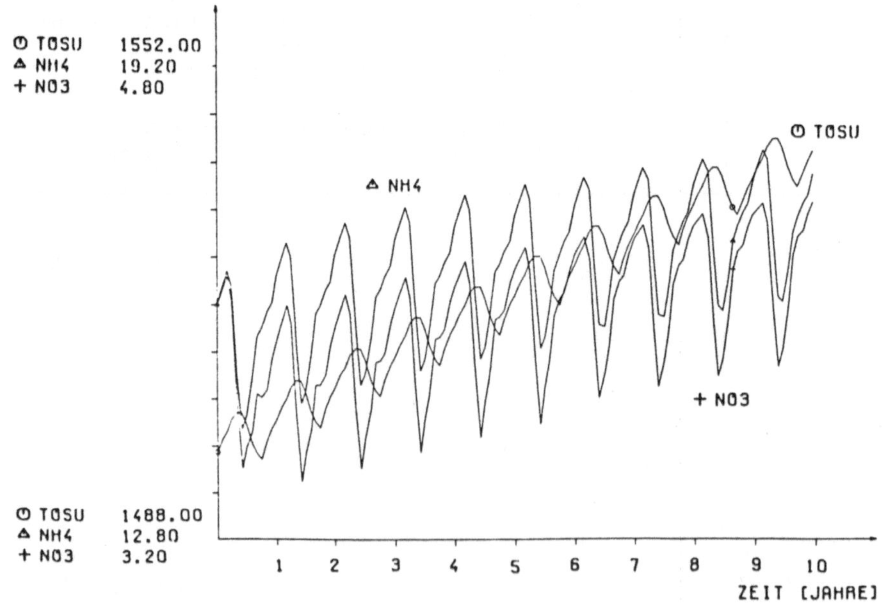

<u>Abb. 8.6:</u> TOSU, NH4 und NO3 im 'Normallauf'

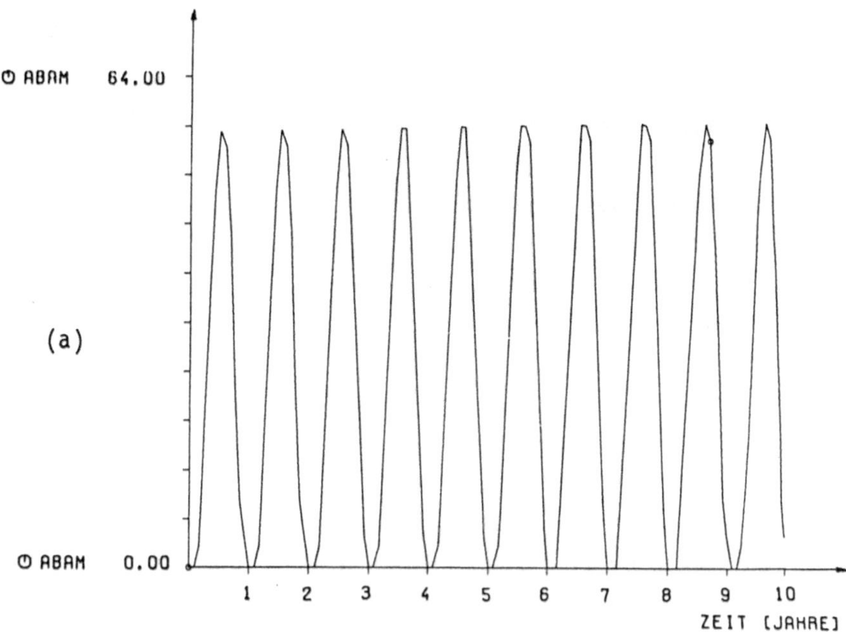

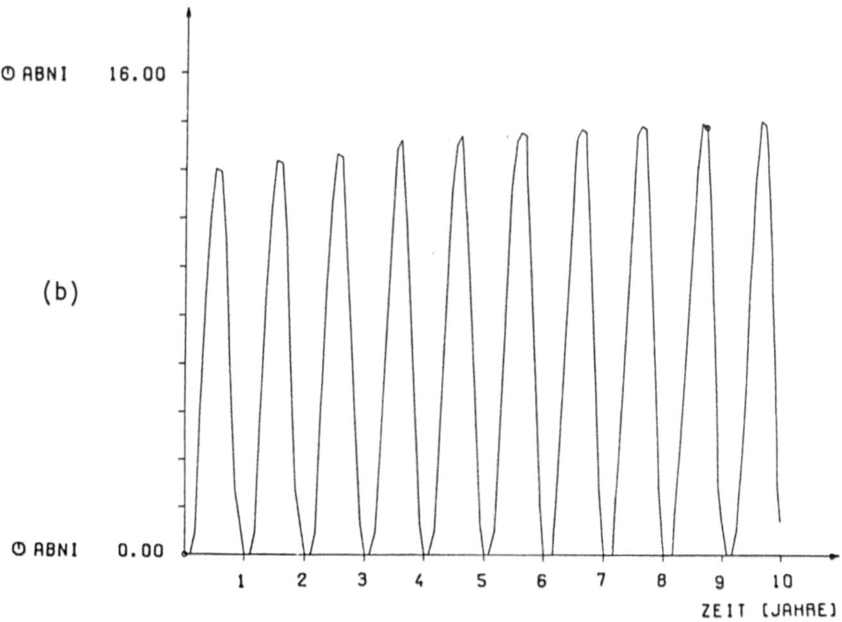

Abb. 8.7: ABAM (a) und ABNI (b) im 'Normallauf'

192

<u>Test 2:</u> 'Versauerungslauf'

In Abb. 8.8 u. 8.9 ist das Ergebnis eines Simulationslaufs bei einem pH-
Wert von 3.0 dargestellt (sonst gleiche Bedingungen wie 'Normallauf').
Deutlich ist die Abnahme des Ammonium-Stickstoffs durch die Reduktion der
Ammonifikation und das starke Zurückgehen der Nitrat-Stickstoffmenge durch
das Ausbleiben der Nitrifikation zu erkennen. Ein geringes Nitratangebot
besteht nur noch durch den Eintrag mit den Niederschlägen. Als Folge der
verringerten Streuabbaurate erfolgt eine Akkumulation der toten organischen Substanz auf und in dem Boden, wie dies durch den Verlauf für TOSU
dargestellt ist. Dem Baumbestand steht keine ausreichende Menge an Stickstoff für 'normales' Wachstum zur Verfügung.

Ähnliche Verläufe ergeben sich sowohl für erhöhte Aluminium- als auch für
erhöhte Schwermetallkonzentrationen.

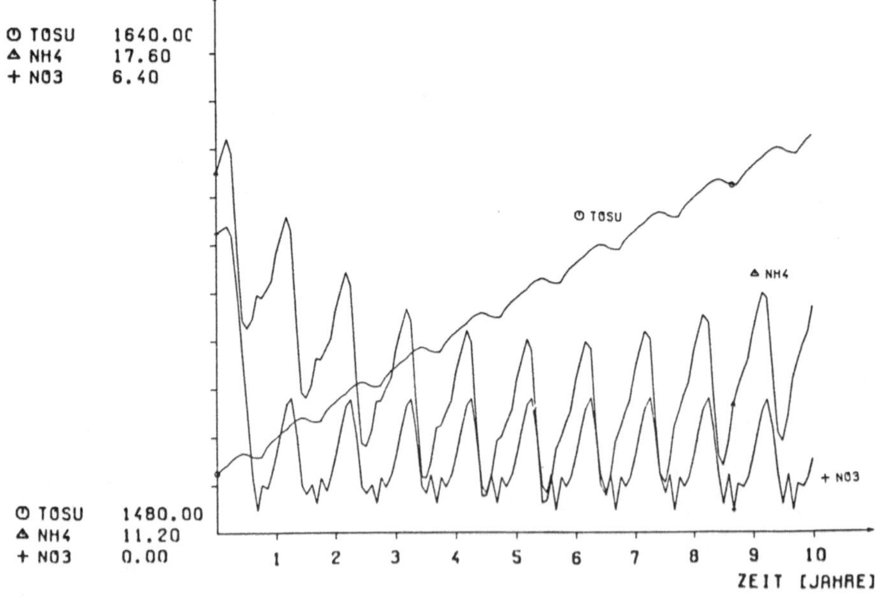

<u>Abb. 8.8:</u> TOSU, NH4 und NO3 bei pH 3

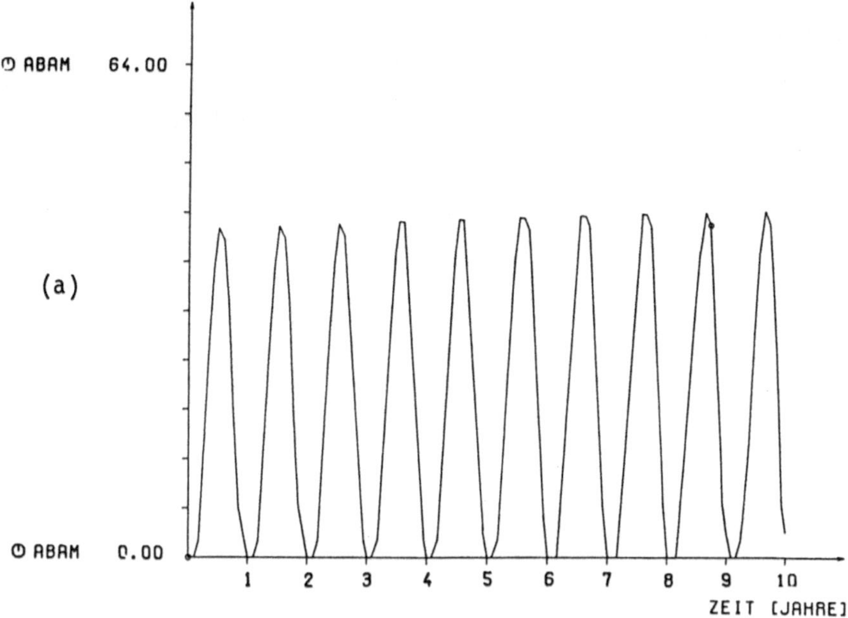

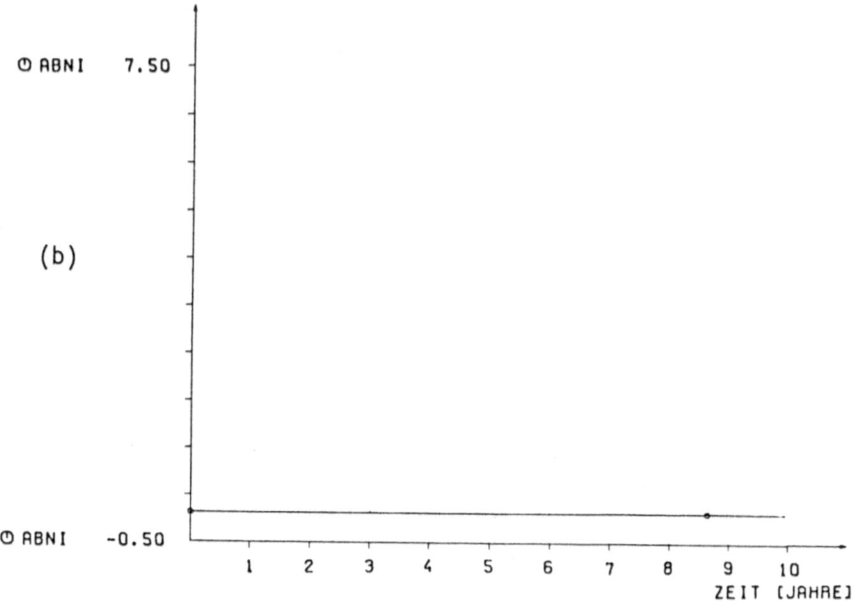

Abb. 8.9: ABAM (a) und ABNI (b) bei pH 3

<u>Test 3:</u> 'Kalkungslauf'

Die Abb. 8.10 u. 8.11 zeigen die Auswirkungen einer durch Kalkung bedingten
pH-Wert-Erhöhung auf 5.0. Mit dem beschleunigten Abbau der toten organischen Substanz geht eine drastische Steigerung des Angebotes an pflanzenverfügbarem Stickstoff einher. Die Stickstoffnachlieferung erfolgt fast
ausschließlich in der Nitratform und übersteigt den Bedarf des Bestandes.
Eine verstärkte Auswaschung von Nitrat ist die Folge.

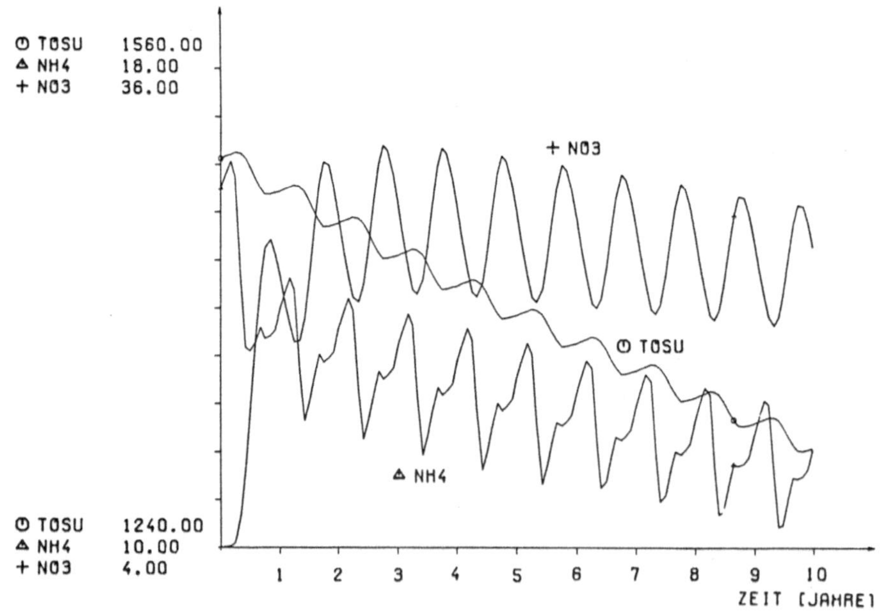

<u>Abb. 8.10:</u> TOSU, NH4 und NO3 bei pH 5

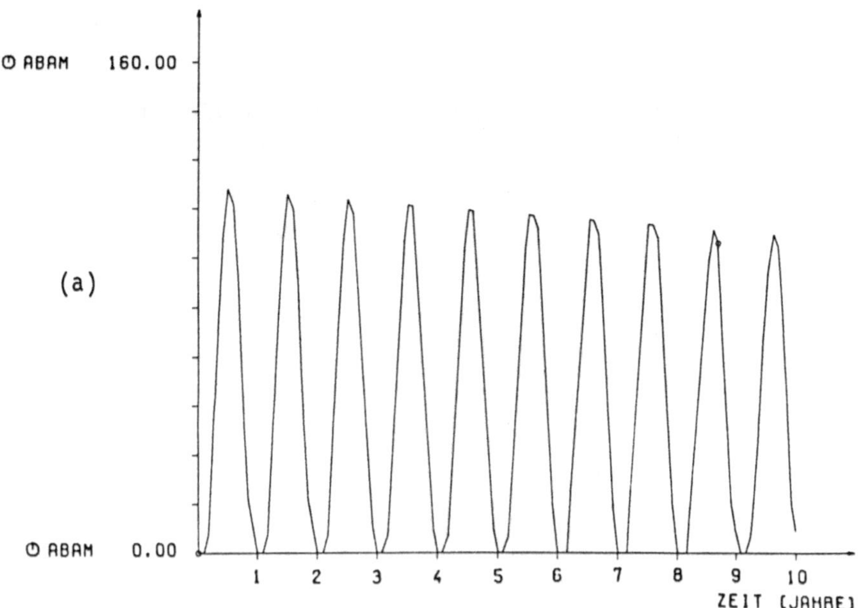

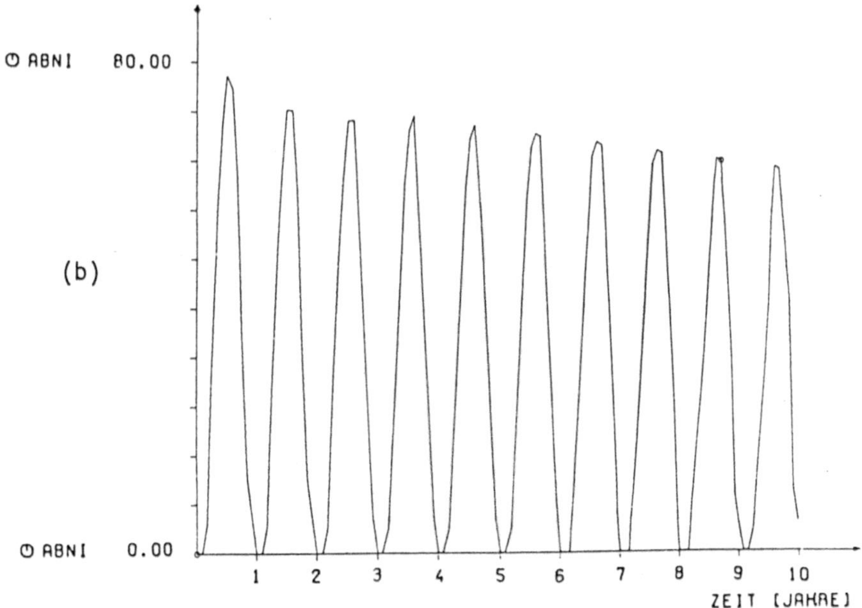

<u>**Abb. 8.11:**</u> ABAM (a) und ABNI (b) bei pH 5

Test 4: 'Temperaturlauf'

In Abb. 8.12 u. 8.13 ist das Ergebnis eines Simulationslaufs mit variabler Temperatur (sonst gleiche Bedingungen wie 'Normallauf') aufgeführt. Dabei wird ein Jahr mit 'normalem' Temperaturverlauf (Anfangssetzung in BOTE) von zwei Jahren mit um 2 $^{\circ}$C erhöhter Temperatur in der Vegetationsperiode (März – Oktober), einem Jahr mit 'normaler' Temperatur als Einschub und zwei Jahren mit um 2 $^{\circ}$C erniedrigter Temperatur abgelöst, wiederum gefolgt von einigen Jahren mit Normaltemperatur. Deutlich führen warme Jahre zu einer Steigerung der Ammonifizierung und besonders der Nitrifizierung, die mit erhöhter H-Ionenproduktion, also einem Versauerungsschub, einhergehen kann. Ebenso kann die Depression der Nitratbildung in kühlen Jahren zu einer Entsauerungsphase führen.

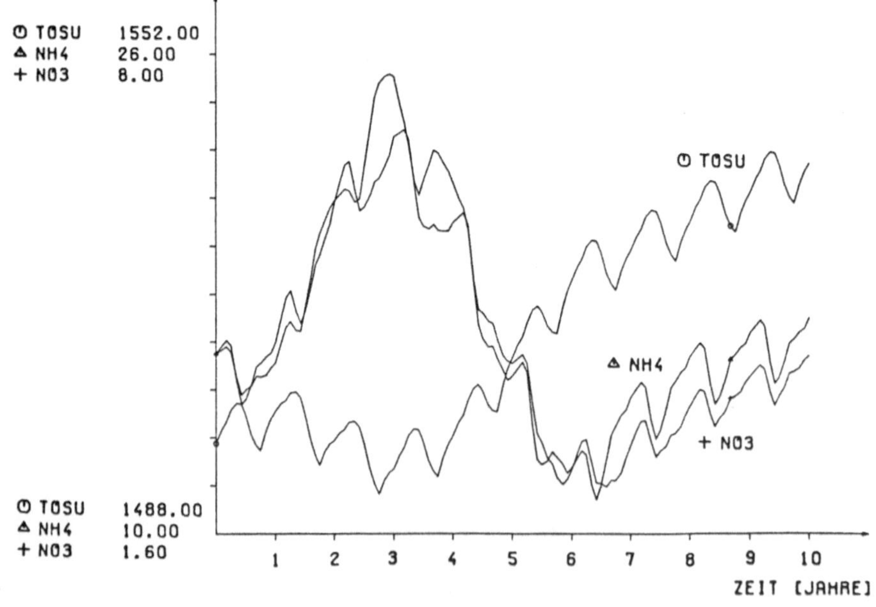

Abb. 8.12: TOSU, NH4 und NO3 bei Temperaturänderung

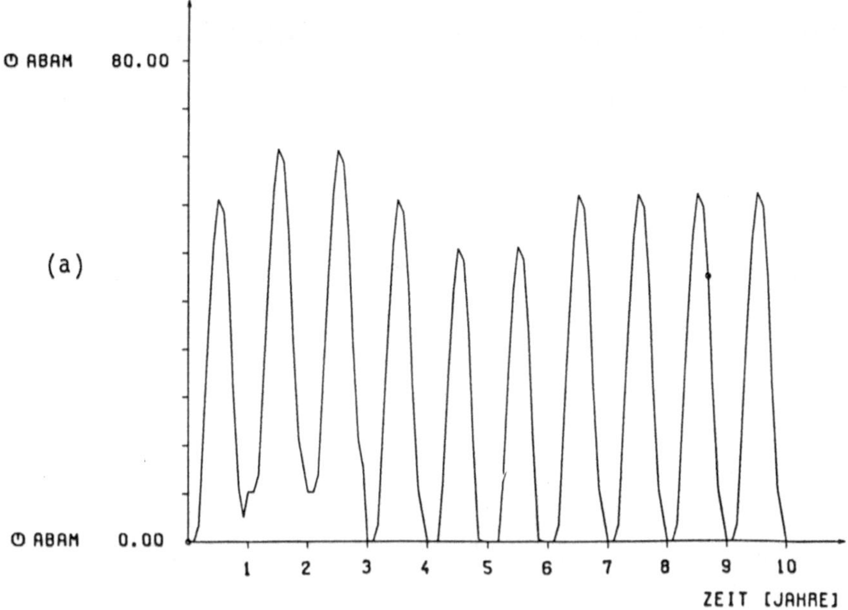

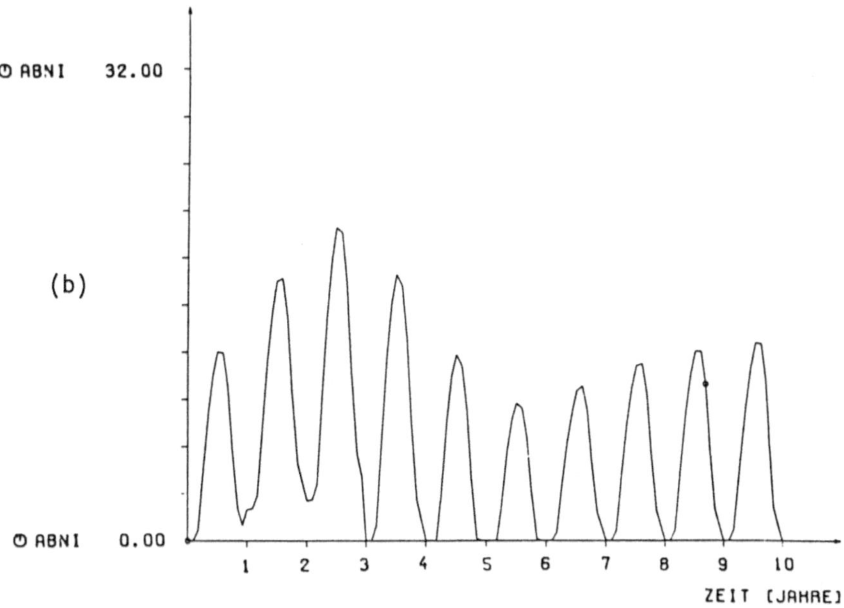

Abb. 8.13: ABAM (a) und ABNI (b) bei Temperaturänderung

9 Simulation des Wasserhaushalts im Waldboden

W. Beau, D. Gockert, H. Krieger

9.1 Das Teilmodell »Bodenwasser«: Überblick

Im Gesamtmodell zur Simulation des Einflusses von veränderten Umweltfakto-
ren auf Waldökosysteme ist in den Teilmodellen 'System Baum', 'Mineralisierung' und 'Bodenchemie' eine exakte Bestimmung vom Bodenwasser und den
Flußraten im Bodenkörper notwendig.

Aus diesem Grunde wurde ein viertes Teilmodell, das Teilmodell 'Bodenwasser' erstellt (vgl. Abb. 9.1).

Als eine wichtige externe Größe zur Berechnung des Bodenwassers finden
standortbedingte Niederschlagswerte Eingang in das Modell. Die hieraus
resultierende Änderung der Wassermenge im Boden bestimmt sich aus der
Niederschlagsmenge und einer Interzeptionsrate (Verdunstung an der Nadel-
oberfläche). Diese Rate ergibt sich nach LARCHER 1980, S. 346, in Abhängigkeit von der Laubmenge. Ebenfalls Einfluß auf das Bodenwasser hat die
Evaporation. Sie beschreibt die Wassermenge, die dem Boden durch Verdunstung an seiner Oberfläche verlorengeht.

Weitere externe Größen sind Welkepunkt, Feldkapazität und Humusgehalt des
zu simulierenden Bodens. Bei der Bestimmung der Niederschlagswerte sowie
der letztgenannten Eingangsgrößen wird ein mitteleuropäisches Klima vorausgesetzt. Daher können wir annehmen, daß sich die Menge des Bodenwassers
- außer bei extremer Trockenheit oder übermäßigem Regen - zwischen Welkepunkt und Feldkapazität bewegt.

Eine der Aufgaben dieses Untermodells ist die Berechnung des pflanzenver-
fügbaren Wassers. Hieraus ergibt sich, mit Hilfe eines vom Teilmodell
'System Baum' gelieferten Wasserbedarfs, die transpirierte Wassermenge.
Weitere Flußraten sind Versickerung und kapillarer Aufstieg. Diese beiden
Raten dienen dazu, die Wassermengen in den einzelnen Horizonten Ah und B
auszugleichen.

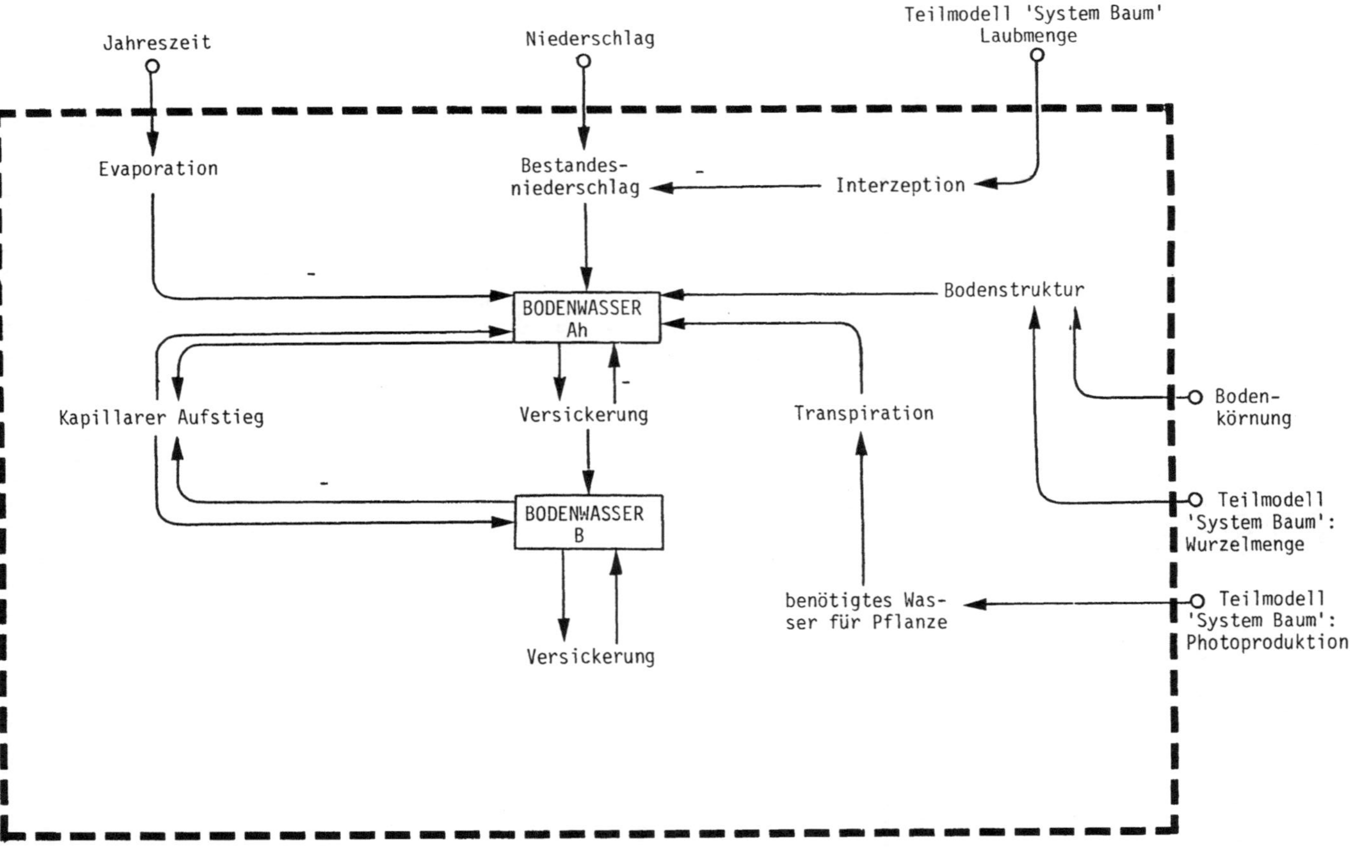

Abb. 9.1: Wirkungsdiagramm für das Teilmodell 'Bodenwasser'

9.2 Systemgrenzen

Da in den anderen Teilmodellen nur der Ah-Horizont modelliert wird, beschränkt sich das Untermodell 'Bodenwasser' ebenfalls auf die Berechnung der Wassermenge und Flußraten im Ah-Horizont. Das Verhältnis der Dicke von Ah-Horizont und B-Horizont wird nach LARCHER mit 1:5 angenommen. Wir benötigen den B-Horizont, um den kapillaren Aufstieg im Boden bestimmen zu können. Eine weitere Beschränkung des Modells ist die Tatsache, daß bei der Simulation ein homogener Boden vorausgesetzt wird. Dies entspricht zwar einer starken Vereinfachung des natürlichen Waldbodens, läßt sich aber aus technischen Gründen nicht anders realisieren. Dagegen kann das hier angenommene mitteleuropäische Klima – nach Änderung einiger Parameter und Tabellenfunktionen – durch jedes gewünschte Klima ersetzt werden. Weiterhin sind zur Vereinfachung des Modells weder Stammablauf noch Kronentrauf noch eine Hangneigung des Bodens beachtet worden.

9.3 Kopplungsstellen zu den anderen Teilmodellen

Für die Simulation des ungekoppelten Teilmodells 'Bodenwasser' wurden die Größen, die von den anderen Teilmodellen benötigt werden, vereinfacht durch Tabellenfunktionen bzw. konstante Werte charakterisiert. Grundlage für die Wahl der Tabellen und Einzelwerte waren dabei jedoch immer die Ergebnisse der ungekoppelten Simulationsläufe anderer Teilmodelle bzw. gesicherte Werte aus bodenökologischen Untersuchungen. Die Verkopplung mit den übrigen Teilmodellen wird wie folgt realisiert:

Die für die Assimilatbildung benötigte Wassermenge wird vom 'System Baum' gemeldet und mit dem im Boden verfügbaren Wasser verglichen. Das Minimum beider Werte wird dann wieder zur Assimilatproduktion zur Verfügung gestellt. Weiterhin wird aus der momentanen Laubmenge die ihr entsprechende Interzeptionsrate bestimmt. Geliefert werden an das Teilmodell 'Mineralisierung' die Werte für die Versickerung sowie die Bodenfeuchte in Prozent der Feldkapazität. Zur Simulation der bodenchemischen Vorgänge werden die Werte für die Bodenfeuchte sowie die Versickerung geliefert.

9.4 Untermodelle und ASS-Simulationsdiagramme

Da auch im Teilmodell 'Bodenwasser' ein detailliertes Wirkungsdiagramm als
das in Abb. 9.1 bzw. ein dazu deckungsgleiches ASS-Simulationsdiagramm aus
technischen Gründen und einer Vielzahl von dann nicht vermeidbaren Überschneidungen unmöglich ist, haben wir dieses Teilmodell in drei Untermodelle gegliedert.

Entsprechend ihrer Aufgaben im Teilmodell wurden die Untermodelle wie
folgt gewählt (vgl. Abb. 9.2):

'REGEN'

Berechnung des aktuellen Bestandesniederschlags unter Berücksichtigung
einer von der aus dem Teilmodell 'System Baum' gemeldeten Laubmenge abhängigen Interzeptionsrate. Bestimmung der jeweils von der Oberfläche des
Bodens zu verdunstenden Wassermenge.

'BOSTRU'

Festsetzung des für den zu simulierenden Boden geltenden Welkepunktes bzw.
seiner Feldkapazität in Abhängigkeit seiner Bodenstruktur, d.h. vom Humusgehalt, Wurzelanteilen und Tonanteilen.

'BOFEU'

Berechnung der Wassermengen im Ah-Horizont sowie im B-Horizont. Bestimmung
der Flußraten Versickerung bzw. kapillarer Aufstieg und Transpiration.

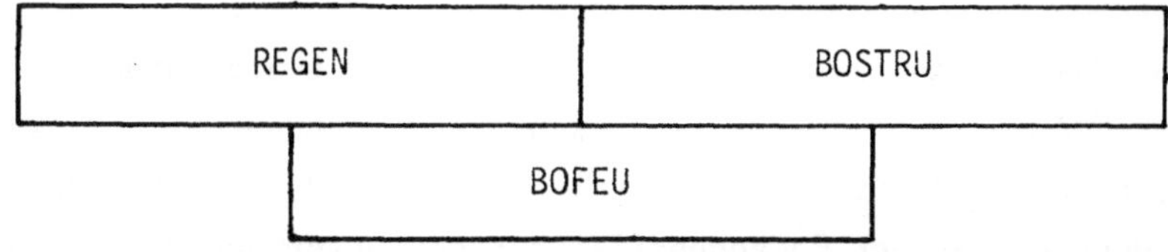

<u>Abb. 9.2:</u> Übersicht über die Untermodelle zum Teilmodell 'Bodenwasser'

Wie in allen Teilmodellen, sind auch im Teilmodell 'Bodenwasser' alle vorkommenden Systemgrößen durch einen ASS-Block charakterisiert. Jeder Block ist entweder als Zustandsgröße, Jahresrate oder als Zwischengröße zu deren Berechnung zu interpretieren.

Zustandsgrößen zur Beschreibung der momentanen Wassermenge in den beiden Horizonten Ah und B sind die Integratoren: 'BOFA', 'BOFB'.

Externe Größen, die Eingang in das Modell finden, sind:

- standortbedingte Niederschlagswerte (in Jahresraten)
- Feldkapazität (max. Wassermenge im Boden) des zu simulierenden Bodens
- Welkepunkt (min. Wassermenge im Boden) des zu simulierenden Bodens
- Humusgehalt des zu simulierenden Bodens.

Die zusätzlich zu den Untermodellen notwendige Modifikation der Simulationszeit wird vollständig aus dem Teilmodell 'System Baum' übernommen. Dort wird die fortlaufende Simulationszeit in eine dezimale Jahreszeit umgerechnet. Die genaue Beschreibung kann in Kapitel 6 nachgelesen werden.

9.4.1 Untermodell 'REGEN' (vgl. Abb. 9.3)

Das Untermodell 'REGEN' hat die Aufgabe, den Bestandesniederschlag BENI sowie die evaporierbare Wassermenge EVAP zu bestimmen. Den Bestandesniederschlag erhält man, indem die Regenmenge REGE mit einem Faktor multipliziert wird, der angibt, welcher Anteil des Regens nach der Interzeption (Verdunstung an den Nadeln) noch auf den Boden trifft. Dieser Faktor IZEP (nimmt Werte zwischen 0.65 und 1.0 an) ist von der aktuellen Laubmenge abhängig.

Die evaporierbare Wassermenge (Verdunstung an der Bodenoberfläche) bestimmt sich aus dem Minimum zwischen maximal möglicher evaporierbarer Menge an Wasser EVAM und der Differenz zwischen dem vorhandenen Bodenwasser und dem Welkepunkt R1. Dies hat zur Folge, daß die Menge des Bodenwassers durch Verdunstung an der Bodenoberfläche nicht unter den Welkepunkt sinken kann. Durch Multiplikation von R1 mit $52 = 52$ [1/a] soll erreicht

werden, daß die zur Evaporation verfügbare Wassermenge in einer Woche vollständig evaporiert wird. Der Faktor 0.5 soll hierbei bewirken, daß nach der
Evaporation noch genügend Wasser zur Transpiration verfügbar ist. Die Limi-
tierung von R2 auf positive Werte ist nur technischer Natur. Damit sollen
negative Verdunstungswerte bei extremer Trockenheit vermieden werden.

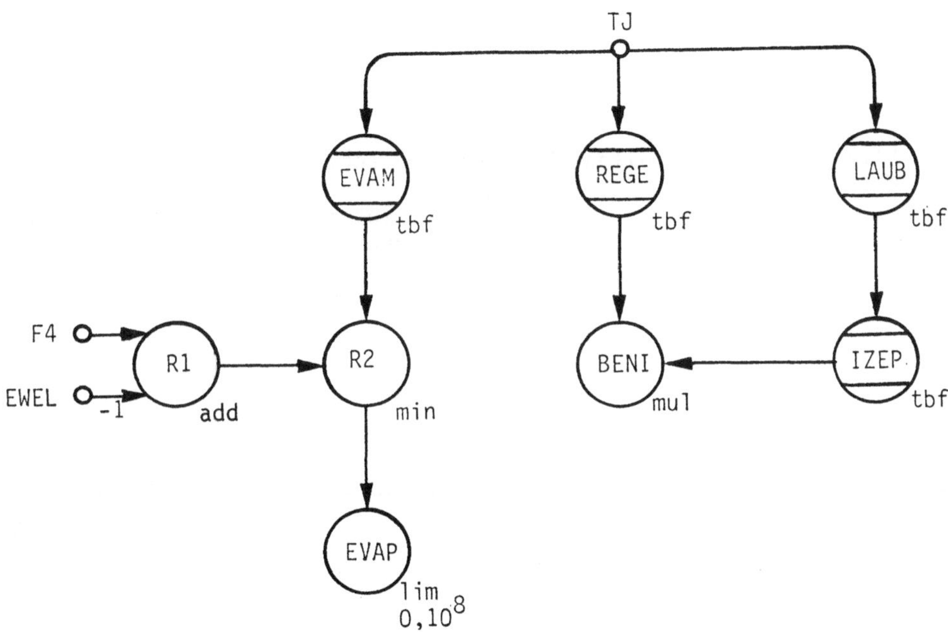

Abb. 9.3: ASS-Simulationsdiagramm zum Untermodell 'REGEN'

Modellgleichungen

$$BENI = REGE \cdot IZEP$$
$$EVAP = \min \, (0.5 \cdot 52 \cdot (F4 - EWEL), \; EVAM)$$
$$F4 \; = BOFA + 52^{-1} \cdot BENI$$

Kurzbeschreibung zu 'REGEN'

Blöcke:

Blockname	Blocktyp	Parameter	Bedeutung
EVAM	tbf	Stützstellen: 6	max. evaporierbare Wassermenge
EVAP	lim	Grenzen: 0,10 mm WS	tatsächlich evaporierte Wasser-menge
LAUB	tbf	Stützstellen: 12	momentan vorhandene Laubmenge
IZEP	tbf	Stützstellen: 3	nach Interzeption verbleibender Regenanteil
REGE	tbf	Stützstellen: 24	Niederschlagswerte
BENI	mul	keine	nach Interzeption verbleibender Bestandesniederschlag

Gewichte:

Name	Wert	Bedeutung	aus
52	52 [1/a]	Geschwindigkeits-konstante (für den Wasserverbrauch)	—

9.4.2 Untermodell 'BOSTRU' (vgl. Abb. 9.4)

In diesem Untermodell werden Welkepunkt EWEL und Feldkapazität EFEL des zu simulierenden Bodens bestimmt. Da sich beide Größen nahezu identisch berechnen lassen, wird im folgenden nur auf die Feldkapazität eingegangen. Eine wichtige Rolle spielt hierbei die Gewichtung FELD. Sie gibt die Feldkapazität eines homogenen Waldbodens an. Die Umrechnung von [mm WS] in [l/ha] Ah-Horizont geschieht durch den Faktor 1000. Durch die Verbindung von EINS nach EFEL wird diese Größe in den Addierer EFEL (effektive Feldkapazität) gemeldet.

In dem Block S1 steht der Wurzel- und Humusgehalt des Bodens. Er ist als konstant vorausgesetzt und bestimmt sich durch die beiden Verbindungen EINS nach WURZ mit PWUR = 0.1 (entspricht 10 % Wurzelgehalt des Bodens) und EINS nach HUMU mit PHUM = 0.04 (entspricht 4 % Humusgehalt) sowie den Verbindungen von WURZ (Wurzelgehalt) und HUMU (Humusgehalt) nach S1.

Im gekoppelten Modell wird der Wurzelgehalt vom Teilmodell 'System Baum' gemeldet und der Humusgehalt als konstant vorausgesetzt.

Der zusätzliche Wasserhalteeffekt des Humusanteils HUWA wird durch die Verbindung HUMU nach EFEL mit Gewicht HUWA = 15 [mm WS] $\cdot$ 1000 (Quelle: THOMPSON/TROEH 1978) berücksichtigt.

Die relativ aufwendige Bestimmung der effektiven Feldkapazität EFEL und des effektiven Welkepunktes EWEL wurde notwendig, weil im Simulationsprogramm ASS eine algebraische Berechnungsreihenfolge zugrunde liegt, die bei vereinfachtem Rechengang zu groben Fehlern führt, weil die Blöcke anfangs noch nicht richtig initialisiert sind.

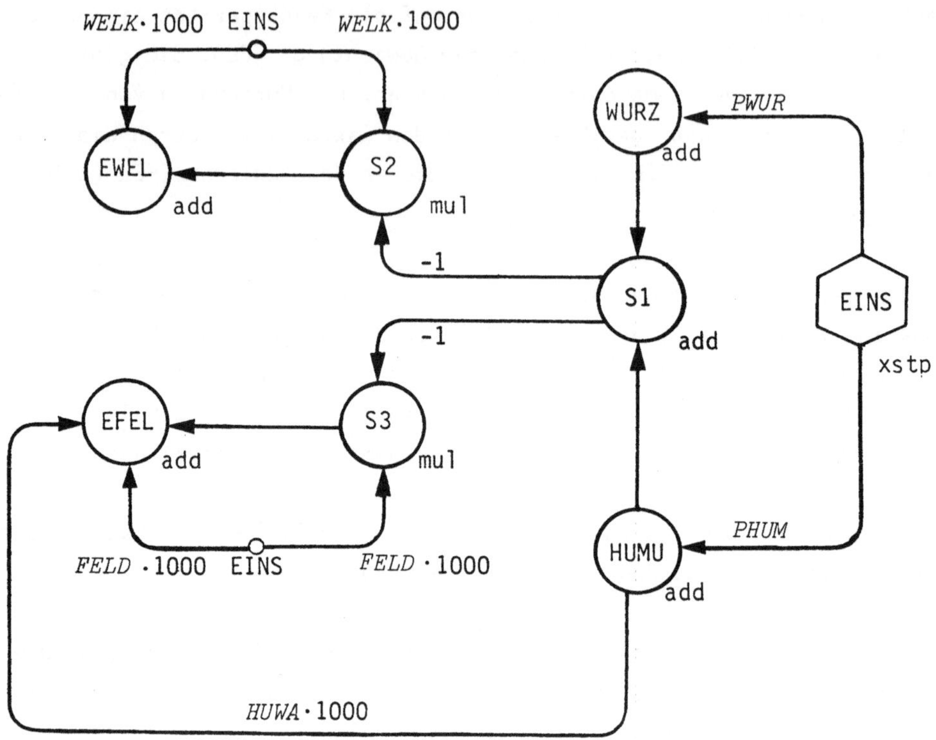

Abb. 9.4: ASS—Simulationsdiagramm zum Untermodell 'BOSTRU'

Modellgleichungen:

$$EWEL = WELK \cdot 1000 - WELK \cdot 1000 \cdot (WURZ + HUMU)$$

$$EFEL = FELD \cdot 1000 - FELD \cdot 1000 \cdot (WURZ + HUMU) + HUWA \cdot 1000 \cdot HUMU$$

Kurzbeschreibung zu 'BOSTRU'

Blöcke:

Blockname	Blocktyp	Parameter	Bedeutung
WURZ	add	keine	Wurzelgehalt des Bodens
HUMU	add	keine	Humusgehalt des Bodens
EWEL	add	keine	Welkepunkt des Bodens nach Einbezug der Bodenstruktur
EFEL	add	keine	Feldkapazität des Bodens nach Einbezug der Bodenstruktur
EINS	xstp	Startschwelle: 0 a Stopschwelle: 500 a	Liefert konstant den Wert 1

Gewichte:

Name	Wert	Bedeutung	aus
PWUR	0.1 [-]	Wurzelanteil des Bodens	–
PHUM	0.04 [-]	Humusanteil des Bodens	–
WELK	70-275 [mm WS]	Welkepunkt des betreffenden Bodens	THOMPSON/TROEH 1978, S. 100
FELD	170-430 [mm WS]	Feldkapazität des betreffenden Bodens	THOMPSON/TROEH 1978, S. 100
HUWA	15 [mm WS]	Wasserspeicherfähigkeit des Humusanteils	THOMPSON/TROEH 1978, S. 93 ff.

9.4.3 Untermodell 'BOFEU' (vgl. Abb. 9.5)

Im Untermodell 'BOFEU' wird die Wassermenge in den beiden Horizonten Ah und B bestimmt. Weiterhin wird noch die Versickerung bzw. der kapillare Aufstieg und das pflanzenverfügbare Wasser im Ah-Horizont berechnet.

Der Wassermenge im Ah-Horizont BOFA wird - ausgehend von einem Anfangswert von 300 [mm WS] - zunächst aus dem Untermodell 'REGEN' der Bestandesniederschlag zugegeben und das am Boden verdunstete Wasser (Evaporation) abgezogen.

Im ASS-Block KAVE ist der kapillare Aufstieg bzw. die Versickerung aus dem Ah-Horizont in den B-Horizont gespeichert. Man erhält diesen Wert, indem man die Wassermengen im Ah- und B-Horizont vergleicht. Dies wird durch die Blöcke F5 und F7, welche die jeweiligen Wassermengen der Horizonte enthalten, erreicht. Die Gewichtung AHAN dient dazu, die Wassermengen in den Horizonten ihrem Anteil an dem zu simulierenden Boden entsprechend auszugleichen.

Die Werte des Blockes KAVE werden entweder BOFA zuaddiert oder davon subtrahiert, je nachdem, ob es sich um kapillaren Aufstieg oder Versickerung handelt. Beide Male mit der Gewichtung 52, deren Beschreibung in 9.4.1 nachzulesen ist. Weiterhin wird KAVE noch an BOFB (Wassermenge im B-Horizont) gemeldet. Der Block F4 dient als Zwischenspeicher des Bodenwassers im Ah-Horizont und zur Berechnung der Evaporation im Untermodell REGEN.

Die aktuelle Wassermenge im Boden F6 wird minimiert mit der Differenz zwischen Welkepunkt und Feldkapazität (vgl. Untermodell 'BOSTRU'). Danach wird der Zustand F3 durch Begrenzung auf positive Werte in das pflanzenverfügbare Wasser VWAS umgerechnet und mit der zur Photoproduktion benötigten Wassermenge PROD verglichen. Das daraus resultierende zu transpirierende Wasser wird durch TRAN vom Bodenwasser im Ah-Horizont abgezogen. Die Gewichtung $TRAK$ ist hier der Transpirations-Koeffizient. Er hat im Teilmodell 'System Baum' den Wert 241 t_{H_2O}/t_{ASS}. Der Faktor 1000 entspricht einer Umrechnung von Tonnen in Liter. Zu beachten ist noch, daß im ungekoppelten Modell PROD als Tabellenfunktion benutzt wird. Im gekoppelten Modell wird PROD durch Verbindung mit dem Teilmodell 'System Baum' ersetzt.

Im B-Horizont wird - angefangen mit einem Start-Wert von 1500 [mm WS] B-Horizont - die Wassermenge unter Berücksichtigung einer gewissen Versickerung VERB berechnet. Die Versickerung gewinnen wir durch Vergleich der aktuellen Wassermenge im B-Horizont mit dessen Feldkapazität. Hierbei dient die Gewichtung Y/X dazu, die der Feldkapazität entsprechende Wassermenge, die im Untermodell 'BOSTRU' für den Ah-Horizont bestimmt wurde, für den B-Horizont geeignet umzurechnen. F9 enthält die Wassermenge im B-Horizont abzüglich seiner Versickerung und nach Berücksichtigung der Ausgleichsgröße KAVE (s.o.).

Für das Teilmodell 'Mineralisierung' wird schließlich in PBOF die Bodenfeuchte im Ah-Horizont als Anteil an der Feldkapazität berechnet.

Die Benutzung der Hilfsblöcke F4 bis F9 bei der Konstruktion des Untermodells 'BOFEU' wurde notwendig, weil bei der Berechnung der jeweiligen Wassermenge im Boden immer das gerade vorher bestimmte Bodenwasser benötigt wird. Würde man nur Integratoren mit mehreren Ein- und Ausgängen benutzen, so wäre die Folge eine ungenaue Berechnung des Bodenwassers gewesen, da hier nicht der gerade aktuelle Wasserwert beachtet wird, sondern immer der, der im vorherigen Simulationsschritt berechnet wurde.

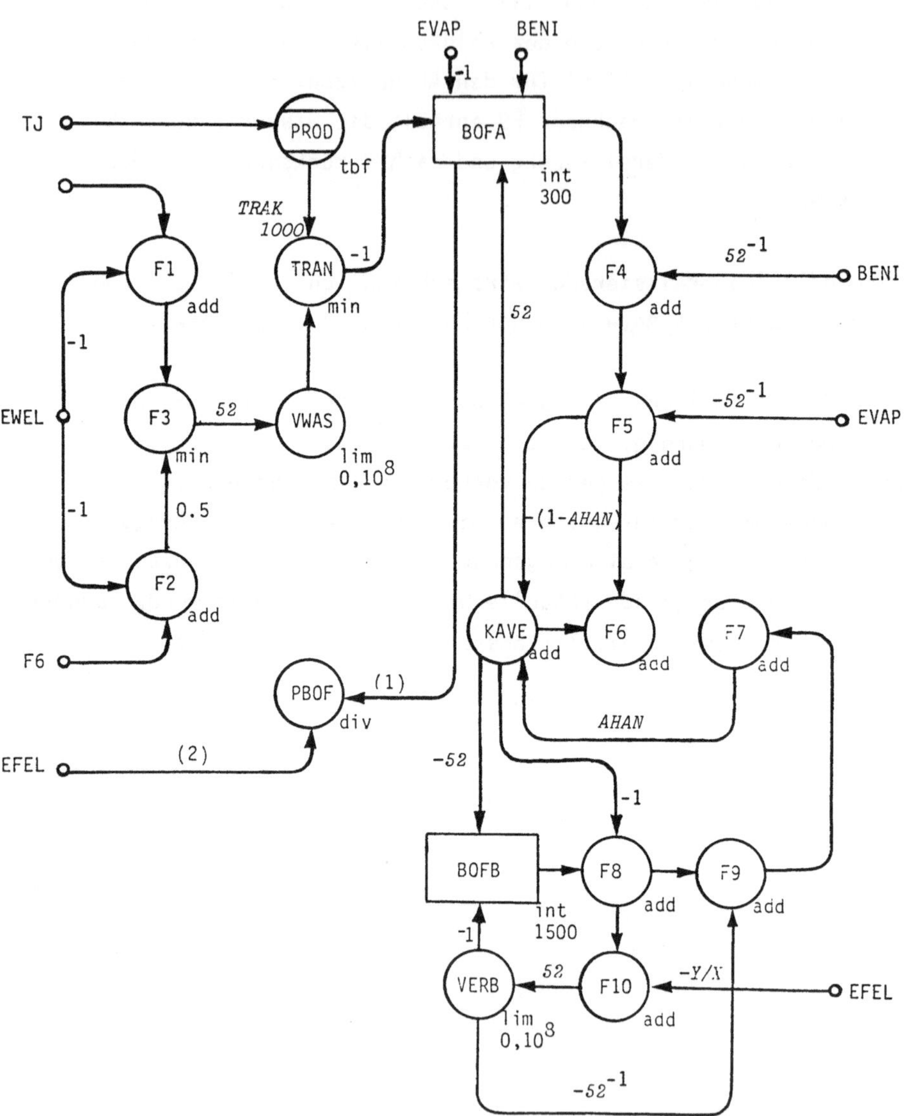

Abb. 9.5: ASS-Simulationsdiagramm zum Untermodell 'BOFEU'

Modellgleichungen:

$$\text{BOFA } (T + DT) = \text{BENI} + 52 \cdot \text{KAVE} - \text{EVAP} - \text{TRAN}$$

$$\text{BOFB } (T + DT) = - 52 \cdot \text{KAVE} - \text{VERB}$$

$$\text{KAVE} = -(1-\mathit{AHAN}) \cdot (\text{BOFA} + 52^{-1} \cdot (\text{BENI} - \text{EVAP})) + \mathit{AHAN} \cdot (\text{BOFB} - \text{KAVE} - 52^{-1} \cdot \text{VERB})$$

$$\text{TRAN} = \min (\mathit{TRAK} \cdot 1000 \cdot \text{PROD}, \ 52 \cdot \text{VWAS})$$

$$\text{VERB} = \text{BOFB} - \text{KAVE} - \mathit{Y/X} \cdot \text{EFEL}$$

$$\text{VWAS} = \min (\text{EFEL}-\text{EWEL}, \ 0.5 \cdot (\text{BOFA}-52^{-1} \cdot (\text{BENI}-\text{EVAP}) + \text{KAVE} - \text{EWEL}))$$

$$\text{PBOF} = \text{BOFA}/\text{EFEL}$$

Kurzbeschreibung zu 'BOFEU'

Blöcke:

Blockname	Blocktyp	Parameter	Bedeutung
BOFA	int	Anfangswert: 300 [mm WS]	Wassermenge im Ah-Horizont
BOFB	int	Anfangswert: 1.500 [mm WS]	Wassermenge im B-Horizont
KAVE	add	keine	Ausgleich der Wassermengen durch kapillaren Aufstieg und Versickerung
VERB	lim	Grenzen: 0, 10 [mm WS]	Versickerung aus dem B-Horizont.
PROD	tbf	Stützstellen: 12 [mm WS]	Photosyntheseleistung des Baumes
VWAS	lim	Grenzen: 0, 10 [mm WS]	pflanzenverfügbares Wasser im Ah-Horizont
TRAN	min	keine	tatsächlich zur Transpiration entnommenes Wasser
PBOF	div	keine	Verhältnis von Bodenfeuchte und Feldkapazität des Ah-Horizonts

Gewichte:

Name	Wert	Bedeutung	aus
$TRAK$	241 $[t_{H_2O}/t_{ASS}]$	Transpirationskoeffizient	EIDMANN/SCHWENKE 1967, S. 17
X	0.1 [m]	Dicke des Ah-Horizonts	–
Y	0.5 [m]	Dicke des B-Horizonts	–
52	52 [1/a]	Geschwindigkeitskonstante	–
$AHAN$	0.166 [–]	Anteil des Ah-Horizonts am simulierten Boden	

9.5 Tabellenfunktionen   (alphabetisch geordnet)

EVAM: Maximal evaporierbare Wassermenge in Abhängigkeit von der Jahreszeit

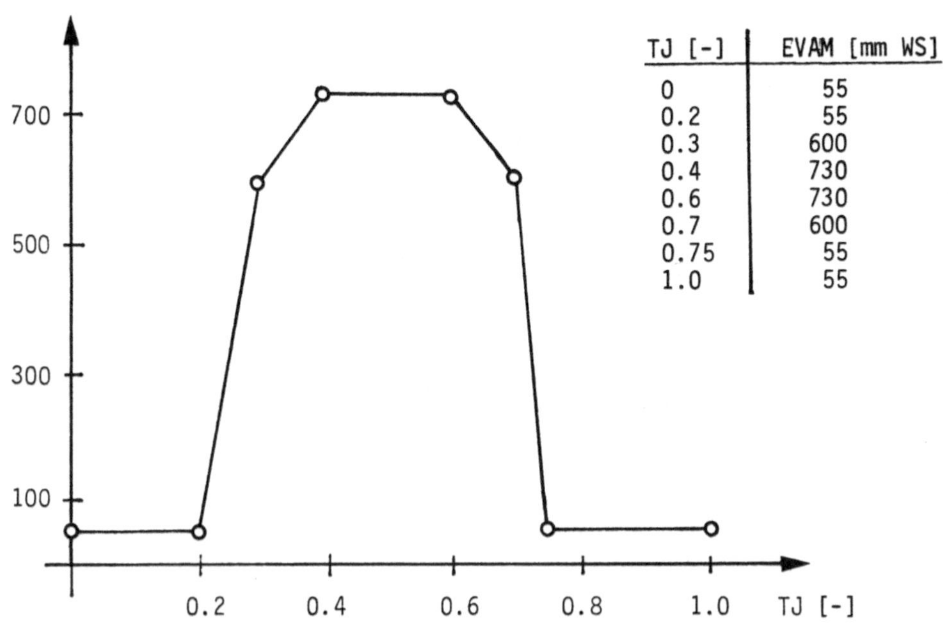

TJ [-]	EVAM [mm WS]
0	55
0.2	55
0.3	600
0.4	730
0.6	730
0.7	600
0.75	55
1.0	55

Quelle: LARCHER 1980

IZEP: Nach Interzeption verbleibender Regenanteil

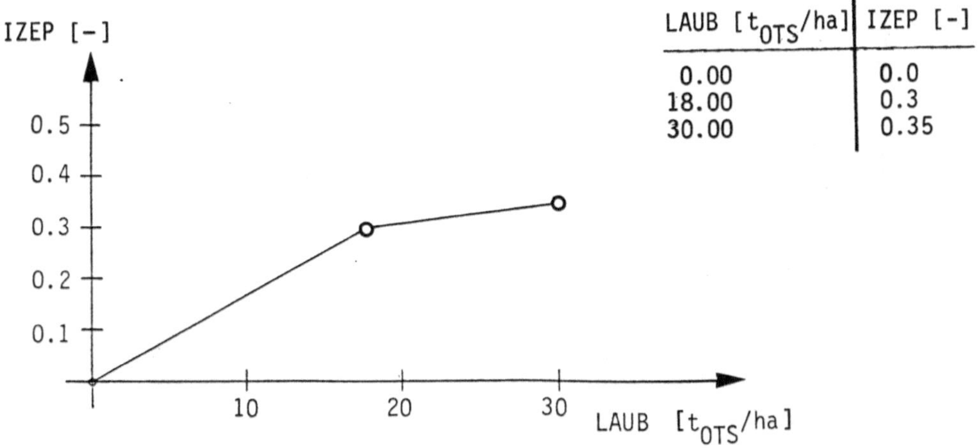

LAUB [t_{OTS}/ha]	IZEP [-]
0.00	0.0
18.00	0.3
30.00	0.35

Quelle: LARCHER 1980, S. 301 f.

REGE: Niederschlagswerte in Abhängigkeit von der Jahreszeit für Kassel

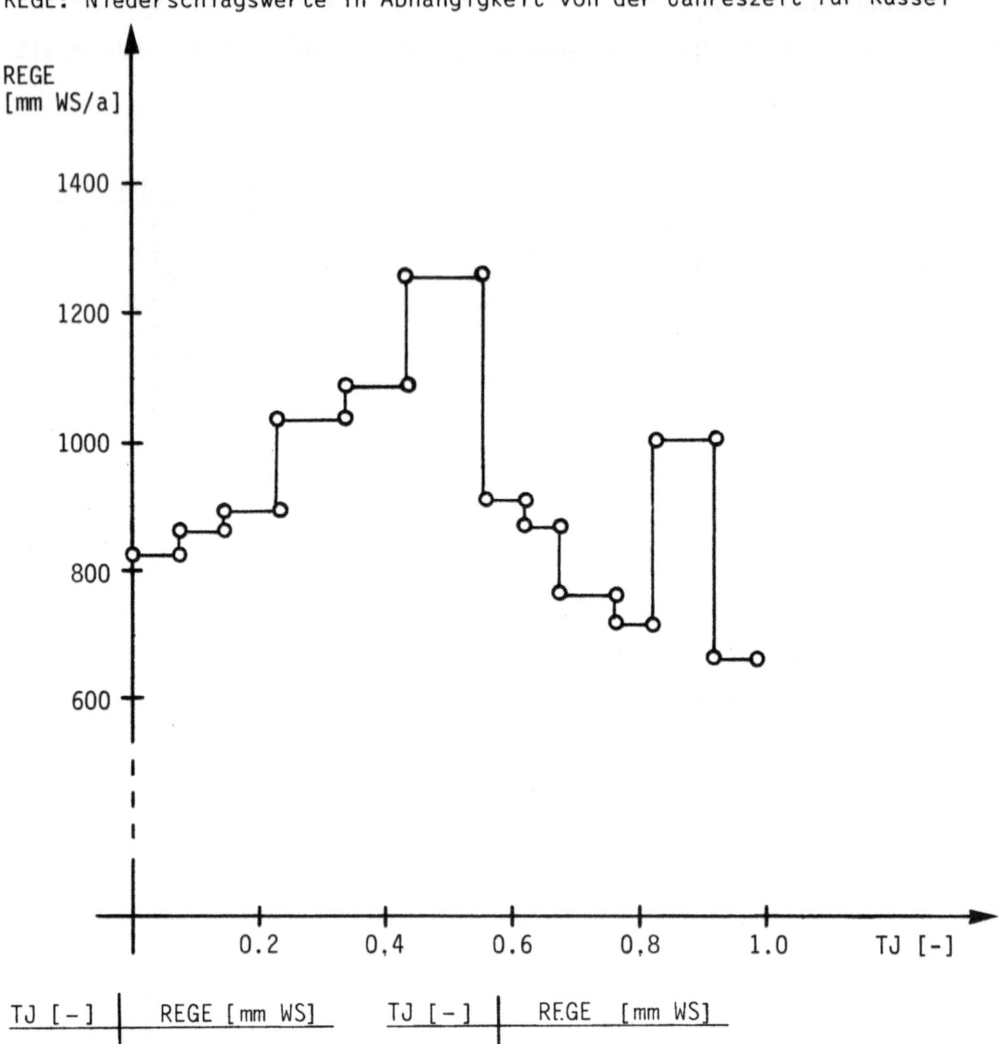

TJ [-]	REGE [mm WS]
0.000	828
0.0832	828
0.0833	840
0.1666	840
0.1667	876
0.2499	876
0.2500	1032
0.3332	1032
0.3333	1068
0.4166	1068
0.4167	1236
0.4999	1236
0.5000	900
0.5832	900
0.5833	864
0.6666	864
0.6667	768

TJ [-]	REGE [mm WS]
0..7499	768
0.7500	732
0.8332	732
0.8333	1032
0.9166	1032
0.9167	672
0.9999	672

Quelle: ULRICH/MAYER/KHANNA 1979 b

Folgende Tabellenfunktionen ersetzen die Kopplungsstellen zum 'System Baum'

LAUB: Momentan vorhandene Laubmenge

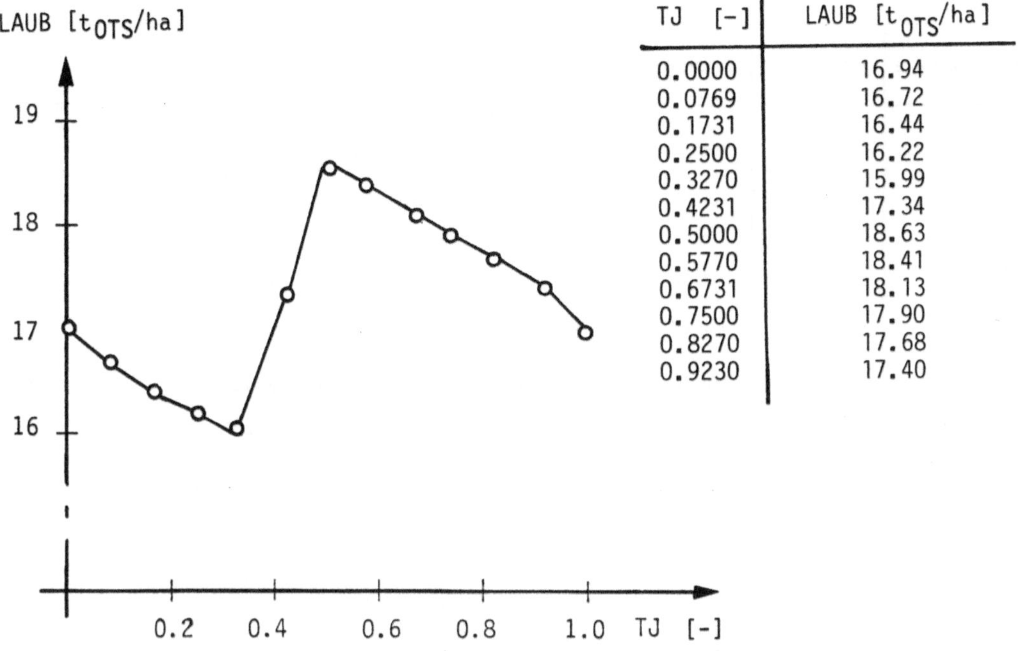

TJ [-]	LAUB [t_{OTS}/ha]
0.0000	16.94
0.0769	16.72
0.1731	16.44
0.2500	16.22
0.3270	15.99
0.4231	17.34
0.5000	18.63
0.5770	18.41
0.6731	18.13
0.7500	17.90
0.8270	17.68
0.9230	17.40

PROD: Photosyntheseleistung des Baumes

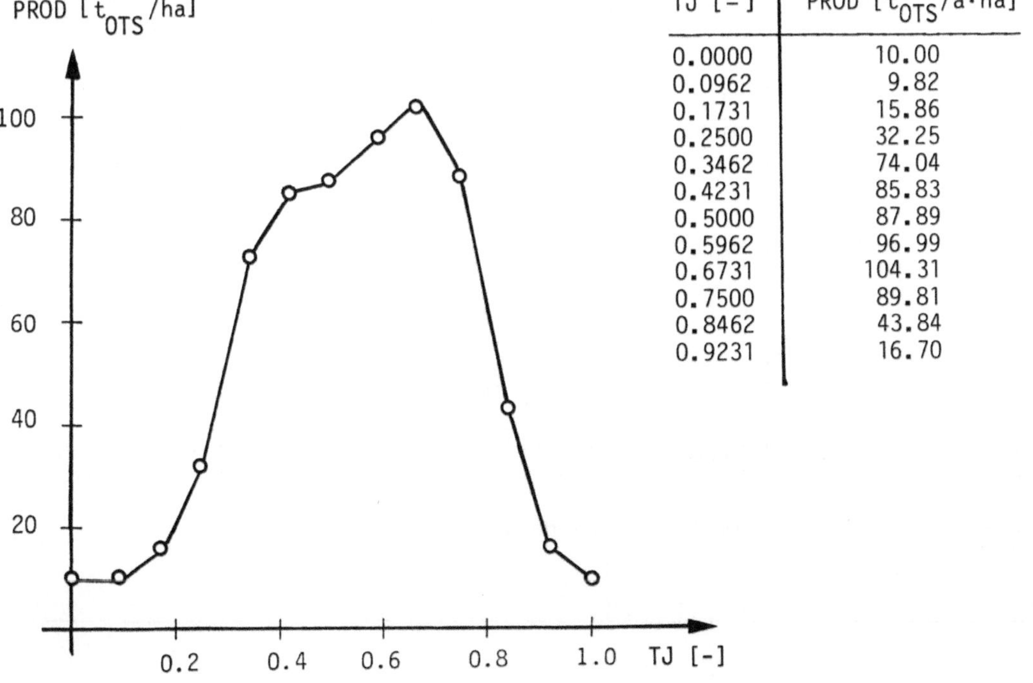

TJ [-]	PROD [t_{OTS}/a·ha]
0.0000	10.00
0.0962	9.82
0.1731	15.86
0.2500	32.25
0.3462	74.04
0.4231	85.83
0.5000	87.89
0.5962	96.99
0.6731	104.31
0.7500	89.81
0.8462	43.84
0.9231	16.70

9.6 Gesamtübersicht

Blöcke:

Blockname	Blocktyp	Dimension	Beschreibung
BENI	mul	mm WS	Niederschlagsmenge, die nach der Interzeption (Verdunstung an der Nadeloberfläche) auf den Boden trifft (Bestandesniederschlag).
BOFA	int	mm WS	Bodenwasser im Ah-Horizont.
BOFB	int	mm WS	Bodenwasser im B-Horizont.
EFEL	add	mm WS	Feldkapazität des Ah-Horizonts.
EINS	xstp	–	Liefert konstant den Wert 1.
EVAM	tbf	mm WS	Maximal mögliche evaporierbare Wassermenge (LARCHER 1980, S. 301 f).
EVAP	lim	mm WS	Evaporierte Wassermenge (Verdunstung an der Bodenoberfläche).
EWEL	add	mm WS	Welkepunkt im Ah-Horizont.
HUMU	add	–	Humusanteil des Bodens. Ist in ungekoppeltem Zustand konstant gleich 0.04 gesetzt.
IZEP	tbf	–	Anteil der Niederschläge, der nach der Interzeption (Verdunstung an der Nadeloberfläche) auf den Boden trifft (LARCHER 1980, S. 346).
KAVE	add	mm WS/a	Gibt je nach Vorzeichen die Versickerungsmenge von Ah- in B-Horizont oder umgekehrt den kapillaren Aufstieg an.
LAUB	tbf	t_{OTS}/ha	Gibt die aktuelle Laubmenge in Abhängigkeit von der Jahreszeit an.
PBOF	div	–	Beschreibt das Verhältnis zwischen der Wassermenge im Ah-Horizont und der Feldkapazität. Dient als Eingang in das Teilmodell 'Mineralisierung'.
PROD	tbf	t_{ASS}/a	Maximal mögliche Assimilatproduktion des Baumes. Ist abhängig von der Jahreszeit.
REGE	tbf	mm WS/a	Niederschlagsmenge.

Blockname	Blocktyp	Dimension	Beschreibung
TRAN	min	mm WS/a	Transpirierte Wassermenge zur Assimilatproduktion (Minimum von VWAS und $1000 \cdot$ TRAK $\cdot$ PROD). Dient als Eingang in das Teilmodell 'System Baum'.
VERB	lim	mm WS/a	Wassermenge, die aus dem B-Horizont in die unteren Bodenschichten versickert. Dieser Block wird nur größer Null, falls die Wassermenge im B-Horizont über der Feldkapazität liegt.
VWAS	lim	mm WS/a	Pflanzenverfügbares Wasser (wird zur Assimilatproduktion benötigt). Im Normalfall gibt VWAS die Differenz von BOFA und WELK an.
WURZ	add	–	Wurzelanteil des Bodens. Im ungekoppelten Zustand ist dieser Wert konstant gleich 0.1 gesetzt.

Gewichte:

Name	Wert	Beschreibung
AHAN	0.166 [–]	Anteil des Ah-Horizontes am 'simulierten Boden'.
52	52 [1/a]	Geschwindigkeitskonstante für den Wasserverbrauch.
FELD	170–430 [mm WS]	Feldkapazität eines homogenen Bodens im Ah-Horizont unter Berücksichtigung der Bodenstruktur (THOMPSON/TROEH 1978).
HUWA	15 [mm WS]	Feldkapazitätserhöhung bei einem Volumenprozent Humus im Ah-Horizont (THOMPSON/TROEH 1978).
PHUM	0.04 [–]	Humusanteil des Bodens im Ah-Horizont.
PWUR	0.1 [–]	Wurzelanteil des Bodens im Ah-Horizont.
TRAK	241 $[t_{H_2O}/t_{ASS}]$	Transpirationskoeffizient. Gibt an, wieviel Wasser für die Produktion einer Tonne Assimilate benötigt wird (EIDMANN/SCHWENKE 1967, S. 17).

Name	Wert	Beschreibung
WELK	70-275 [mm WS]	Welkepunkt eines homogenen Bodens im Ah-Horizont unter Berücksichtigung der Bodenstruktur.
X	0.1 [m]	Dicke des Ah-Horizontes.
Y	0.5 [m]	Dicke des B-Horizontes.

9.7 Simulationsläufe

Mit dem ungekoppelten Teilmodell 'Bodenwasser' wurde ebenfalls zur Kontrolle der Lauffähigkeit und zur Überprüfung der Ergebnisse, im Vergleich mit den aus der Literatur entnommenen Daten, ein Simulationslauf unter Normalbedingungen durchgeführt.

Dabei verstehen wir unter Normalbedingungen:

- Niederschlag über das gesamte Jahr
- Welkepunkt des Bodens: 120 [mm WS] Ah-Horizont
- Feldkapazität des Bodens: 415 [mm WS] Ah-Horizont.

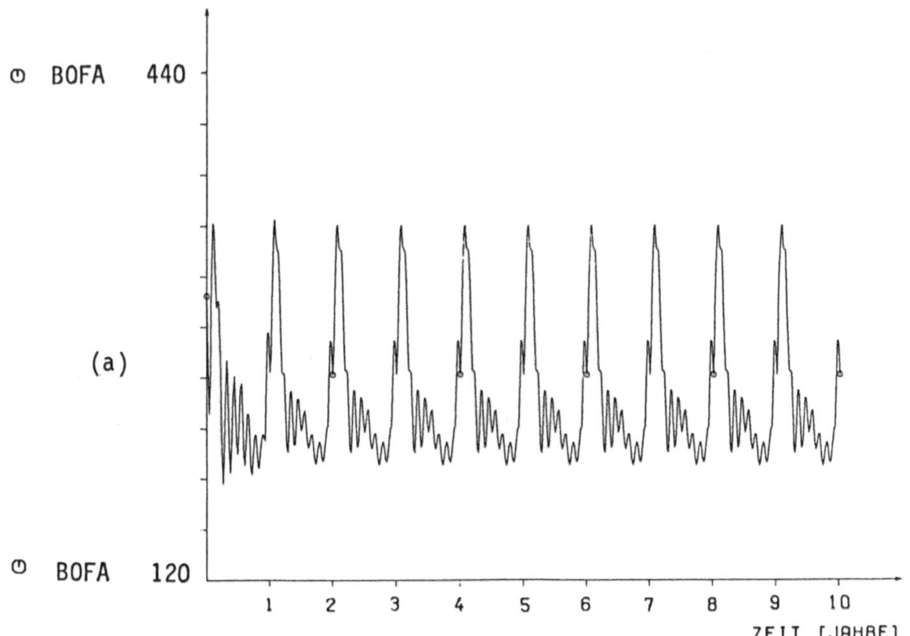

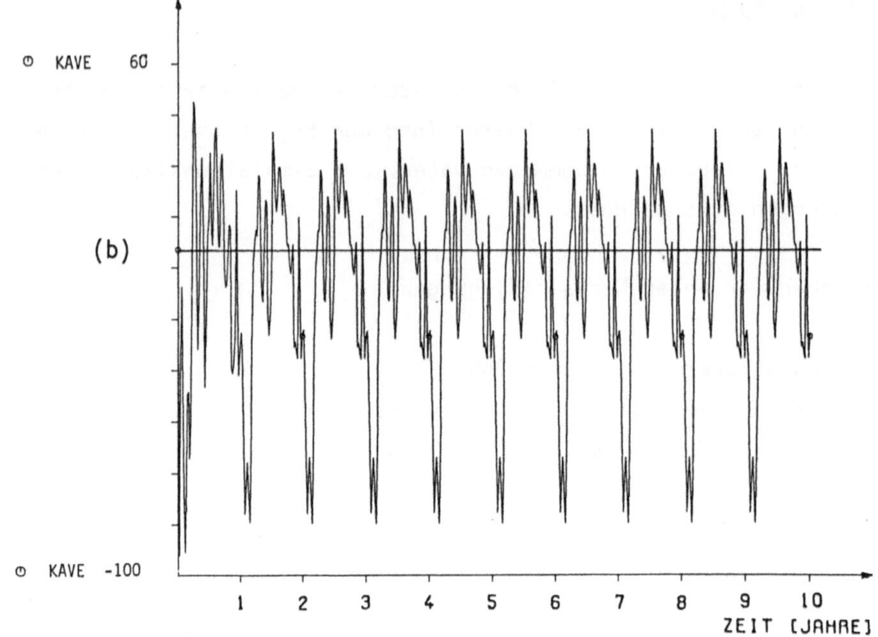

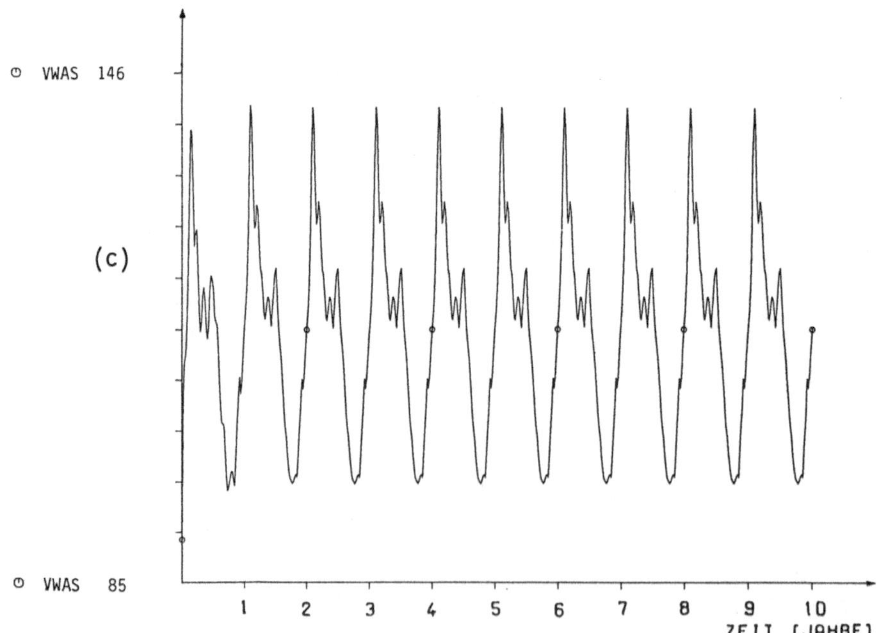

Abb. 9.7: Normallauf für den Integrator BOFA (a), den kapillaren Aufstieg bzw. die Versickerung KAVE (b) und für das zur Verfügung stehende Wasser VWAS (c).

Die Wassermenge im Boden des Ah-Horizontes liegt sofort bei Simulationsbe-
ginn zwischen Welkepunkt und Feldkapazität, und auch die Flußraten des
Bodens liegen nach einer kurzen Einschwingphase von etwa drei Monaten in
den zu erwartenden Grenzen.

Im Winter erreicht der Boden seinen größten Feuchtigkeitsgrad. Der Grund
hierfür ist, daß in dieser Zeit so gut wie keine Transpiration stattfindet
und somit dem Boden kaum Wasser entnommen wird. Im Winter ist auch die
Menge des pflanzenverfügbaren Wassers sowie die Versickerung am größten.

Etwa ab Mitte Februar wird dem Boden durch eine höhere Transpiration mehr
Wasser entnommen, und somit fällt das Bodenwasser leicht ab, bis es in den
Frühlings- und Sommermonaten seinen tiefsten Stand erreicht hat. Aufgrund
der geringen Wassermenge im Ah-Horizont versickert dann auch sehr wenig.
In den Sommermonaten erfolgt sogar ein kapillarer Aufstieg. Erst im
Herbst, wenn die Transpiration wieder nachläßt, steigt das Wasser im Boden
und somit auch das verfügbare Wasser sowie die Versickerung erneut an, bis
sie im Winter wieder ihren Höchststand erreicht haben.

Zur weiteren Überprüfung des Teilmodells 'Bodenwasser' wurden noch zwei
Testläufe durchgeführt:

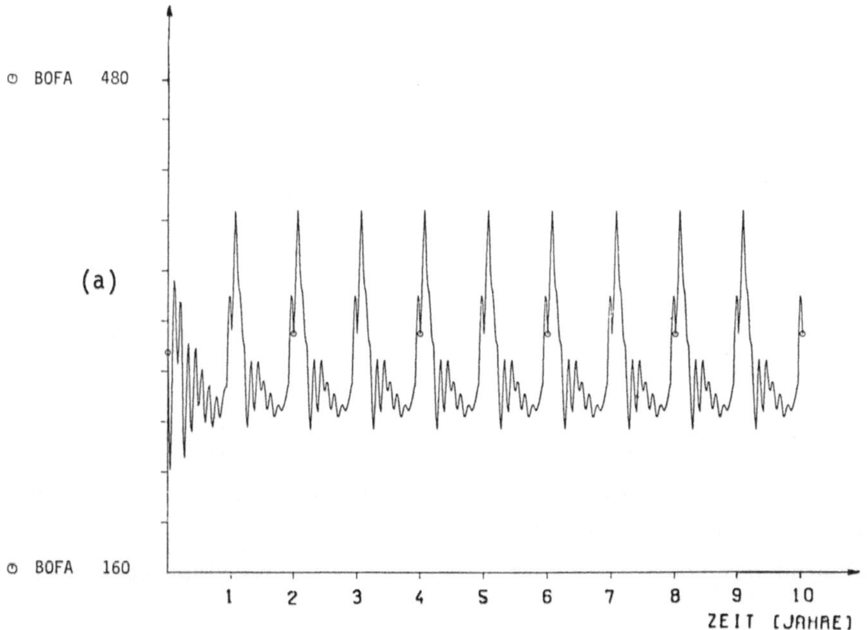

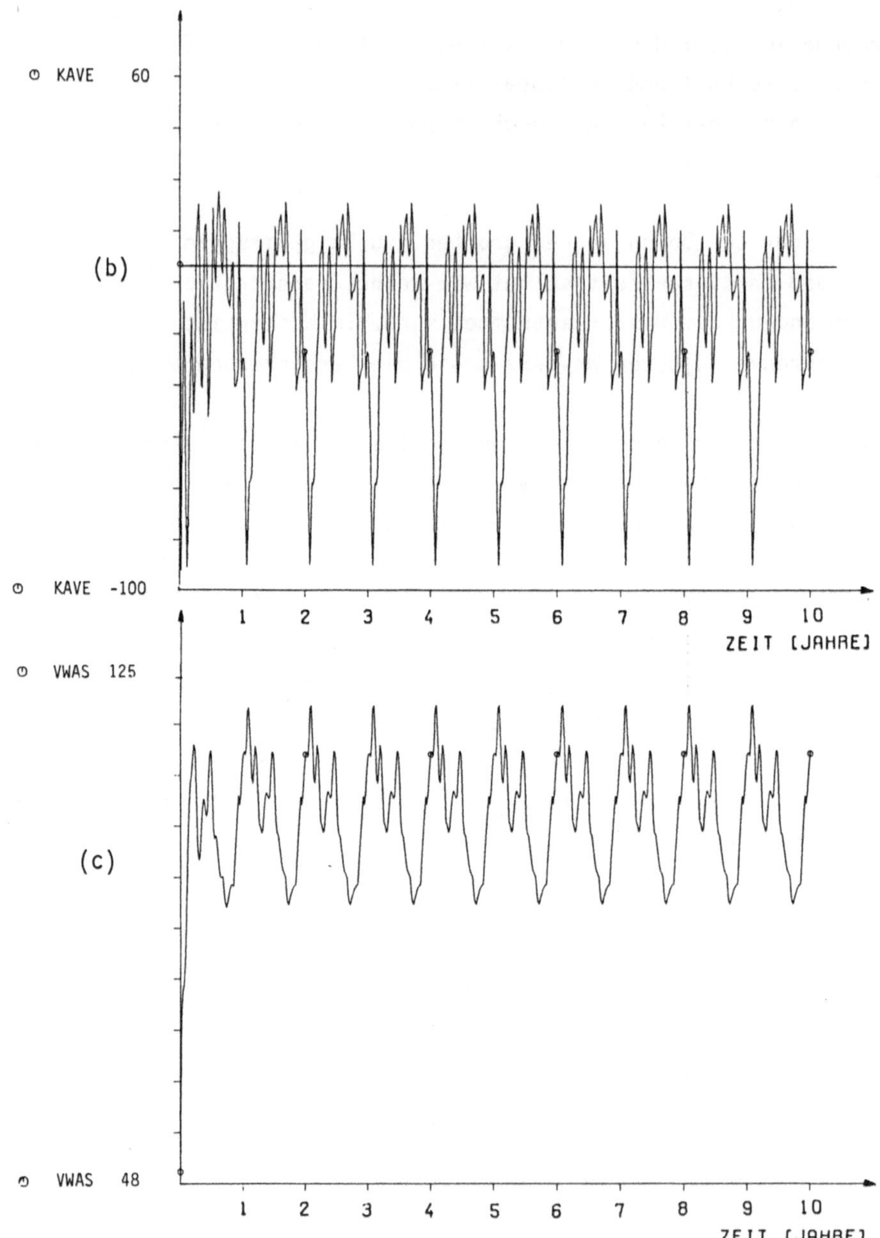

Abb. 9.8: (a), (b), (c) Testlauf mit Feldkapazität 450 [mm WS] und Welkepunkt 200 [mm WS].

Modifiziert man Welkepunkt und Feldkapazität, so bleiben die Wassermenge
und auch die Flußraten im Boden über den gesamten Simulationszeitraum in
den zu erwartenden Grenzen. Lediglich der tiefste bzw. der höchste
Feuchtigkeitsgrad des Bodens hat sich gegenüber dem Normallauf verändert.

Ein angenommener Regenausfall im Juni macht sich im Modell dadurch bemerkbar, daß im Juni der tiefste Stand des Bodenwassers erreicht wird und daraus resultierend ein sehr hoher kapillarer Aufstieg beobachtet werden kann.

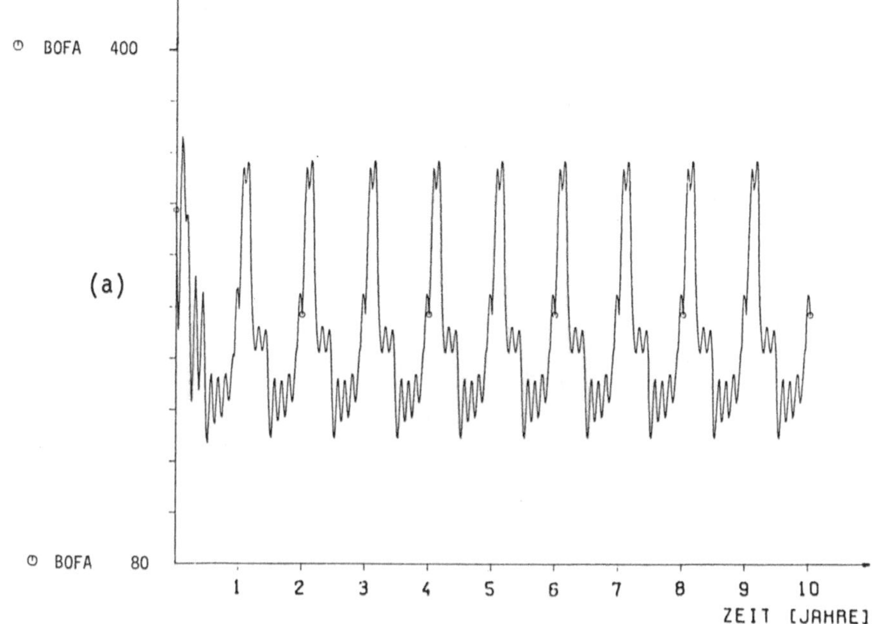

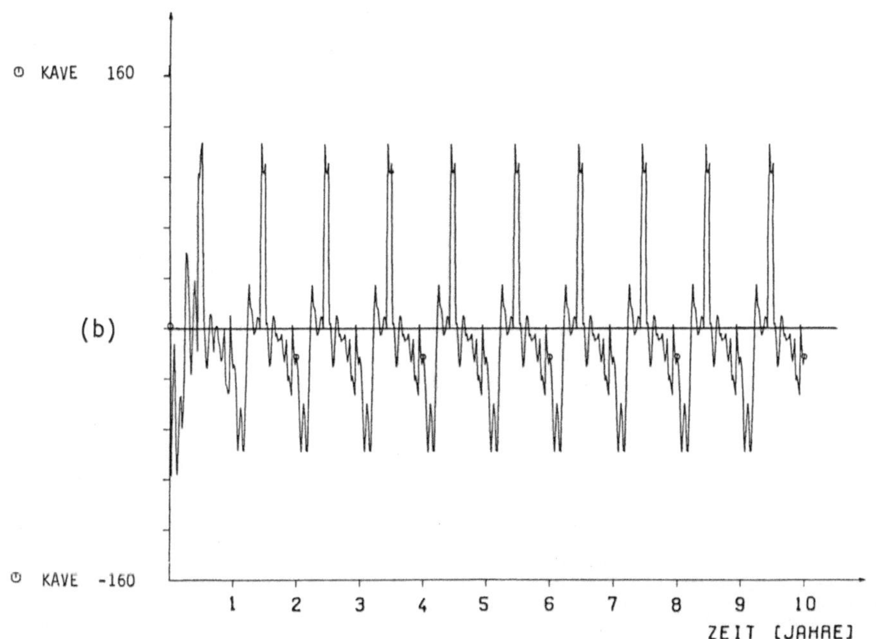

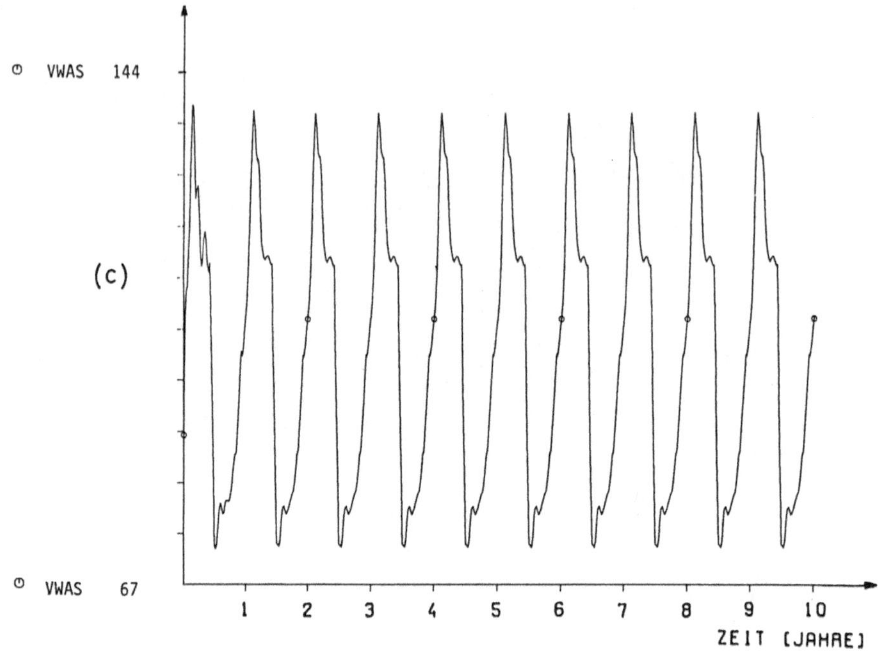

Abb. 9.9: (a), (b), (c) Testlauf mit einem angenommenen Regenausfall im Juni.

10 Verkopplung des Systems Baum mit den anderen Teilmodellen

D. Gockert

10.1 Überblick

Nachdem die vier Teilmodelle 'System Baum', 'Bodenchemie', 'Mineralisierung' und 'Bodenwasser' fertiggestellt und einzeln ausgetestet waren, wurde durch Verkopplung dieser Teilmodelle das Gesamtmodell zur Computersimulation des Waldsterbens erstellt.

Die Kopplung unterteilt sich in zwei Abschnitte:

1. Ersetzen von externen Größen durch Verbindung zu anderen Teilmodellen (Abschn. 10.2).

2. Veränderung von Parametern zur 'Eichung' der im Modell vorhandenen Größen an den realen Verhältnissen (Abschn. 10.3).

Die Veränderung von Parametern ist notwendig, da sich durch teilweise neu hinzukommende Rückkopplungsschleifen andere Flußraten gegenüber den Teilmodellen ergeben.

Die Simulationsergebnisse des verkoppelten Gesamtmodells sind in Kap. 11 beschrieben.

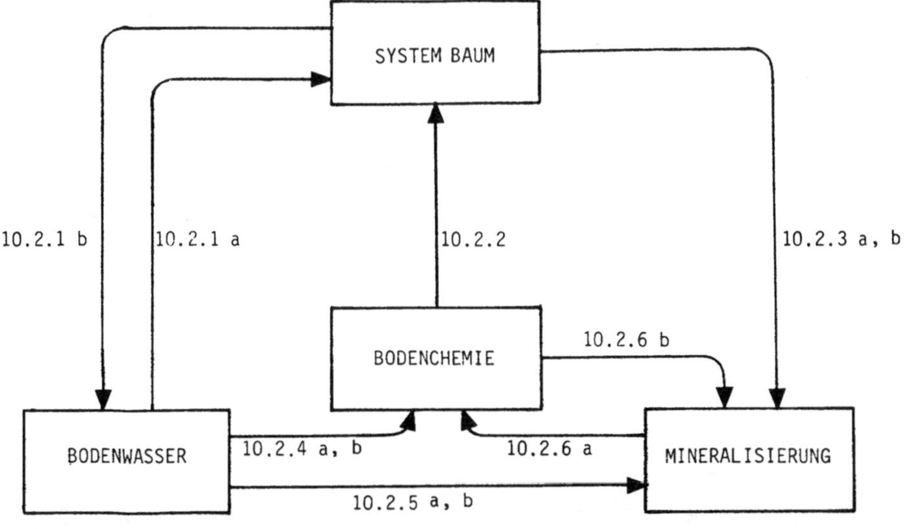

<u>Abb. 10.1:</u> Verkopplung der Teilmodelle

10.2 Verbindungen zwischen den Teilmodellen

10.2.1 Kopplung 'System Baum' / 'Bodenwasser'

a) Es wird angenommen, daß 5/12 der Wurzeln im Ah- und 7/12 der Wurzeln
des Baumes im B-Horizont sind. Diese Wurzeln können 100 % des Wassers im
Ah- und 29 % des Wassers im B-Horizont erreichen. Der dem Welkepunkt bzw.
der Feldkapazität entsprechende Wassergehalt erhöht sich für diesen Bodenkörper um das 12/5-fache. Das vom Baum verfügbare Wasser F3 ist damit das
Minimum der beiden Zahlen

$$12/5 \cdot (\text{Wassergehalt bei Feldkapazität} - \text{Wassergehalt bei Welkepunkt})$$

und

$$\text{Bodenwasser im Ah-Horizont} + 0.29 \cdot \text{Bodenwasser im B-Horizont}$$
$$- 12/5 \cdot \text{Wassergehalt bei Welkepunkt.}$$

Zur Umrechnung von F3 in wöchentlich verfügbares Wasser (vgl. Abschn. 6.4.3)
wird diese Größe mit 52 multipliziert. Bildet man nun das Minimum zwischen
dem so berechneten verfügbaren Wasser und der vom Baum maximal möglichen
Assimilatproduktion PROD (multipliziert mit $10^3 \cdot \textit{TRAK}$ zur Umrechnung in
benötigte Liter pro Hektar und Jahr), so erhält man die transpirierte Wassermenge TRAN. Durch die Verbindungen von TRAN nach REST und U3 (mit dem
Gewicht $1/(\textit{TRAK} \cdot 10^3)$) wird die aktuelle Assimilatproduktion in das Teilmodell 'System Baum' gemeldet.

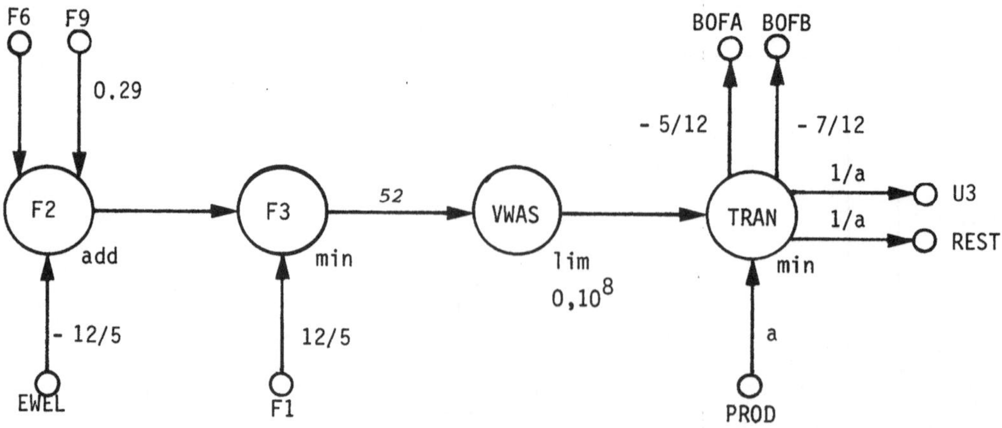

Abb. 10.2: Berechnung der transpirierten Wassermenge TRAN ($a = \textit{TRAK} \cdot 10^3$)

b) Die Tabellenfunktionen für die Laub- und Wurzelmenge im Teilmodell
'Bodenwasser' werden durch Verbindungen der entsprechenden Blöcke LAUB
und WURZ aus dem Teilmodell 'System Baum' ersetzt. Dabei muß die Wurzelmenge durch die Gewichtung mit 0.001 in Volumenprozent des Ah-Horizontes
umgerechnet werden.

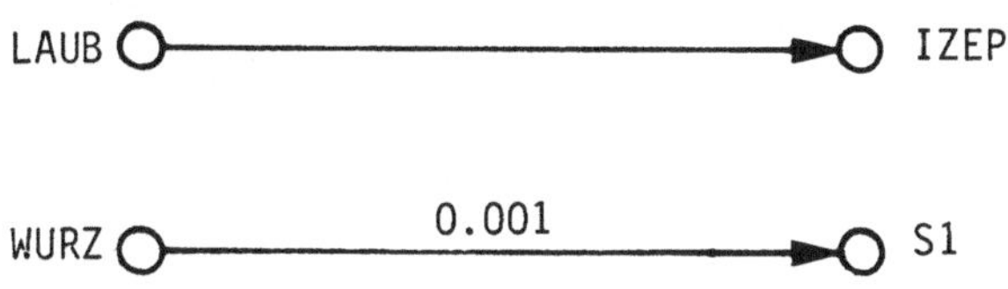

<u>Abb. 10.3</u>: Kopplung 'System Baum' / 'Bodenwasser'

10.2.2 Kopplung 'System Baum' / 'Bodenchemie'

Der im Teilmodell 'Bodenchemie' berechnete pH-Wert wird in die Tabellenfunktion SCHA (Abb. 10.4) gemeldet.

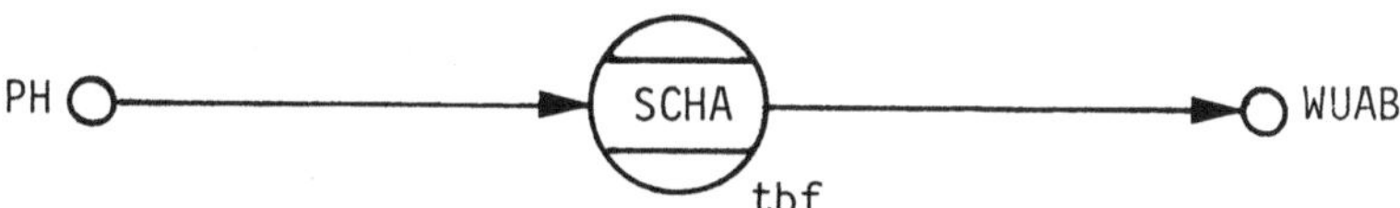

<u>Abb. 10.4</u>: Kopplung 'System Baum' / 'Bodenchemie'

10.2.3 Kopplung 'System Baum' / 'Mineralisierung'

a) Zur Bestimmung des Mangel- und Düngeeinflusses des jetzt vom Teilmodell
'Mineralisierung' gemeldeten pflanzenverfügbaren Stickstoffs (NH_4^+ und NO_3^-)
wird wieder ein Angebot/Bedarfs-Vergleich nötig. Dabei wird angenommen,
daß das N-Angebot NDEP vom Baum in einer Woche vollständig verbraucht
werden kann. Dies wird durch Multiplikation von NDEP mit *52* realisiert
(vgl. Abschn. 6.4.5). Zudem beziehen sich sämtliche Meldungen des "System
Baum' auf den gesamten Bodenkörper, die des Teilmodells 'Mineralisierung'
jedoch nur auf den Ah-Horizont, der bezüglich der Wurzelmasse 5/12 des
Gesamtbodens ausmacht. Dies ist durch die Gewichtung $1/((5/12) \cdot 10^3)$ an
den Verbindungen NH4→NDEP und NO3→NDEP berücksichtigt. Zusätzlich wird

von Kilogramm auf Tonnen umgerechnet. Wie im Teilmodell 'System Baum'
geht man auch im gekoppelten Zustand von einer nicht verfügbaren Stick-
stoffbelegung von $NFST$ = 2.5 Kilogramm pro Hektar im Ah-Horizont aus, die
natürlich auch auf den Gesamtboden und auf Tonnen umgerechnet wird. In
dem Block AUFN wird nun die tatsächliche Aufnahme von Stickstoff aus dem
Boden bestimmt. Die normale Stickstoffaufnahme des Baumes wird durch
einen Faktor MD modifiziert, der Düngeeffekte oder Stickstoffmangel berücksichtigt.
MD nimmt in Abhängigkeit von NH4 + NO3 folgende Werte an:

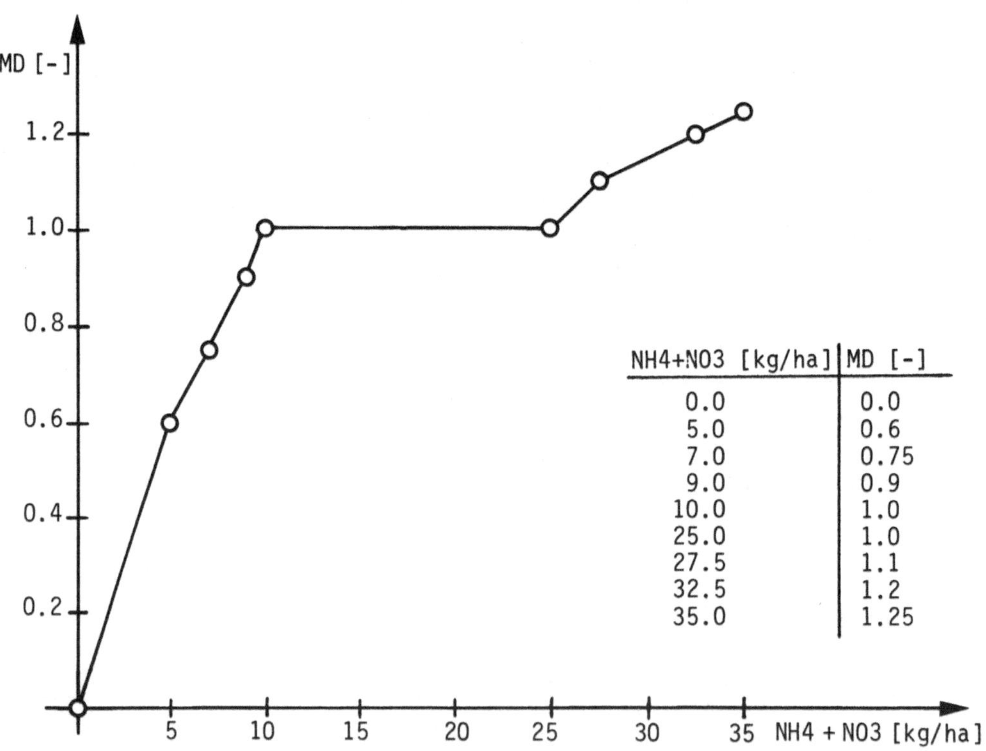

NH4+NO3 [kg/ha]	MD [-]
0.0	0.0
5.0	0.6
7.0	0.75
9.0	0.9
10.0	1.0
25.0	1.0
27.5	1.1
32.5	1.2
35.0	1.25

Abb. 10.5: Einfluß von Mangel-/Düngeeffekten auf die Stickstoffaufnahme

Nach Berechnung von AUFN = MD · NENT erhält man die Ammonium- und Nitrat-
aufnahme des Baumes durch Multiplikation von AUFN mit PAAM = NH4 / (NH4 + NO3)
(Ammoniumaufnahme ENH4) bzw. PANI = 1 - PAAM (Nitrataufnahme ENO3). ENH4 und
ENO3 ersetzen im Teilmodell 'Mineralisierung' die Blöcke AMAU und NIAU.

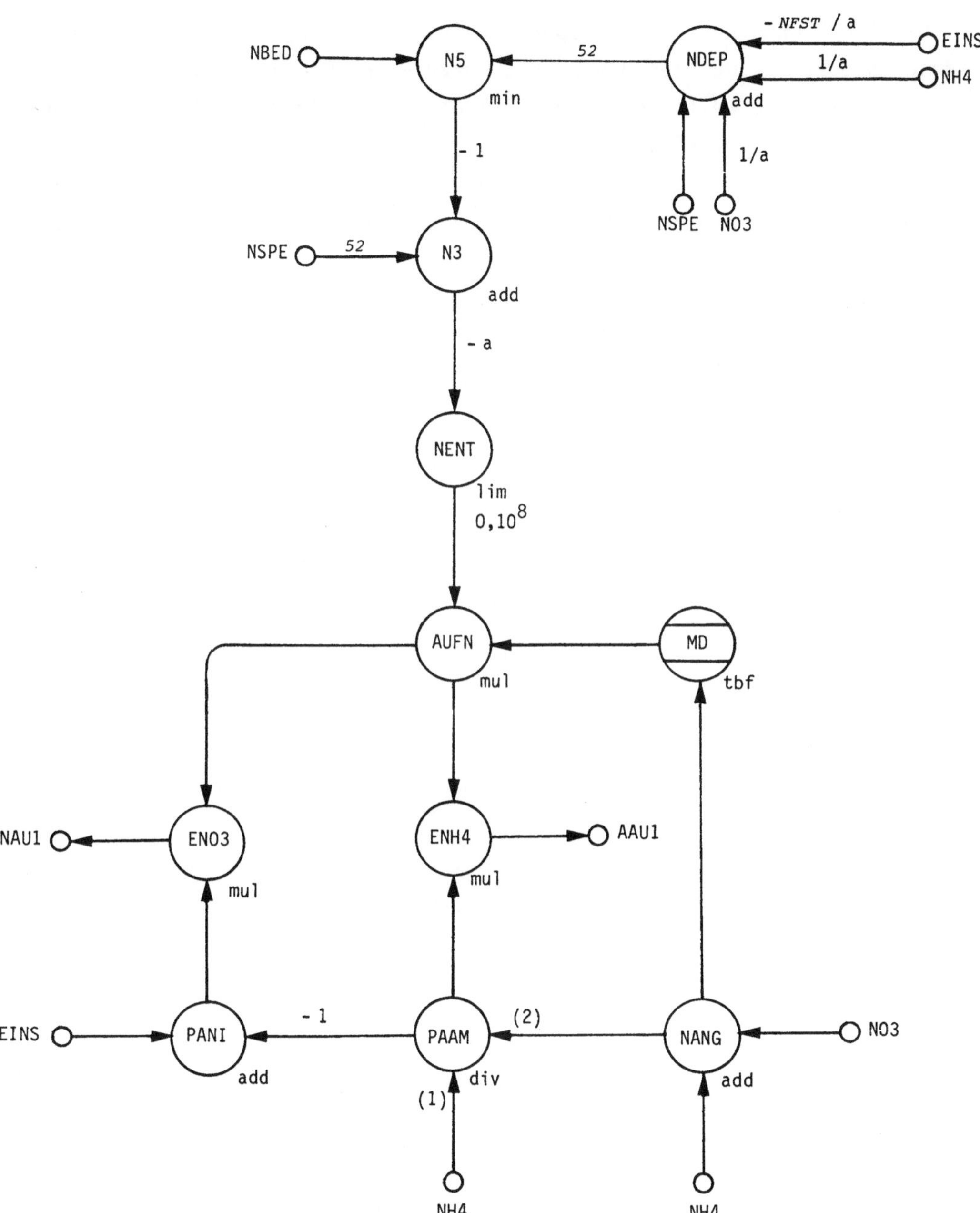

__Abb. 10.6:__ Stickstoffaufnahme des Baumes aus dem Boden (a = (5/12) · 10³)

b) Der Block NWAB aus dem Teilmodell 'Mineralisierung' wird durch einen Addierer ersetzt, welcher die Laub-, Wurzel- und Biomasseabwurfraten addiert und diese weiter nach TOSU meldet. Die Gewichte an den Verbindungen zwischen den Abwurfraten und NWAB (*NLAU, NWUR, NBIO*) sind eine Umrechnung von Tonnen organische Trockensubstanz pro Hektar und Jahr in Tonnen Stickstoff pro Hektar und Jahr. Von dieser Stickstoffmenge werden 5/12 dem Ah-Horizont zugeführt (Gewicht TOSU→NWAB : (5/12) · 1000 berücksichtigt zusätzlich Umrechnung von Tonnen in Kilogramm).

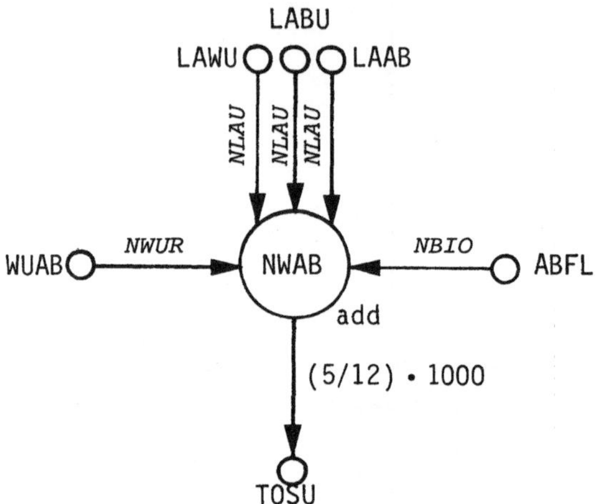

Abb. 10.7: Gesamtabwurfrate aus Laub, Wurzeln und Biomasse

10.2.4 Kopplung 'Bodenwasser' / 'Bodenchemie'

a) Die Tabellenfunktion BOF im Teilmodell 'Bodenchemie' wird gelöscht und durch das im Teilmodell 'Bodenwasser' berechnete aktuelle Bodenwasser im Ah-Horizont BOFA ersetzt. Die Verbindungen müssen mit 10^{-4} (zur Umrechnung von Liter pro Hektar in Volumenprozent des Ah-Horizontes) gewichtet werden.

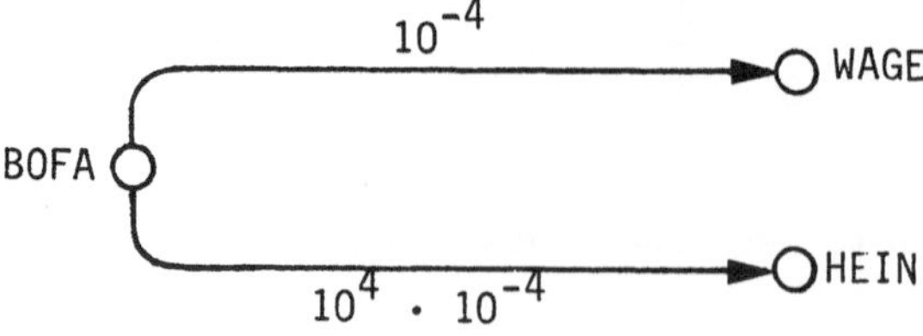

Abb. 10.8: Kopplung 'Bodenwasser' / 'Bodenchemie'

b) Der Block PVER bestimmt die prozentuale Versickerungsmenge des Wassers im Ah-Horizont gemäß

$$PVER = - KAVE / BOFA ,$$

wobei - KAVE auf positive Werte limitiert wird. Unter der Annahme, daß die H -Ionen gleichmäßig im Bodenwasser verteilt sind, erhält man die ausgewaschene Menge an H -Ionen durch Multiplikation der Blöcke PVER und H+ . Diese Größe wird negativ nach HION gemeldet.

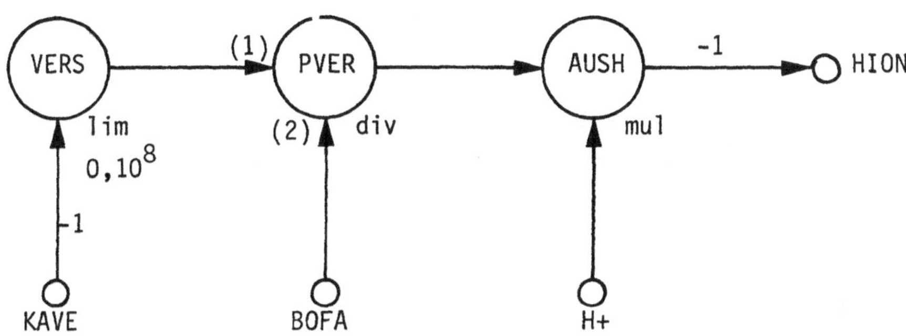

Abb. 10.9: Berechnung der prozentualen Versickerung und der Auswaschung an H -Ionen aus dem Ah-Horizont

10.2.5 Kopplung 'Bodenwasser' / 'Mineralisierung'

a) Die im Teilmodell 'Mineralisierung' als konstant vorausgesetzte prozentuale Bodenfeuchte (in Prozent des Wassergehaltes bei Feldkapazität) wird durch die im Teilmodell 'Bodenwasser' berechnete prozentuale Bodenfeuchte PBOF ersetzt.

Abb. 10.10: Kopplung 'Bodenwasser'/'Mineralisierung'

b) Abhängig von der prozentualen Versickerung (analog zur Berechnung von AUSH) erhält man die Auswaschungen AUSN und AUSA von Nitrat und Ammonium. Aber nur 33 % des Inhaltes von NO3 und 0.25 % von NH4 können ausgewaschen werden (s. Abschn. 8.4).

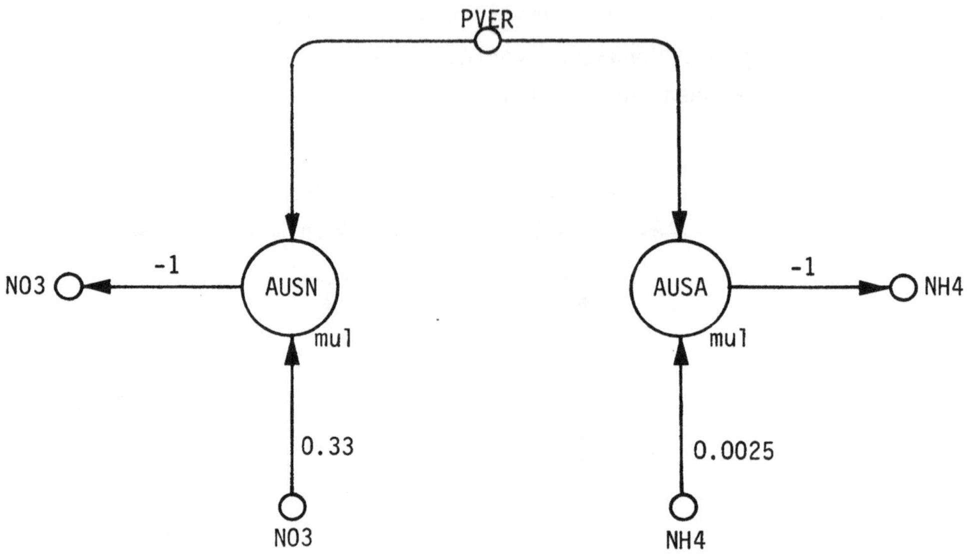

Abb. 10.11: Auswaschung an Nitrat und Ammonium in Stickstoffäquivalenten

10.2.6 Kopplung 'Bodenchemie' / 'Mineralisierung'

a) Der im Teilmodell 'Mineralisierung' errechnete H - Ioneneintrag H in den Boden wird durch eine Verbindung von H nach SKAL mit Gewichtung von $(5/12) \cdot 1000$ (analog Abschn. 10.2.3 b) in das Teilmodell 'Bodenchemie' gemeldet.

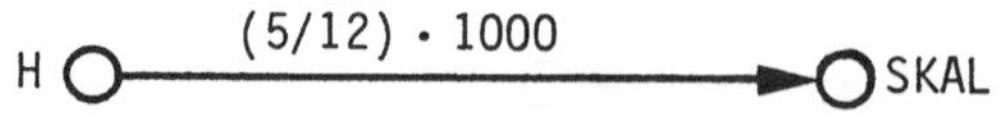

Abb. 10.12: H - Ioneneintrag in den Boden

b) Zur Berechnung der Schädigungskoeffizienten EGNI und EGAM im Teilmodell 'Mineralisierung' wird der aktuelle pH-Wert benötigt, d.h. der externe Block PH wird gelöscht und durch den Block aus dem Teilmodell 'Bodenchemie'

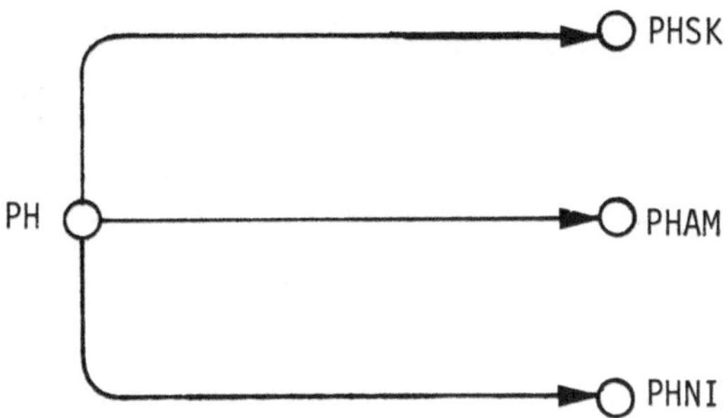

Abb. 10.13: Beeinträchtigung von Ammonifikation und Nitrifikation durch den pH-Wert des Bodens

c) Die im Teilmodell 'Mineralisierung' vorkommenden Blöcke HION und AUSH sind im gekoppelten Gesamtmodell überflüssig und können daher gelöscht werden.

10.3 Veränderung von Parametern

a) Die künstliche Einschränkung des transpirierten Wassers sowie der Evaporation im entkoppelten Teilmodell 'Bodenwasser' wird im Gesamtmodell überflüssig, d.h. an den Verbindungen F2 und F3 sowie R1 und R2 werden die Gewichte auf 1 bzw. *52* erhöht.

b) Der Transpirationskoeffizient *TRAK* und der Förderkoeffizient *FOEK* erhalten die neuen Werte: 100 Tonnen Wasser pro Tonnen organischer Trockensubstanz und 1500 Tonnen Wasser pro Tonnen Wurzeln und Jahr.

c) Im Teilmodell 'Mineralisierung' wird davon ausgegangen, daß pro Jahr genausoviel der toten organischen Substanz ammonifiziert wird, wie durch Nadel-, Wurzel- und Biomasseabwurf des Baumes im Normalfall eingetragen wird. Aus diesem Grunde erhält die Verbindung zwischen TOSU und ABAM das Gewicht *AB1* = 0.021.

d) Der Eintrag an N_{org}, NO3 - N, NH4 - N und H -Ionen durch den Regen (s. Abb. 8.4) wird neueren Werten aus der Literatur angeglichen, um den gesteigerten N-Emissionen (s. Abschn. 2.2) Rechnung zu tragen. Die Verbindungen zwischen REGE (Niederschlagsmenge) und REGO, REGN, REGA, REGH erhalten damit die Gewichte:

234

$$RE1 = 5 \cdot 10^{-7}, \quad RE2 = 9 \cdot 10^{-7}, \quad RE3 = 8 \cdot 10^{-7}, \quad RE4 = 1.8 \cdot 10^{-7} \; .$$

e) Bei den Tabellenfunktionen POLC, POLS, POLF und POLO (Schädigung durch HCl, SO_2, HF und O_3) aus dem Teilmodell 'System Baum' wird der dritte Wert von 0.2 auf 0.388 heraufgesetzt. POLS (repräsentativer Schadstoff) erhält damit folgende Gestalt:

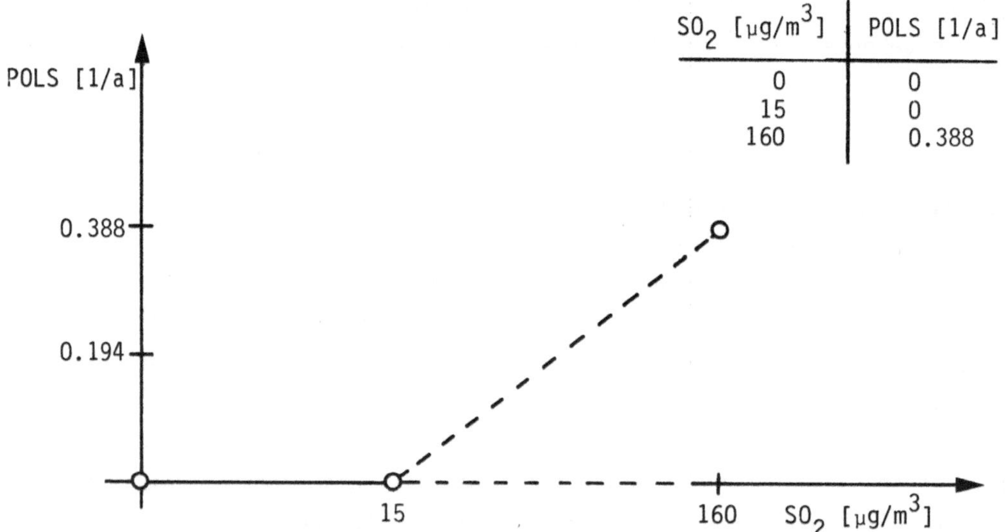

SO$_2$ [µg/m^3]	POLS [1/a]
0	0
15	0
160	0.388

Abb. 10.14: POLS: Schädigung durch Schwefeldioxid

f) Der Stickstoffanteil des Laubes wird von 1 % auf 1.25 % erhöht. Im Simulationsmodell wird dies durch Modifikation des Gewichtes zwischen ALAU nach NBED realisiert, d.h. das Gewicht wird von 0.01 auf 0.0125 erhöht. Diese Veränderung des Parameters muß bei Abwurf des Laubes berücksichtigt werden. Also erhöht sich das Gewicht zwischen LAAB und NSPE von 0.0005 auf 0.000625.

11 Simulationsergebnisse mit dem verkoppelten Gesamtmodell

11.0 Überblick

In diesem Kapitel geben wir die Simulationsergebnisse für einige charakteristische Läufe mit dem verkoppelten Gesamtmodell wieder, die im Zusammenhang mit der Diskussion um das Waldsterben besonders interessieren dürften.

Das Gesamtmodell zeigt grundsätzlich die gleiche Verhaltensdynamik, wie sie bereits beim 'System Baum' beobachtet wurde: bei fehlender Schadstoffbelastung ergibt sich Normalwachstum, bei geringer (unterkritischer) chronischer Belastung von Laub und/oder Feinwurzeln kümmert der Baum ohne abzusterben, und bei einer über einem kritischen Schwellenwert liegenden (überkritischen) Belastung stirbt der Baum früher oder später unweigerlich ab, wenn nicht rechtzeitig drastische Gegenmaßnahmen getroffen werden. Überkritische Belastung kann dabei auch durch gleichzeitige, jeweils unterkritische Belastung durch verschiedene Schadstoffe erreicht werden.

Wir stellen hier die folgenden Simulationsläufe vor:

Normallauf: Simulation unter 'natürlichen' Bedingungen ohne Immissionsbelastungen.

Unterkritische Blattbelastung: Chronische Schadstoffbelastung über den Blattpfad, die aber nicht zum Zusammenbruch führt.

Überkritische Blattbelastung: Chronische Schadstoffbelastung über den Blattpfad, die einen kritischen Schwellenwert überschreitet und früher oder später zum Zusammenbruch führt.

Überkritische Wurzelbelastung: Chronische Schadstoffbelastung über den Wurzelpfad, die einen kritischen Schwellenwert überschreitet und früher oder später zum Zusammenbruch führt.

Kombinierte unterkritische Belastung: Gleichzeitige chronische Belastung über den Blattpfad und über den Wurzelpfad mit einzeln unterkritischen Belastungswerten, die aber in Kombination überkritisch wirken und zum Zusammenbruch führen.

Kompensationskalkung: Aufhebung der Schadwirkung über den Bodenpfad durch Säureabpufferung durch Kalkung.

Revitalisierungsdüngung: Abstoppen der weiteren Säurezufuhr kurz vor dem Zusammenbruch durch Kalkung.

Emissionsminderung: Drastische Emissionsminderung kurz vor dem Zusammenbrechen des Bestands durch überkritische Belastung über den Blattpfad.

Die wichtigsten Erkenntnisse aus den Simulationsläufen werden im nächsten Kapitel zusammengefaßt dargestellt und gewertet.

11.1 Simulationslauf unter Normalbedingungen

Ein Simulationslauf ohne Immissionsbelastung und mit mäßigem Säureeintrag sowie durchschnittlichen Klimabedingungen wird als 'Normallauf' definiert. Bei diesen Setzungen ergibt sich 'normales' Wachstum des Bestandes (jährlicher Zuwachs 4,4 t = untere Bonität) bei - von den jahreszeitlichen Schwankungen abgesehen - relativ gleichbleibenden Bestandesgrößen (Laub, Wurzeln, Assimilate) und relativ konstanten Bodenparametern (pH, Nitrat- und Ammoniumstickstoff, Bodenfeuchte), abgesehen von der durch die hohe Stickstoffdeposition bewirkten Zunahme des organisch gebundenen Stickstoffs (TOSU) im Oberboden (s. Abb. 11.1). Der 'Normallauf' dient als Referenz für die folgenden Simulationsläufe; die jeweiligen Differenzen zeigen die Wirkungen unterschiedlicher Streßfaktoren bzw. Sanierungsmaßnahmen.

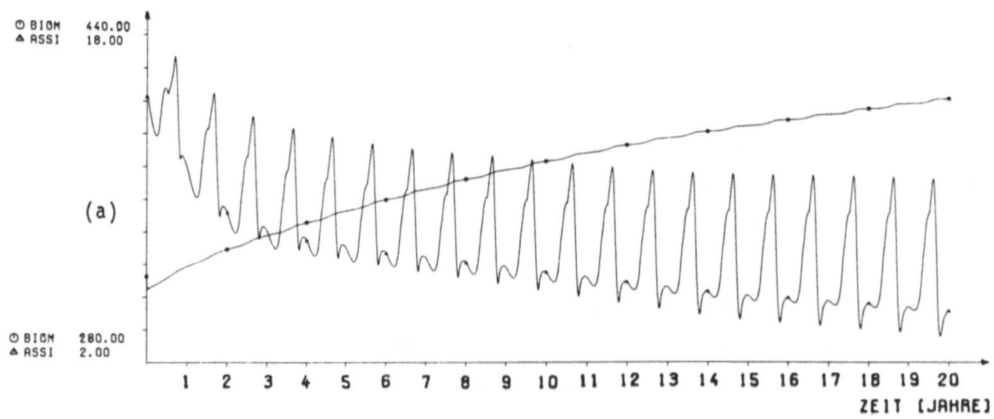

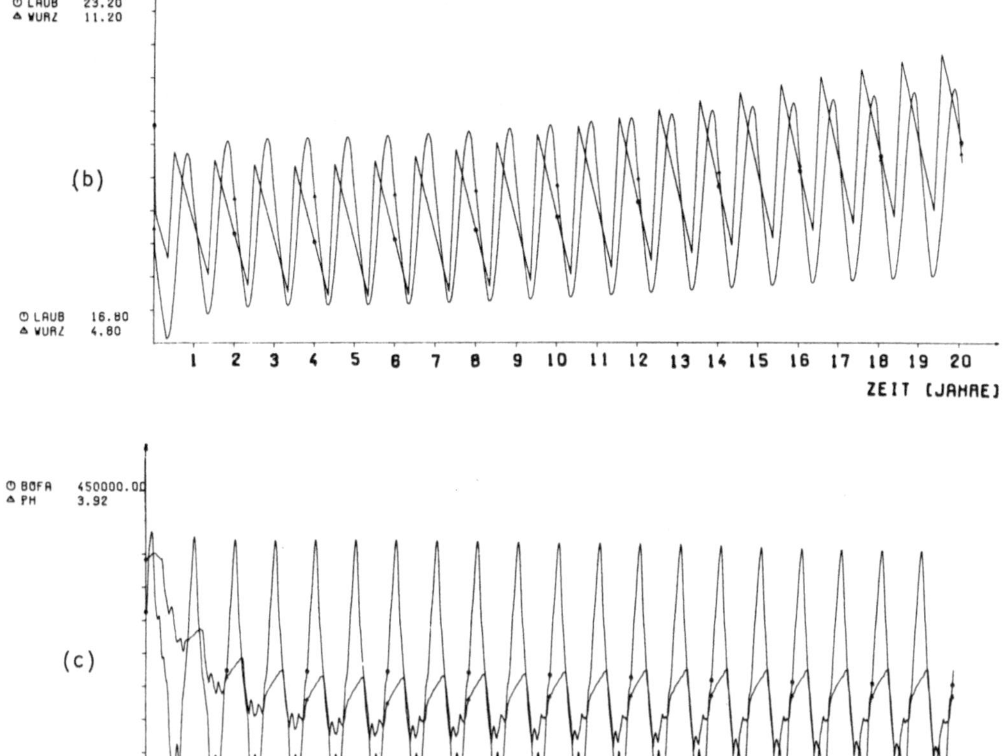
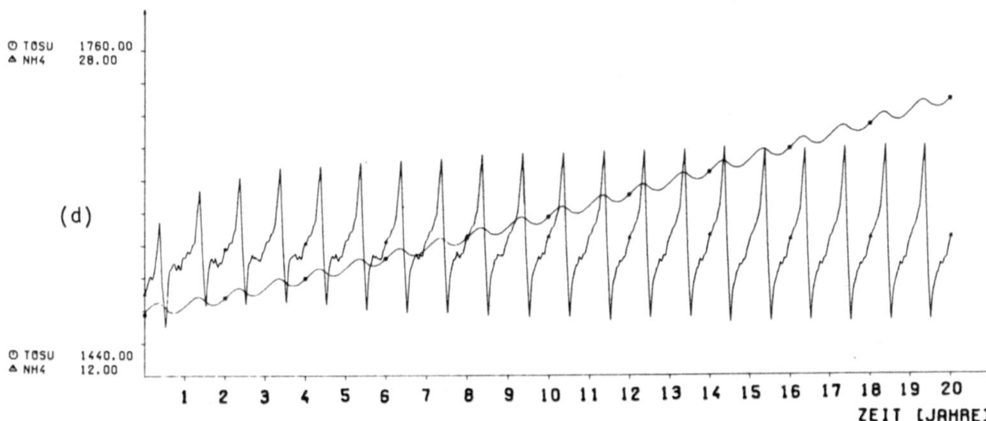

Abb. 11.1: Zeitliche Entwicklung von Holzmasse BIOM, Assimilaten
ASSI (a), Laubmenge LAUB, Feinwurzelmenge WURZ (b), Bodenfeuchte im Ah-Horizont BOFA, pH-Wert PH (c), toter organischer Substanz TOSU und Ammoniumvorrat NH4 (d) bei unge-
schädigter Normalentwicklung.

238

11.2 Unterkritische Blattbelastung

In Abb. 11.2 ist das Ergebnis eines Simulationslaufes bei einer Schwe-
feldioxid-Belastung von 90 µg/m^3 (Jahresmittel) dargestellt (sonst gleiche Bedingungen wie 'Normallauf'). Im Verlauf einiger Jahre verlieren
die Bäume 40 bis 50 % ihrer Nadeln und Feinwurzeln, der Zuwachs geht
gegen Null. Ohne zusätzlichen Streßfaktor kann der Bestand so jedoch
noch Jahre, ja Jahrzehnte weiterexistieren, daher wird die Belastung
als 'unterkritisch' bezeichnet. Das sich aufgrund des verringerten Bedarfs der Bäume vergrößernde Stickstoffangebot (wie oben exemplarisch
nur durch NH4 repräsentiert) kann zu keiner (bedeutenden) Wachstums-
stimulation im Bestand führen; erhöhte Auswaschungsverluste sind die
Folge.

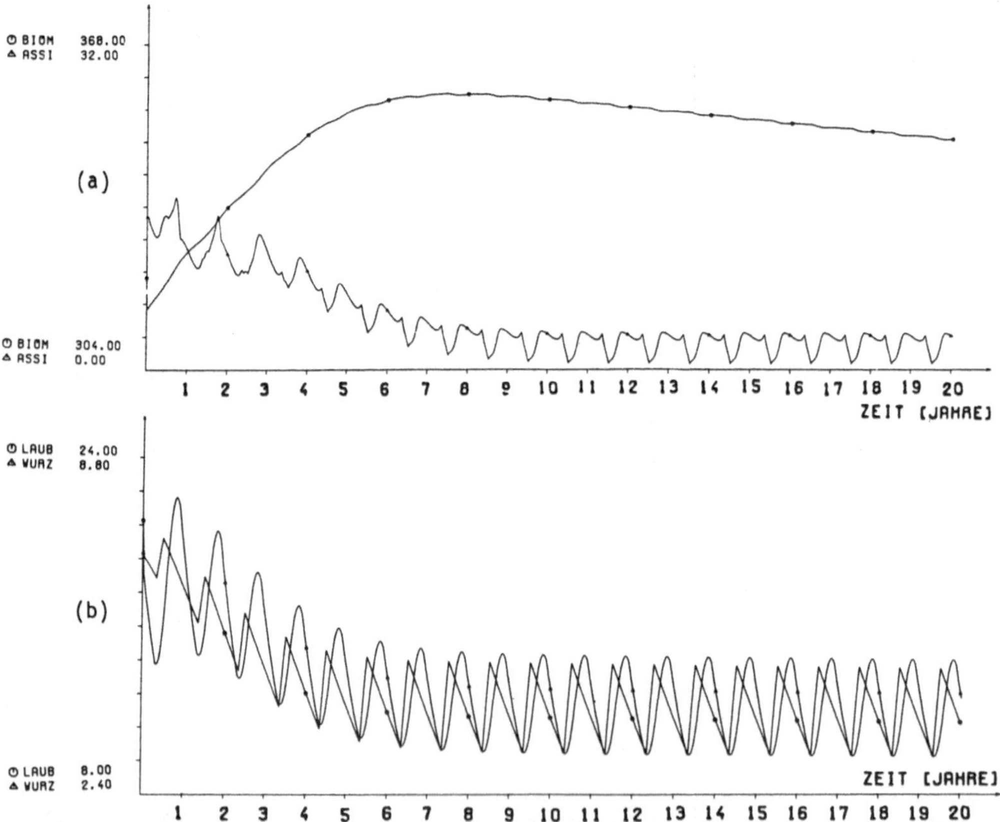

Abb. 11.2: Zeitliche Entwicklung von Holzmasse BIOM, Assimilaten ASSI (a),
Laubmenge LAUB und Feinwurzelmenge WURZ (b) bei unterkritischer Blattbelastung. Der Bestand 'kümmert', bricht aber
nicht zusammen.

11.3 Überkritische Blattbelastung

Abb. 11.3 zeigt die Folgen einer noch höheren SO_2-Belastung als bei
unterkritischer Blattbelastung. Die Assimilation wird so stark beein-
trächtigt, und die dadurch bedingte Unterversorgung der Nadeln und
Wurzeln führt zu einem derart hohen Nadel- und Wurzelverlust, daß der
Bestand innerhalb von 14 Jahren völlig zusammenbricht.

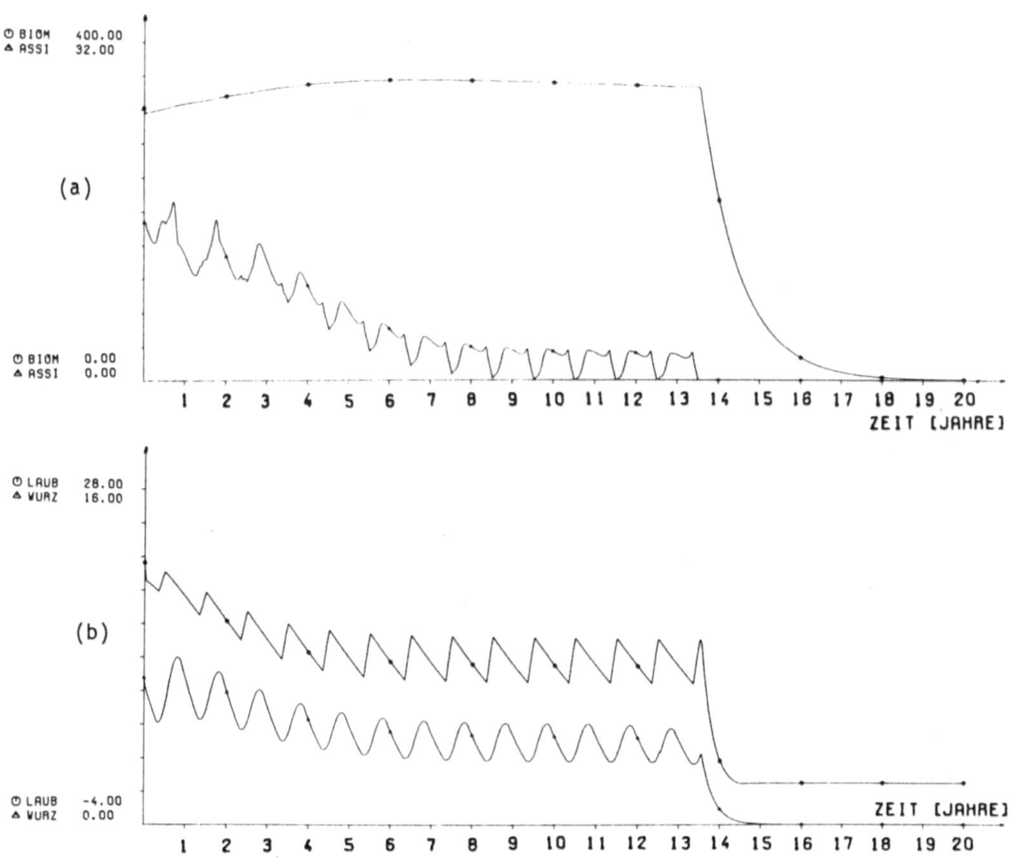

Abb. 11.3: Zeitliche Entwicklung von Holzmasse BIOM, Assimilaten ASSI (a),
Laubmenge LAUB und Feinwurzelmenge WURZ (b) bei überkritischer
Blattbelastung. Obwohl der Bestand über viele Jahre 'lebens-
fähig' erscheint, bricht er plötzlich ohne direkt erkennbare
Ursache zusammen.

11.4 Überkritische Wurzelbelastung

Hoher Säureeintrag und dadurch verursachte Bodenversauerung führt zu
verstärktem Wurzelabsterben. Solange die Belastung nicht zu groß ist,
wird dies durch erhöhte Assimilatverlagerung in den Wurzelraum - auf
Kosten des Zuwachses (vergleichbar mit unterkritischer Blattbelastung) -
kompensiert. Überkritische Belastung führt jedoch nach 10 Jahren zum
Zusammenbruch (vgl. überkritische Blattbelastung).

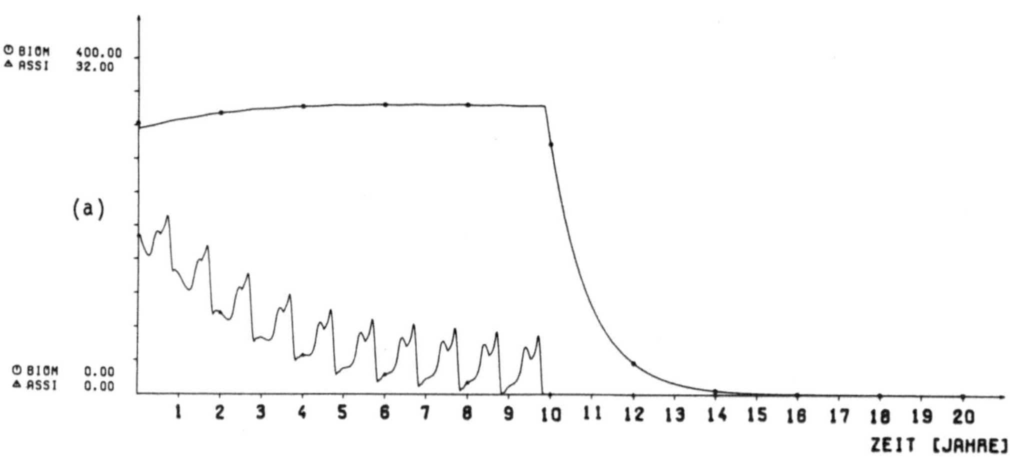

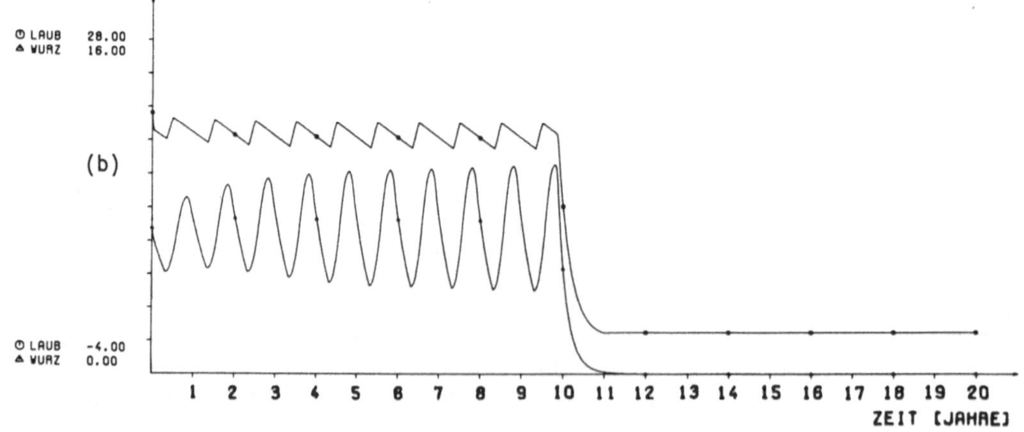

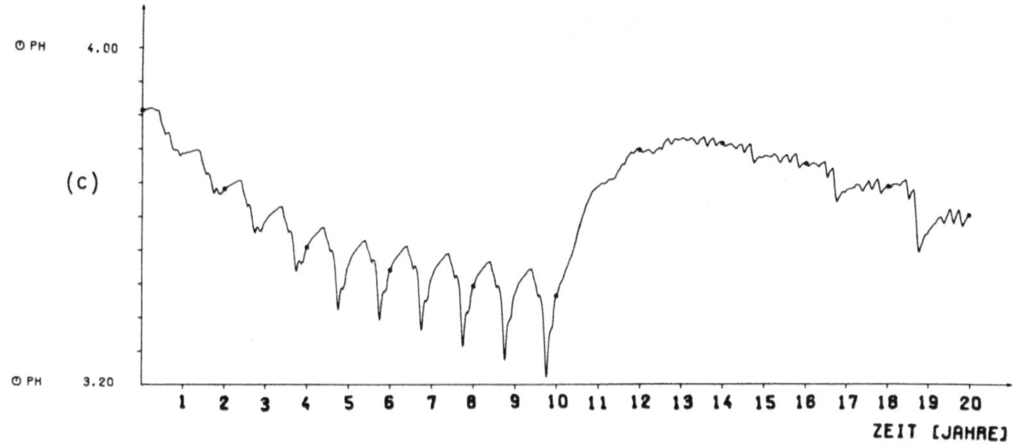

Abb. 11.4: Zeitliche Entwicklung von Holzmasse BIOM, Assimilaten ASSI (a),
Laubmenge LAUB, Feinwurzelmenge (b) und des pH-Wertes PH (c)
bei überkritischer Wurzelbelastung. Der Bestand bricht mit
ähnlichen Symptomen wie bei der überkritischen Blattbelastung
zusammen.

11.5 Kombinierte unterkritische Belastung

Abb. 11.5 zeigt das Ergebnis eines Simulationslaufs bei gleichzeitiger - einzeln jeweils unterkritischer - Belastung des Bestandes von
oben und von unten (Blatt- und Wurzelpfad). Die Wirkungen addieren
sich und führen zwangsläufig innerhalb von 9 Jahren ebenfalls zum
Zusammenbruch des Bestandes.

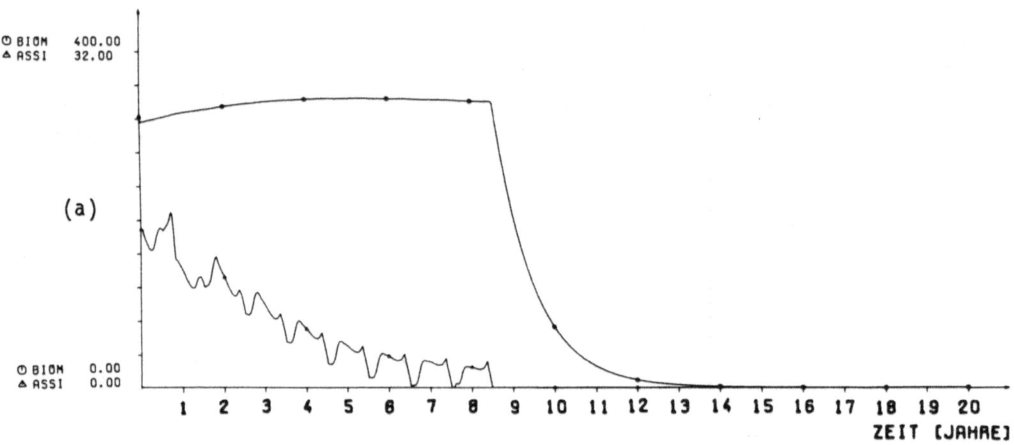

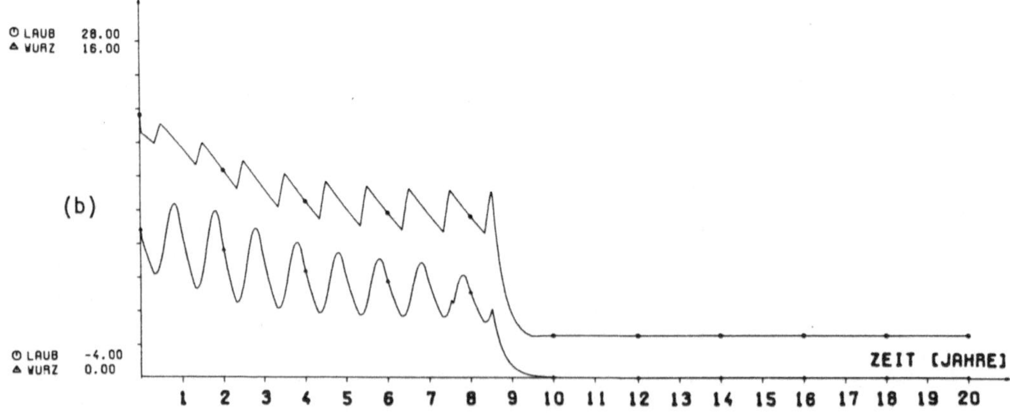

Abb. 11.5: Zeitliche Entwicklung von Holzmasse BIOM, Assimilaten ASSI (a),
Laubmenge LAUB und Feinwurzelmenge WURZ (b) bei kombinierter,
jeweils unterkritischer Belastung über den Blattpfad und den
Wurzelpfad. Der Bestand bricht wegen der insgesamt überkritischen Belastung zusammen.

11.6 Kompensationskalkung

Besonders ULRICH 1980, in der Folge auch noch andere Forstwissenschaft-
ler (ALDINGER 1983 / HÜSER 1983 / GUSSONE 1984 / KENK u.a. 1984) haben auf
die Notwendigkeit der Zufuhr basischer Stoffe (Ca, Mg, K) zur Abschot-
tung der Böden vor weiterer Versauerung hingewiesen. Dieser 'Objekt-
schutz' des Bodens sollte eigentlich prophylaktisch, d.h. vor Eintritt
von Belastungen, erfolgen. Da es jedoch unbelastete Bestände nicht mehr
gibt, sollte diese Kompensationsdüngung, die die verlorengegangenen
Puffersubstanzen (evtl. nebst Phosphat zur weiteren Mobilisierung der
Mikroorganismentätigkeit) ersetzen soll, zumindest noch vor dem Auftreten sichtbarer Schäden einsetzen. In Abb. 11.6 ist das Ergebnis eines
solchen simulierten Eingriffs in ein Waldökosystem dokumentiert. Die
Säureabpufferung wurde hier nicht durch Zufuhr von Calciumcarbonat,
sondern vereinfacht durch ihre eigentliche Wirkung, nämlich das Verhindern des laufenden Eintrags weiterer Protonen, erzeugt. Deutlich ist
der langsame Anstieg des pH-Wertes, aber auch der höhere Nitratgehalt
(Ammonifikation ebenfalls größer: ⟶ Düngung!) aufgrund der Nitrifikan-
ten-Stimulation und damit verbunden die höhere Nitratauswaschung zu erkennen. Diese Gefahr der verstärkten Kontamination des Grundwassers muß
wohl in Kauf genommen werden, wenn man das vorrangige Ziel - Wald- und
Boden(-funktions)erhaltung/schutz - im Auge hat. Verlust letzterer
könnte ohnehin wesentlich gravierendere Folgen u.a. auch für das Grundwasser (Säure-, Schwermetall-, Aluminium-Eintrag; durch Humus-Disinte-
gration ihrerseits Nitrataustrag) haben (ULRICH/MATZNER 1983). Zur Ver-
meidung zu hoher Humus- und Stickstoffverluste kann die Einhaltung
neuerer Düngungsrichtlinien (HÜSER 1983/GUSSONE 1984) beitragen. (Unser
Simulationslauf geht von einer solchen 'milden' Kalkung aus!).

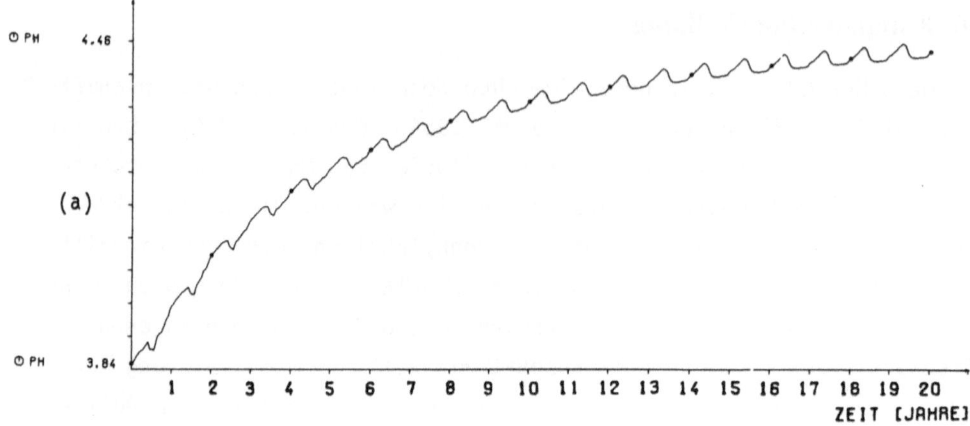

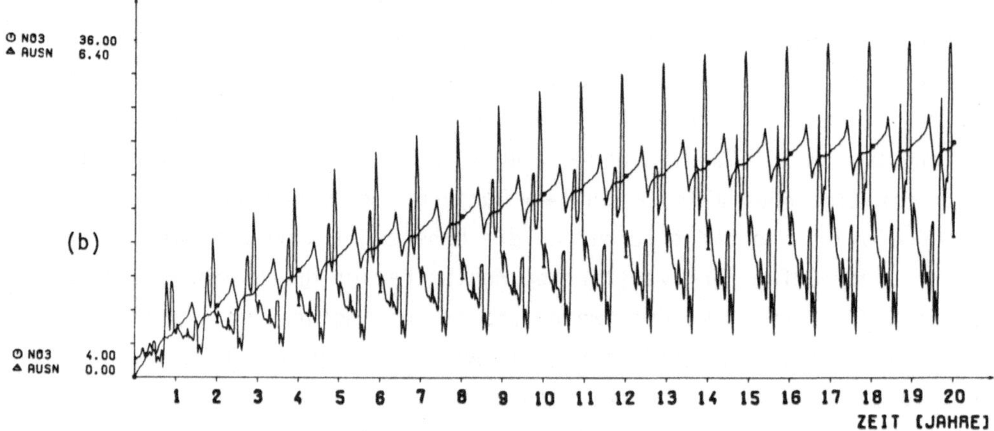

Abb. 11.6: Zeitliche Entwicklung des pH-Wertes PH (a), von Nitratvorrat NO3 und Nitratauswaschung AUSN (b) bei fortdauernder
Säureabpufferung durch Kalkung. Der pH-Wert stabilisiert
sich allmählich auf einem höheren als dem Ausgangswert.

11.7 Revitalisierungsdüngung

Einige Untersuchungen (ALDINGER 1983/KENK u.a. 1983/KENK u.a. 1984)
zeigen, daß die Kompensationskalkung nur bedingt den Gesundheitszustand von Fichten beeinflussen kann. Dies ist auch einsichtig, da ja
die Belastung der Assimilationsorgane weiter anhält. Zumindest ist
jedoch eine positive Auswirkung auf den Zuwachs nachgewiesen
(MATERNA 1962/KENK u.a. 1983/KENK u.a. 1984). Andere Autoren erwarten
durch gezielte Düngung (Nadelspiegelanalyse!) sogar beachtenswerte
Erfolge bei schon sichtbarer Schädigung (REHFUESS 1983/ZECH 1983/ZECH/
POPP 1983). Abb. 11.7 zeigt die wesentlichen Ergebnisse eines Simula-
tionslaufs, in dem nach akuter Bodenversauerung kurz vor irreparabler
Schädigung des Bestandes die weitere Säurezufuhr gestoppt wurde. Die
Assimilationsleistung des Bestandes nimmt wieder zu, eine allgemeine
Revitalisierung stellt sich ein (Beachte: Keine Blattbelastung durch
Luftschadstoffe!).

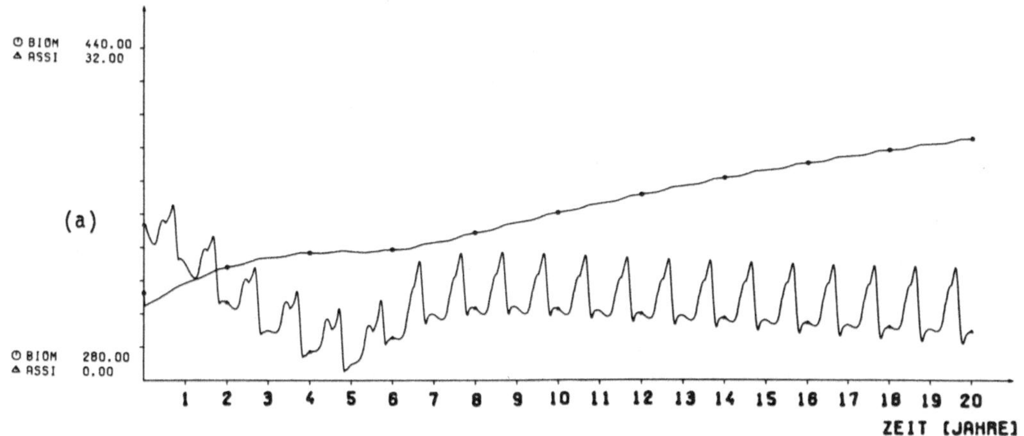

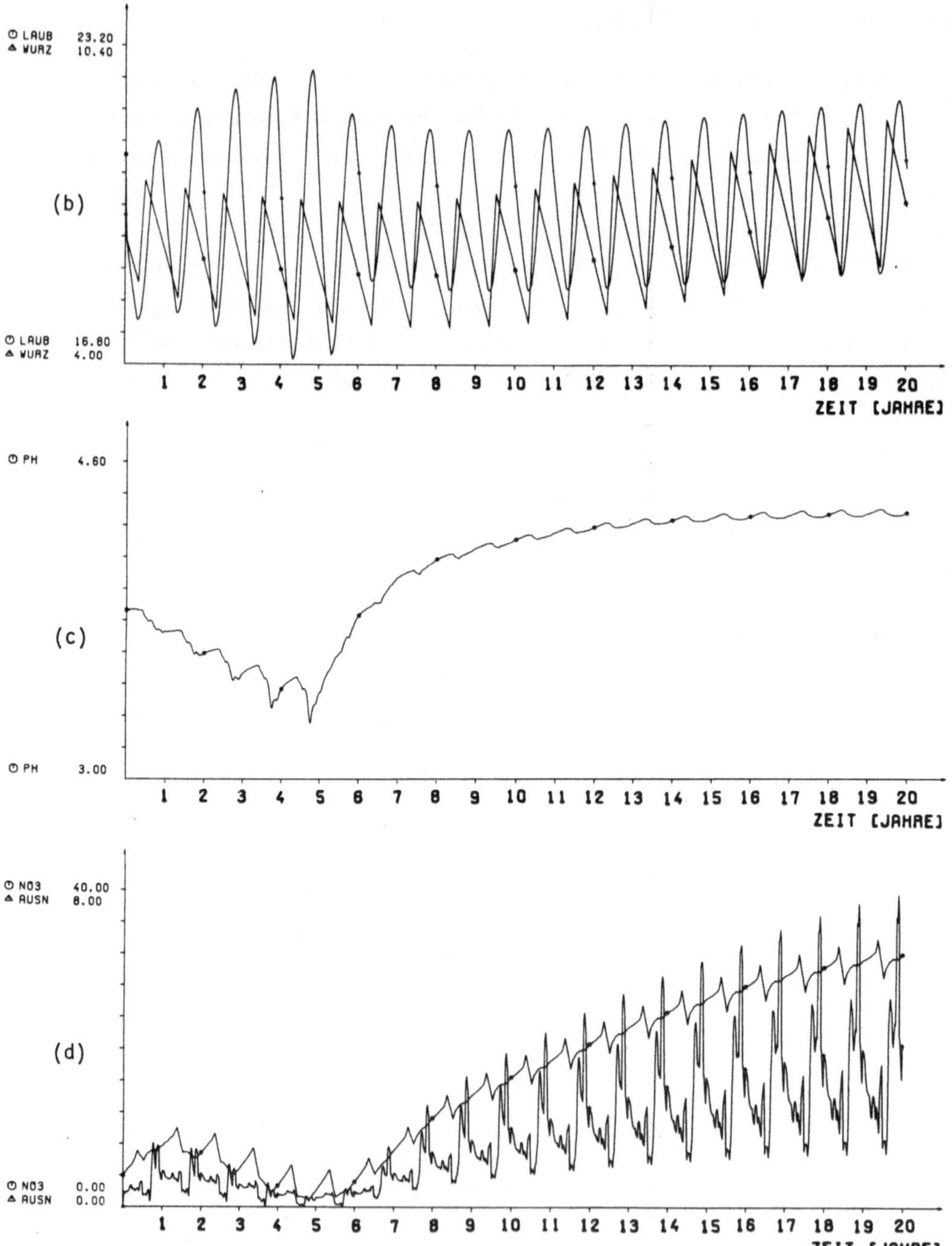

Abb. 11.7: Zeitliche Entwicklung von Holzmasse BIOM, Assimilaten ASSI (a), Laubmenge LAUB, Feinwurzelmenge WURZ (b), des pH-Wertes PH (c), Nitratvorrat NO3 und Stickstoffauswaschung AUSN (d). Ohne rechtzeitiges Abstoppen der Säurezufuhr durch Kalkung würde der Bestand zusammenbrechen (vgl. Abb. 11.4).

11.8 Emissionsminderung

In diesem Simulationslauf (s. Abb. 11.8) wurde davon ausgegangen, daß
kurz vor dem Zusammenbrechen des Bestandes durch drastische Emissionsminderung (hier vereinfacht als 'Null'-Immission gesetzt) die weitere
Schädigung der Nadeln aufhört. Ähnlich der Revitalisierungsdüngung ergibt sich eine Erholung des Bestandes.

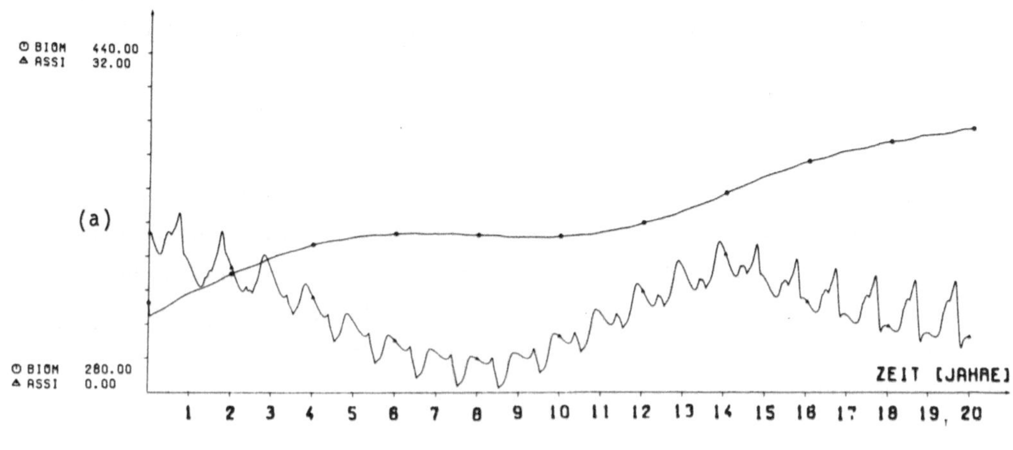

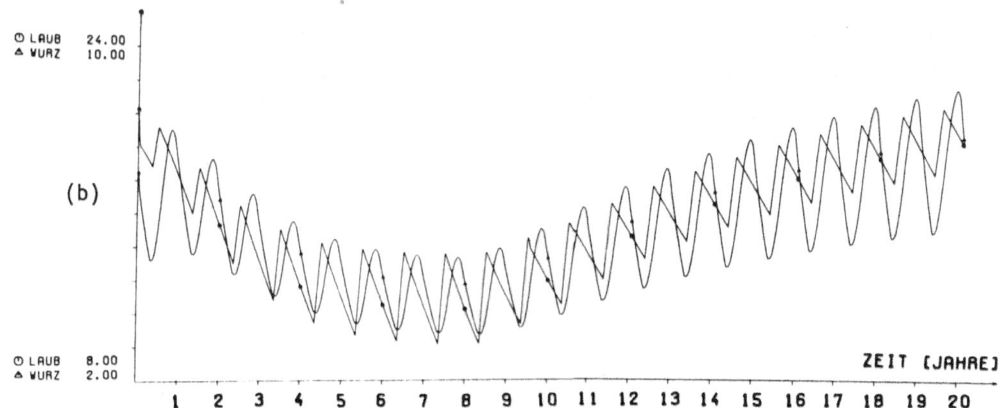

Abb. 11.8: Zeitliche Entwicklung von Holzmasse BIOM, Assimilaten ASSI (a),
Laubmenge LAUB und Feinwurzelmenge WURZ (b) bei drastischer
Verminderung der Blattbelastung einige Zeit vor dem sonst un-
vermeidlichen Zusammenbruch (vgl. Abb. 11.3). Der Bestand
bleibt erhalten; es ergibt sich wieder ein Holzzuwachs.

12 Zusammenfassung der wichtigsten Ergebnisse, Wertung, Ausblick

12.1 Überblick

In den vorstehenden Kapiteln haben wir über die Entstehung unseres Projektes zur Simulation der Dynamik des Waldsterbens, über die Ausgangssituation, über verwandte Forschungsprojekte, über die verwendete systemanalytische Methode, über den Gesamtansatz, über die Modellierung und Simulation der Teilmodelle und schließlich über die Verkopplung der Teilmodelle und die Simulationsergebnisse mit dem verkoppelten Gesamtmodell berichtet.

In diesem abschließenden Kapitel sollen nun noch einmal die aus unserer Sicht zentralen Forschungsergebnisse des Projekts zusammengetragen und im Zusammenhang gewertet werden. Die Gültigkeit und Anwendbarkeit der Simulationsmodelle und der Simulationsergebnisse soll abgegrenzt werden. Aus der Arbeit haben sich viele Ansatzpunkte für weiterführende Arbeiten ergeben, die ebenfalls erwähnt werden sollen.

12.2 Die wichtigsten Ergebnisse zum Verhalten von Bäumen unter chronischer Schadstoffbelastung

Die im folgenden aufgeführten zentralen Ergebnisse sind Resultate unserer systemanalytischen Untersuchung, die also am Simulationsmodell des realen 'Systems Wald', nicht am realen System selbst ermittelt wurden. Streng genommen gelten die folgenden Sätze also nur für das Simulationsmodell. Wir sind allerdings aufgrund unserer Arbeiten und Simulationserfahrungen mit den Modellen der Meinung, die Dynamik des Waldsterbens gültig erfaßt und simuliert zu haben, sodaß die Aussagen sich tatsächlich auch auf das reale System beziehen. Aus diesem Grunde ersparen wir uns die jeweilige Wiederholung des Hinweises auf den Gültigkeitsbereich der Aussage.

Nach unseren Erfahrungen aus der Simulationsarbeit mit den verschiedenen Modellteilen und gekoppelten Modellen sind die folgenden Ergebnisse 'robust', da sie in erster Linie strukturbedingt sind und in ihrer qualitativen Aussage in breiten Grenzen nicht von der quantitativen Spezifizierung von Parameterwerten abhängen.

1. **Chronische Schadstoffbelastungen über den Blattpfad oder den Wurzelpfad führen zur qualitativ gleichen Beeinträchtigung der Funktionen eines Baumes.**

Wie die vereinfachte Darstellung des 'Systems Baum' in Abb. 5.3 bereits zeigt, greifen Schadstoffbelastungen über das Laub und solche über die Feinwurzeln in die gleichen Rückkopplungskreise des Baumes ein. Von der direkten Schädigung an Blatt oder Wurzeln abgesehen, beeinträchtigen sie also in funktionell gleicher Weise die die Entwicklung des Baumes bestimmenden Prozesse. Es ist also berechtigt, von einer 'System'- oder 'Komplex'erkrankung zu sprechen (u.a. SCHÜTT 1984).

2. **Relativ konstante, aber chronische Schadstoffbelastungen können zu plötzlichem Zusammenbruch des Baums führen.**

Wir betrachten dieses Ergebnis als die wichtigste Aussage unserer Untersuchung. Sie hat sich in vier sehr unterschiedlichen Modellansätzen und ihren Simulationsergebnissen erhärtet (einfaches Baummodell mit relativen Größen: BOSSEL 1985; Nadelbaum mit endogen veränderter Zahl von Nadeljahrgängen: BOSSEL/KRETSCHMER/SCHÄFER 1984; System 'Baum' s. Kap. 6; gekoppeltes System mit Baum, Mineralisierung, Bodenwasser und Bodenchemie, s. Kap. 10 und 11). Der Zusammenbruch erfolgt u.U. erst nach Jahrzehnten chronischer Belastung.

Dieses Ergebnis widerspricht völlig der Alltagserfahrung "Kleine Ursachen – kleine Wirkungen". Beim Wald scheint zu gelten: "Kleine Ursachen – lange Zeit keine sichtbare Wirkung – dann plötzlicher Zusammenbruch".

3. **Der Baum erscheint noch lebensfähig, auch wenn der Zusammenbruch bereits intern begonnen hat und nicht mehr aufzuhalten ist**

Bei den Simulationen zeigt sich eine drastische Veränderung des äußeren Erscheinungsbildes des Baums (Belaubung) erst wenige Monate vor dem endgültigen Zusammenbruch. Der Baum sieht also bis fast zuletzt trotz geringerer Belaubung noch lebensfähig aus. Intern deutet sich dagegen ein bevorstehender Zusammenbruch schon früher vor allem durch die Abnahme der verfügbaren Assimilatmenge an.

4. Es gibt unterkritische und überkritische chronische Schadstoffbelastungen. Eine unterkritische Belastung kann vom Baum (beim Fehlen zusätzlicher Streßfaktoren) ohne Zusammenbruch ertragen werden; eine überkritische Belastung führt dagegen unweigerlich zum Zusammenbruch, u.U. erst nach mehreren Jahrzehnten.

Mit dieser wichtigen Erkenntnis aus den Simulationen bestätigt sich die zunächst verwirrende Beobachtung, daß der Wald trotz jahrzehntelanger etwa gleichhoher Luftbelastung 'gesund' erscheinen kann, daß er aber dann plötzlich zusammenbrechen kann, obwohl sich doch 'kaum' etwas geändert hat. Dieses Ergebnis bedeutet, daß sich Waldökosysteme auf Dauer erhalten lassen, wenn die Schadstoffbelastungen unter den kritischen Schwellenwerten bleiben. Es bedeutet aber auch, daß Wälder unrettbar zusammenbrechen, wenn die jeweiligen kritischen Schwellenwerte der Blatt- und/oder Wurzelbelastungen überschritten werden.

5. Bei gleichzeitiger Belastung durch mehrere Schadstoffe ergibt sich kritische Schädigung und Zusammenbruch bereits bei jeweils niedrigeren Belastungswerten: die kritischen Schwellenwerte sind dann niedriger.

Dies bedeutet, daß sich keine 'sicheren' Schwellenwerte für einen Schadstoff unabhängig von anderen Belastungen angeben lassen. Mit jedem hinzukommenden Schadstoff verschiebt sich die zulässige Belastung durch andere Schadstoffe zu niedrigeren Belastungswerten (Synergismus).

6. Die Erholung und Rettung eines überkritisch belasteten Waldes ist nur möglich, wenn die Schadstoffbelastungen rechtzeitig und erheblich unter die kritischen Schwellenwerte reduziert werden.

7. Eine Erholung und Rettung ist nicht mehr möglich, wenn der Baum bereits äußerlich als stark geschädigt erkennbar ist (hoher Laubverlust).

Die Simulationsergebnisse zeigen eindeutig, daß auch ein vollständiger Fortfall der Schadstoffbelastung beim Auftreten der ersten äußeren Anzeichen starken Verfalls den Zusammenbruch nicht mehr verhindern kann. Dagegen ist auch bei anfänglicher überkritischer Belastung eine Rettung noch möglich, wenn die Schadstoffbelastung noch vor dem Auftreten starker Verfallssymptome erheblich verringert wird.

8. Die kritische Schwelle der Belastung durch einen oder mehrere Schadstoffe über den Blattpfad und/oder den Bodenpfad ist dann überschritten, wenn zur Austriebszeit keine ausreichenden Assimilatreserven zur
   Verfügung gestellt werden können.

Die Simulationsergebnisse zeigen, daß sich Bäume bei <u>unter</u>kritischer Belastung dem verminderten Stoffumsatz durch Verringerung von Laub- und Wurzelmasse soweit anpassen können, daß sie auch weiterhin trotz verringerter
Assimilatproduktion und evtl. erhöhtem Wurzelersatz-Bedarf funktionsfähig
bleiben. Wird allerdings die Assimilatproduktion soweit reduziert, daß
die notwendige Erneuerung von Laub- und Wurzelmasse nicht mehr gewährleistet ist (<u>über</u>kritische Belastung), so kommt es zum sich beschleunigendem
Verfall und schließlich zum Zusammenbruch.Dieses Ergebnis gibt den Hin-
weis, daß u.U. der Gefährdungszustand durch Messungen der Assimilatproduktion (ersatzweise des Zuwachses) überwacht werden kann.

12.3 Die wichtigsten Ergebnisse zur Gültigkeit der Modelle und Simulationsergebnisse

Im folgenden fassen wir diejenigen Arbeitsergebnisse zusammen, die für die
Beurteilung der Gültigkeit der Modelle hinsichtlich der vier Aspekte:
Strukturgültigkeit, Verhaltensgültigkeit, empirische Gültigkeit und Anwen-
dungsgültigkeit relevant sind.

<u>Strukturgültigkeit:</u>

1. Die in den Modellteilen verwendeten Grundstrukturen entsprechen aner-
   kanntem Wissen.

Bei der Modellerstellung wurde überwiegend bestehendes, kaum umstrittenes
Lehrbuchwissen verwendet und mit von anderen Autoren veröffentlichten
Daten quantifiziert. An wenigen Stellen wurden Hypothesen benutzt. Die
von uns verwendeten Strukturbeziehungen finden sich auch in den einschlä-
gigen wissenschaftlichen Darstellungen der Teilaspekte wieder. Es wurden
bei der Modelldarstellung weder gewisse Einzelaspekte überbetont noch
andere signifikante Aspekte fortgelassen. Die Struktur ist auch kaum
bestimmt durch von uns eingeführte Hypothesen.

<u>Verhaltensgültigkeit:</u>

2. Die Verhaltensaussagen sind robust.

Die qualitativen Verhaltensaussagen der Teilmodelle sind offensichtlich in
erster Linie durch die Modellstruktur und nicht durch die Quantitäten einzelner Parameter bestimmt. Die verschiedenen Verhaltensmodi (Normalwachstum, Entwicklung bei unterkritischer Belastung, Zusammenbruch bei überkritischer Belastung) ergeben sich auch bei unterschiedlicher Komplexität der
Modelle und bei Veränderung von Schlüsselparametern innerhalb der zulässigen Bandbreiten.

**3. Bei fehlender Belastung reproduzieren die Modelle das normale Baum-
wachstum und die normalen Mineralisierungsvorgänge.**

Die entsprechenden Teilmodelle und das Gesamtmodell zeigen für die unbelastete Entwicklung des Baums Ergebnisse für die verschiedenen Systemgrößen,
die mit der beobachtbaren Entwicklung übereinstimmen.

**4. Beim Gesamtmodell stellt sich entsprechend dem chronischen H-Ionenein-
trag ein stabiler pH-Wert im Boden ein.**

Dieses Ergebnis entspricht den natürlichen Bedingungen des Zusammenspiels
zwischen Eintrag, Baumwachstum, Mineralisierung, Bodenwasser und Bodenchemie bei ausreichender Pufferkapazität des Bodens.

5. Das Gesamtmodell reproduziert die jahreszeitliche Entwicklung richtig.

Die vom jahreszeitlichen Gang von Luft- und Bodentemperatur, Niederschlag,
Lichtangebot und Tageslänge abhängigen Prozesse des Wachstums von Laub und
Feinwurzeln, der Assimilatbildung und des Laubabwurfs, sowie der Minerali-
sierung, der Stickstoffaufnahme und der Bodenwasserhaltung werden in ihrer
Dynamik durch die Simulationsergebnisse richtig wiedergegeben.

**6. Bei unterkritischer Belastung ergibt sich ein eingeschränktes oder
stagnierendes Wachstum ohne Zusammenbruch.**

Dieser Verhaltensmodus entspricht der Beobachtung: bis zu einer gewissen Grenze können Wälder eine langjährige chronische Belastung zwar mit Wachstumseinbußen, aber ohne Baumsterben überstehen.

7. Der Zusammenbruch bei überkritischer Belastung erfolgt plötzlich; die berechnete Entwicklung der Systemgrößen entspricht qualitativ der beobachteten.

Der Zusammenbruch wird zwar längerfristig durch ein Verschwinden der Assimilatüberschüsse vorbereitet; der sehr starke äußere Verfall bis zum Absterben vollzieht sich aber innerhalb weniger Monate. Dies entspricht den Beobachtungen.

<u>Empirische Gültigkeit:</u>

8. Die berechneten Zahlenwerte für die verschiedenen Systemgrößen bei Normalentwicklung entsprechen den empirischen Werten.

Die quantitativen Ergebnisse für wichtige Systemgrößen wie Biomasse, Zuwachs, Assimilatproduktion, Laub- und Feinwurzelmenge, Stickstoffmineralisierung und -Aufnahme, pH-Wert, Bodenfeuchte, Abwurf- und Neubildungsraten usw. liegen etwa in der Mitte der Bandbreite der empirischen Ergebnisse für vergleichbare Standortbedingungen. Die exakte Wiedergabe empirischer Ergebnisse kann von dem gegenwärtigen Modell nicht erwartet werden, da es weder Detailbeschreibungen enthält, die sich auf genaue standortspezifische Verhältnisse zuschneiden ließen, noch vollständige Datensätze existieren, die Messungen für alle im Modell enthaltenen Größen enthalten.

9. Größere Unsicherheiten bestehen bei der Quantifizierung der Schadensfunktionen, doch hat dies auf die qualitative Aussage keinen Einfluß.

Für die genaue Quantifizierung der Schädigungen an Laub und Wurzeln durch die verschiedenen Belastungsfaktoren liegen heute nur relativ unsichere Angaben vor; der qualitative Verlauf ist dagegen mit einiger Sicherheit bekannt. Änderungen der von uns verwendeten Zahlenwerte bei den Schadensfunktionen würden lediglich die quantitativen Angaben etwa der kritischen Belastungswerte verändern; sie hätten aber auf die von uns ermittelten Verhaltensmodi der Belastungsdynamik keinen Einfluß.

<u>Anwendungsgültigkeit:</u>

10. Teilmodelle und Gesamtmodell erfüllen die gestellte Aufgabe, den dynamischen Prozeß des Baumsterbens zu beschreiben.

Ziel unserer Untersuchung war es, "den offensichtlich dynamischen Prozeß des Baumsterbens im dynamischen Modell darzustellen und damit der Computersimulation zu öffnen" (Abschn. 5.3). Diese Zielsetzung können wir als erfüllt betrachten, u.a. auch deshalb, weil vier Modellformulierungen sehr verschiedener Komplexität (29 Systemgrößen beim einfachsten Modell, 170 beim Gesamtmodell) die gleichen Verhaltensmodi für Normalwachstum, unterkritische und überkritische Belastung zeigen.

11. Die Simulationsläufe ergeben entscheidungsrelevante Hinweise.

Die Erkenntnis, daß das Waldsterben nur zu verhindern ist, wenn die Belastungen über den Blatt- und den Bodenpfad sofort weit unter die kritischen Werte abgesenkt werden, dürfte ebenso von Bedeutung sein wie das Simulationsergebnis, daß Hilfsmaßnahmen wie die Kalkung die Zusammenbruchsdynamik vorübergehend verzögern können. Für längerfristige Betrachtungen ist von Bedeutung, daß Wälder mit einem gewissen Maß an (unterkritischer) u.U. Belastung auf Dauer existieren können.

12. Die Modelle können (in dieser Form) nicht für lokale Untersuchungen oder exakte Prognosen verwendet werden.

Dies entspricht nicht dem Untersuchungszweck und dem Komplexitätsgrad der Modelle. Für Untersuchungen dieser Art ist eine detailliertere Darstellung erforderlich, die mit lokalen Daten quantifiziert werden kann (s. folgender Abschnitt).

12.4 Ansatzpunkte für weiterführende Arbeiten und offene Fragen

Unsere Arbeit hatte in vielerlei Hinsicht explorativen Charakter. Wir glauben, für das Verständnis des Waldsterbens einige wichtige Beiträge geleistet zu haben, aber wir sind uns auch bewußt, daß unsere Untersuchungen an vielen Stellen vertieft und erweitert werden müssen, um an Nützlichkeit zu gewinnen. Im folgenden führen wir diejenigen Forschungsansätze auf, die uns besonders bedeutsame Erkenntnisgewinne zu versprechen scheinen.

1. Analyse des Stabilitätsverhaltens des 'Systems Baum'.

Wie bereits angedeutet, zeigt sich die von uns gefundene typische unterkritische/überkritische Verhaltensdynamik bereits in einfachen Modellformulierungen des Systems 'Baum'. Wir hatten bisher nicht die Möglichkeit, eine gründliche mathematische Analyse dieser Dynamik durchzuführen. Diese Arbeit ist geplant. Das Problem wird sowohl als Stabilitätsanalyse wie auch simulativ-experimentell angegangen werden, um das Globalverhalten des Systems 'Baum' in Abhängigkeit von den Schadensparametern über den gesamten relevanten Verhaltensbereich zu ermitteln.

2. Modellformulierung für Mikrocomputer.

Obwohl das Gesamtmodell aus etwa 170 'Blöcken' (=Systemgrößen) mit rund 330 Verbindungen besteht, kann es vom Umfang her noch leicht von heutigen Mikrocomputern bearbeitet werden. Die Formulierung für den Mikrocomputer hat den Vorteil, daß damit das Modell für einen weit größeren Kreis von Wissenschaftlern verfügbar gemacht werden kann als bisher. Das mit 57 Systemgrößen (davon 14 Zustandsgrößen) recht komplexe Vorläufermodell des Systems 'Baum' (BOSSEL/ KRETSCHMER/SCHÄFER 1984) war bereits mit dem auf BASIC basierenden Simulationsverfahren DYSYS (BOSSEL 1985) auf Mikrocomputern entwickelt worden. Es ist geplant, das hier vorgestellte Gesamtmodell mit DYSYS für Mikrocomputer verfügbar zu machen (die entsprechenden Simulationsanweisungen können zum größten Teil direkt diesem Bericht entnommen werden).

3. Artenspezifische Quantifizierung des Modells.

Wir haben in der hier vorgelegten Untersuchung die Daten für einen 'mittleren' Fichtenwald und einen 'mittleren' Fichtenwaldboden verwendet. Zwar erwarten wir keine grundsätzlich anderen Ergebnisse für andere Nadelbäume mit mehrjähriger Benadelung, doch könnten sich bei der Untersuchung von Laubbäumen (mit ihrer Belaubung nur während der Vegetationsperiode) mit einem vergleichbaren Modell interessante Unterschiede ergeben. Wir halten daher Simulationsuntersuchungen mit anderen baumartenspezifischen Datensätzen für wichtig.

4. Aufgliederung in weitere Kompartimente.

Um die säurebedingte Auswaschung von Basen aus dem Boden und den Nadeln einzubeziehen, müßte das Modell auf die Kreisläufe für Calcium, Magnesium und Kalium erweitert werden. Da die Auswaschung aus den Nadeln zwar zu einer Abpufferung im Kronenraum (durch 'Leaching' und Ionenaustausch, s. CRONAN & REINERS 1983), gleichzeitig jedoch zu einer zusätzlichen Versauerung im Wurzelraum führt (Protonentransfer; ULRICH & MATZNER 1983), müßte der B-Horizont in einen wurzelnahen und einen nicht durchwurzelten Bodenkörper aufgeteilt werden. Damit kann der niedrigere pH-Wert der Rhizosphäre (gegenüber dem wurzelfernen Boden) infolge der notwendigerweise verstärkten Aufnahme basischer Kationen simuliert werden. Auch die Ausweitung des Bodenchemiemodells auf den Eisenpufferbereich (pH kleiner 3.0) ist zu erwägen.

Mit den hier vorgeschlagenen Erweiterungen und Ergänzungen ist zu erwarten, daß die Modellsimulation zuverlässigere Folgenabschätzungen von forstlichen und umweltpolitischen Maßnahmen zur Rettung des Waldes und von Langzeitwirkungen des Schadstoffeintrags auf Bewuchs und Böden gestatten wird.

13 Literaturverzeichnis

Institutionen als Herausgeber sind in Klammern gefaßt und erscheinen am Anfang der Literaturliste. Umlaute konnten nicht verwendet werden, so daß gegebenenfalls auch Eigennamen leicht modifiziert in der Literaturliste erscheinen.

(AFZ) (1984)
Allgemeine Forst Zeitschrift -
Themenheft: Waldsterben weltweit.
39. Jg. Heft 48.

(BMI) (1984)
Deutscher Bundestag/10. Wahlperiode.
Dritter Immissionsschutzbericht
der Bundesregierung.
Drucksache 10/1354.

(BML) (1984)
Bundesministerium fuer Ernaehrung,
Landwirtschaft und Forsten (Hrsg.)
Waldschadenserhebung 1984.
Presseinformation, Bonn, Oktober 84.

(EPRI) (1983)
Electric Power Research Inst. (ed)
The integrated lake-watershed acidi-
fication study. Vol. 1., Lafayette.

(HMLFN) (1984)
Hess. Min. Landwirtschaft, Forsten
und Naturschutz (Hrsg.)
Waldschadenserhebung 1984.
(III-B3-411-S35,Wiesbaden).

(IAGM) (1982)
Interdisz. Arbeitsgruppe Mathemati-
sierung (Hrsg.)
Dynamik von Waldoekosystemen.
Berichte der IAGM - Sonderheft 1,
Kassel, Oktober 1982.

(MaB) (1983a)
Deut. Nationalkomit ee MaB (Hrsg.)
Ziele, Fragestellungen und Methoden
Oekosystemforschung Berchtesgaden.
MaB-Mitteilungen Nr. 16, Bonn.

(MaB) (1983b)
Deut. Nationalkomitee MaB (Hrsg.)
Szenarien und Auswertungsbeispiele
fuer das Testgebiet Jenner. ...
Mab-Mitteilungen Nr. 17, Bonn.

(SR-U) (1983)
Sachverstaendigenrat fuer Umwelt-
fragen: Waldschaeden und Luftverunreinigungen - Sondergutachten.
Bonn.

Arbeitskreis Chemische Industrie,
Koeln/ Katalyse Umweltgruppe (1984)
Das Waldsterben - Ursachen, Folgen,
Gegenmassnahmen.
(2.Aufl.) Koeln.

Aber, J.D./ et al (1982)
Potential effects of acid precipitation on soil nitrogen and productivity of forest ecosystems.
In: D'Itri (1982).

Abrahamsen, G. (1984)
Ecological effects of air pollutants
in Europe. (Air pollution - a threat
to Swedish forestry)
Paper IVA-Symp., Stockholm.

Aldinger, E. (1983)
Gesundheitszustand von Nadelholz-
bestaenden auf geduengten und un-
gedeungten Standorten ...
In: AFZ, 31, S.794-796.

Alexander, M. (1961)
Introduction to soil microbiology.
New York/London

Alexander, M. (1980)
Effects of acid precipitation on bio-
chemical activities in soil.
In: Drablos&Tollan (eds).

Amberger, A. (1979)
Pflanzenernaehrung. Stuttgart.

Arndt, U./ Lindner, G. (1981)
Zur Problematik phytotoxischer Ozon-
konzentrationen im sueddeutschen Raum.
In: Staub-Reinh.Luft, 41(9), S.349-352.

Aylward, G.H./ Findlay, T.J.V. (1975)
Datensammlung Chemie in SI-Einheiten.
(Taschentext Nr. 27)
Weinheim.

Baath, E./ et al (1980)
Effects of experimental acidification
and liming on soil organisms and decomposition in a Scots pine forest.
In: Pedobiologia, 20, S.85-100.

Baath, E./ et al (1981)
Impact of microbial-feeding animals on
total soil activity and nitrogen dynamics: a soil microcosm experiment.
In: OIKOS, 37, S.257-264.

Beck, T. (1968)
Mikrobiologie des Bodens.
Muenchen/Basel/Wien.

Beck, T. (1979)
Die Nitritikation in Boeden.
(Sammelreferat).
In: Z.Pflanzenernaehr.Bodenk.,142,
S.344-364.

Beek, J./ Frissel, M.J. (1973)
Simulation of nitrogen behavior
in soils.
Wageningen: PUDOC.

Bergmann, W. (ed) (1983)
Ernaehrungsstoerungen bei Kultur-
pflanzen. Jena.

Birch, H.F. (1958)
The effect of soil drying on humus
decomposition and nitrogen availability.
In: Plant and soil, 10, S.9-31.

Bolt, G.H./ Bruggenwert, M.G.(eds)(1976)
Soil chemistry. A)Basic elements.
(Developm. in soil science, Vol 5A)
Amsterdam.

Bosatta, E. (1983)
An alternative approach to calculating
chemical equilibrium in soil reactions.
In: Ecol. Model., 20, S.165-173.

Bossel, H. (1981)
Dynamische Simulation mit dem Modell-
erstellungssystem ´ASS´.
In: Albertin, L./Mueller, N. (eds)
Umfassende Modellierung regionaler
Systeme, Koeln.

Bossel, H. (1985)
Umweltdynamik - 30 Programme zur
kybernetischen Umwelterfahrung auf
jedem BASIC-Rechner.
Muenchen.

Bossel, H./ Kretschmer/ Schaefer (1984)
Computersimulation des Baumsterbens.
In: Breitenecker, F./ Kleinert, W. (eds)
Simulationstechnik - 2. Symp. Wien.
(Inf. Fachber. 85), S.570-574.

Braun, G. (1984)
Die Ursachen des Waldsterbens
- Ein Indizienbeweis mit Schlussfol-
gerungen .
In: Holz-Zentralbl.,110(56),S.865-877.

Bruemmer, G./ Herms, K. (1983)
Influence of soil reaction and organic
matter on the solubility of heavy
metals in soils.
In: Ulrich&Pankrath (1983), S.233-243.

Bucher, J.B. (1975)
Zur Phytotoxizitaet der nitrosen Gase
- Eine Literaturuebersicht.
In: Schweiz.Z.Forstw., 126, S.373-391.

Buecking, W. (1972)
Zur Stickstoffversorgung von sued-
westdeutschen Waldgesellschaften.
In: Flora, 161, S.383-400.

Butler, J.N. (1964)
Ionic equilibrium. A mathematical model.
Reading (Mass.).

Campbell, C.A./ et al (1971)
Influence of simulated fall and spring
conditions on the soil system.
II. Effects on soil nitrogen.
In: Soil Sci.Soc.Am.Proc., 35, S.480-483.

Chang, W.C. (1975)
Flurides.
In: Mudd&Kozlowski (1975), S.57-96.

Chapin, F.S./ Kendrowski, R.A. (1983)
Seasonal changes in nitrogen and
phosphorus fractions and autumn re-
translocation ...
In: Ecology, 64(2), S.376-391.

Christen, H.R. (1974)
Chemie.
Aarau (9. Aufl.).

Clark, F.E./ Rosswall, T. (eds) (1981)
Terrestrial Nitrogen Cycles.
(= Ecol. Bulletin 33) Stockholm.

Cole, D.W./ Rapp, M. (1981)
Elemental cycling in forest eco-
systems.
In: Reichle (ed) (1981).

Cronan, C.S./ Reiners, W.A. (1983)
Canopy processing of acidic precipita-
tion by coniferous and hardwood forests ..
In: Oecologia, 59, S.216-223.

D´Itri, F.M. (1982)
Acid precipitation - Effects on
ecological systems.
Ann Arbor Sci.

Dierschke, H. (ed) (1976)
Vegetation und Substrat.
Vaduz.

Drablos, D./ Tollan, A. (1980)
Ecological impact of acid
precipitation.
Proc.Intern.Conf., Sandefjord.

Eidmann, F.E./ Schwenke, H.J. (1967)
Beitraege zur Stoffproduktion, Transpiration und Wurzelatmung einiger wichtiger Baumarten.
In: Forstw.Forsch., 23.

Evers, F.H. (1963)
Die Wirkung von Ammonium- und
Nitratstickstoff auf das Wachstum
von Picea und Populus. III.
In: Z.f.Bot., 51, S.91-111.

Evers, F.H./Moosmayer, H.-U.(1980)
Zusammenhaenge zwischen Standortsein-
heiten, Naehrstoffverhaeltnissen des
Bodens und Wachstum von Fichtenbe-
staenden...
In: Forstw. Cbl., 99, S.137-146.

Faehser, L. (1984)
Stoerungen in Oekosystemen.
In: AFZ, 39(6), S.109-110.

Fagerstroem, T./ Lohm, U. (1977)
Growth in Scots Pine - Mechanism
of Response to Nitrogen.
In: Oecologia, 26, S.305-315.

Fiedler, H.J./ Nebe/ Hoffmann (1973)
Forstliche Pflanzenernaehrung und
Duengung. Jena.

Folkeson, 1./ Kvillner, E. (1983)
Influence of Copper and Zinc poll.
on Forest Vegetation.
Lund/Schweden: (Diss.)

Foy, C.D./ et al (1978)
The physiology of metal toxicity in
plants.
In: Ann.Rev.Plant Physiol., 29,
S.511-566.

Francis, A.J. (1982)
Effects of acidic precipitation and
acidity on soil microbial processes.
In: Water Air Soil Poll.,18, S.375-394.

Freedman, B./ Hutchinson, T.C. (1980)
Long-term effects of smelter pollution
at Sudbury, Ontario on forest community
composition.
In: Can.J.Bot., 58, S.2123-2140.

Freedman, B./ Hutchinson, T.C. (1980)
Smelter pollution ... and effects on
forest litter decomposition.
In: Hutchinson&Havas (1980).

Freer-Smith, P.H. (1984)
The influence of gaseous SO2 and NO2
and their mixtures on the growth and
physiology of conifers.
Manuskr. Univ. Lancaster.

Glavac, V./ Koenies, H. (1978)
Mineralstickstoff-Gehalte und N-Netto-
mineralisation im Boden eines Fichten-
forstes und seines Kahlschlages ...
In: Oecol.Plant., 13, S.207-218.

Glavac, V./ Koenies, H. (1978)
Vergleiche der N-Nettomineralisierung
in einem Sauerhumus-Buchenwald ...und
einem benachbarten Fichtenforst ...
In: Oecol. Plant., 13, S.219-226.

Glavac, V./ Koenies, H. (1985)
Kleinraeumige Konfiguration wichtiger
bodenchemischer Messgroessen in dem
vom Stammablaufwasser beeeinflussten
Bodenbereich alter Buchen.
In: Verh.Ges.Oekol., Bd.14, -im Druck-.

Godbold, D.L. (1984)
The uptake and toxicity of heavy metals
in Picea abies ... seedlings.
In: Ber.Forschungsz.Waldoekosysteme/
Waldsterben Bd.4, S.197-212, Goettingen.

Goettsche, D. (1972)
Verteilung von Feinwurzeln und Mykor-
rhizen im Bodenprofil eines Buchen-
und Fichtenbestandes...
In: Mitt.Bundesforschungsanstalt fuer
Forst- und Holzwirtschaft, Bd. 88.

Guderian, R. (1977)
Air pollution.
Berlin/Heidelberg/New York.

Gussone, H.A. (1984)
Empfehlungen zur Kompensationsduengung.
In: Forst-u. Holzwirt, 39, S.154-160.

Halbwachs, G. (1984)
Organical responses of higher plants to
atmospheric pollutants.
In: Treshow (ed) (1984).

Harris, W.F. (1981)
Root dynamics.
In: Reichle (ed)(1981), S.318-339.

Heath, R.L. (1975)
Ozon.
In: Mudd&Kozlowski (1975), S.23-56.

Hoffmann, M.R. (1984)
(versch. Diskussionsbeitraege).
In: Envir.Sci.Technol., 18, S.61-64.

Howell, F.G./ et al (eds) (1975)
Mineral cycling in southeastern eco-
systems.
ERDA Symp. Series (CONF-740513)

Hudetz, W. (1980)
ASS-Kurzanleitung.
PROCOS Computersysteme.

Hueser, R. (1983)
Forstduengung mit Blickrichtung auf
die Immissionsbelastungen.
In: AFZ, 38, S.1089-1092.

Huettermann, A. (1983)
Immissionsschaeden im Bereich der
Wurzeln von Waldbaeumen.
In: LOELF-Mitt. (erw. Sonderheft).

Hutchinson, T.C./ Havas, M. (1980)
Effects of acid precipitation on
terrestrial ecosystems.
NATO Conf.Ser. 1: Ecology Vol.4.
New York/London.

Huttunen, S. (1978)
The effects of air pollution on pro-
venances of scots pine and norway
spruce in northern finland.
In: Silva Fenn., 12, S.1-16.

Huttunen, S. (1984)
Interaction of disease and other
stress factors.
In: Treshow (1984),S.321-356.

Jochheim, H. (1985a)
Einfluss des Stammablaufwassers auf
den Pflanzenbewuchs und die Kationen-
zusammensetzungen im Oberboden...
In: Verh.Ges.Oekol., Bd. 14, -im Druck-.

Jochheim, H. (1985b)
Der Einfluss des Stammablaufwassers
auf die chemischen Bodeneigenschaften
und die Vegetationsdecke in Altbuchen-
bestaenden verschiedener Waldgesellschaften. Diss. GHKassel - in Vorb. -

Josserand, A./ Bardin, R. (1981)
Nitrification en sol acide.
I. Mise en evidence de germes autotrophes
nitrifiants ... dans un sol forestier ...
In: Rev.Ecol.Biol.Sol., 18, S.435-445.

Junga, U. (1984)
Sterilkultur als Modellsystem zur Untersuchung des Mechanismus der Al-Toxicitaet
In: Ber. Forschz. Waldoekosysteme/Wald-
sterben, Bd.5, S.1-174, Goettingen.

Keller, T. (1975)
Zur Phytotoxizitaet von Flourimmissionen
auf Holzarten.
In: Mitt.Eid.Amt.forstl.Vers., 51,
S.301-331.

Keller, T. (1981)
Folgen einer winterlichen SO2 Be-
lastung fuer die Fichte.
In: Gartenbauw., 46, S.170-178.

Keller, T. (1982)
Zum Nachweis einer Umweltbelastung
durch Luftverunreinigungen.
In: Schweiz.Z.Forstw., 133, S.873-884.

Kenk, G./Evers/Unfried/Schroeter
(1983)
Duengung als Therapie gegen Immis-
sionswirkungen in Tannen-Fichten-
Bestaenden.
In: Allg.Forst- und Jagdz.,154,
S.153-170.

Kenk, G./ Unfried/ Evers (1984)
Duengung zur Minderung der neuartigen
Waldschaeden - Auswertungen eines alten
Duengungsversuches zu Fichte ...
In: Forstw.Cbl., 103(3/4), S.307-320.

Kennel, E. (1984)
Ergebnisse der Waldschadenserhebung
1983 in Bayern.
In: AFZ, 39, S.350-351.

Kinjo, T./ Pratt, P.F. (1971)
Nitrate adsorption.
I. In some acid soils of Mexico ...
In: Soil Sci.Soc.Am.Proc.,35,S.725-732.

Koenies, H. (1985)
Ueber die Eigenart der Mikrostandorte
im Fussbereich der Altbuchen unter
besonderer Beruecksichtigung der
Schwermetallgehalte ...
In: Ber.Forschungsz.Waldoekosysteme/
Waldsterben,Bd.9, Goettingen.

Kononva, M.M. (1966)
Soil organic matter.
(2. Aufl.) Oxford.

Kreutzer, K./ Hueser, R. (1978)
Wie wirkt sich die Waldbewirtschaftung
auf die Wasserspende und die Wasserquali-
taet aus?
In: Forstw.Cbl., 97,S.80-92.

Kuntze, H./ Niemann/ Roeschmann (1981)
Bodenkunde. Stuttgart.

Larcher, W. (1980)
Oekologie der Pflanzen
auf physiologischer Grundlage.
Stuttgart.

Last, F.T. (1982)
Effects of atmospheric sulfur compounds
on natural and man-made terrestrial and
aquatic eco-systems.
In: Agriculture and Env., 7, S.299-387.

Lepp, N.W. (1981)
Effect of heavy metal pollution on
plants. Vol 1 u. 2.
London/New Jersey.

Lichtenthaler, H.K. (1984)
Luftschadstoffe als Ausloeser des
Baumsterbens.
In: Naturw.Rundschau, 37, S.271-277.

Lichtenthaler, H.K./ Buschmann, C. (1984)
Beziehungen zwischen Photosynthese
und Baumsterben.
In: AFZ, 39(1/2), S.12-16.

Lindsay, Willard L. (1979)
Chemical Equilibria in soils.
New York.

Malek, J. (1981)
Problematik der Oekologie der Tanne
(Abies alba Mill.) und ihres Ster-
bens in der CSSR.
In: Forstw. Cbl., 100, S.170-174.

Malhotra, S.S./ Khan, A.A. (1984)
Biochemical and physiological impact
of major pollutants.
In: Treshow (ed) (1984),S.113-157.

Manion, P.D. (1981)
Tree disease concepts.
Englewood Cliffs.

Materna, J. (1962)
Auswertung von Duengungsversuchen
in rauchgeschaedigten Fichtenbe-
staenden. In: Wiss. Z. der Techn.
Univers. Dresden, 11(3), S.589-593.

Materna, J. (1983)
Beziehungen zwischen der SO2 Konzentra-
tion und der Reaktion der Fichenbestaende.
In: Aquilo Ser.Bot., 19, S.147-156.

Mayer, R. (1984)
Veraenderung von Bodeneigenschaften
durch Luftverunreinigungen.
In: Z.Kulturt.Flurber., 25, S.214-226.

McClaugherty, C.A./ Aber, J.D. (1982)
The role of fine roots in the organic
matter and nitrogen budgets of two
forested ecosystems.
In: Ecology, 63(5), S.1481-1490.

McGill, W.B./ et al (1981)
Phoenix - a model of the dynamics of
carbon and nitrogen in grassland soil.
In: Clark&Rosswall 1981.

Mengel, K./ Steffens, D. (1982)
Beziehung zwischen Kationen/Anionen-
Aufnahme von Rotklee und Protonenab-
scheidung der Wurzeln.
In: Z.Pflanzenernaehr.Bodenk.,145,
S.229-236.

Meyer, F.H. (1984)
Baumsterben in Landschaft und
Stadt.
In: Landsch.u. Stadt, 16,S.9-18.

262

Mitscherlich, G. (1971)
Wald, Wachstum und Umwelt.
Band 1: Form und Wachstum ...
Frankfurt.

Moore, W.J./ Hummel, D.O. (1976)
Physikalische Chemie.
Berlin (2. Aufl.).

Moosmayer, H.U./Schoepfer/
Koenig (1984)
Ergebnisse der Waldschadenserhebung
1983 in Baden-Wuerttemberg.
In: AFZ, 39, S.345-349.

Moravec, J. (1976)
Die Austauschionengarnitur als oekolo-
gisches Charakteristikum des Substrats.
In: Dierschke (1976), S.269-287.

Mortimer, C.E. (1980)
Chemie. Das Basiswissen der Chemie in
Schwerpunkten.
Stuttgart (3. Aufl.).

Mudd, J.B. (1975)
Sulfur dioxide.
In: Mudd&Kozlowski (eds) (1975), S.9-22.

Mudd, J.B./Kozlowski, T.T.(eds)(1975)
Responses of plants to air pollution.
New York, u.a.

Nyborg, M,/ Hoyt, P.B. (1978)
Effects of soil acidity and liming
on mineralization of soil nitrogen.
In: Can.J.Soil Sci., 58, S.331-338.

Omrod, D.P. (1984)
Impact of trace element pollution
om plants.
In: Treshow(1984), S.291-319.

Osius, G./ Timm, J. (1981)
Math. Modellierung natuerlicher
Systeme u. ihrer Stoerungen.
In: Angew. Botanik, 55, S.139-147.

Parnas, H. (1974)
Model for Decomposition of org.
Materials by Microorganisms.
In: Soil Biol. Biochem. 7, S.161-169.

Pearson, R.W./ Adams, F. (ed) (1967)
Soil acidity and liming.
Madison.

Penning de Vries, F.W.T./Rapp, M.(1981)
Simulation of nitrogen distribution and
its effect on productivity ...
In: Howell et al (1975).

Persson, H. (1980)
Spatial distribution of fine-root growth,
mortality and decomposition in a young
Scots pine stand in Central Schweden.
In: OIKOS, 34, S.77-87.

Persson, T. (ed) (1980)
Structure and function of northern
coniferous forests - an ecosystem study.
(=Ecological Bull. 32) 'Arloev.

Peschke, H. (1978)
Ueber Modellansaetze der Stickstoff-
mineralisation im Boden im Jahreslauf.
In: Wiss. Z. Humboldt-Universitaet,
(Math.-Nat. Reihe), 27, S.571-577.

Plass, W. (1983)
Zum Waldsterben in Westdeutschland.
Molybdaen-Mangel bei Sulfat- und zeit-
weisem Nitrat-Ueberangebot.
- Eine Hypothese -
In:Geo-oeko-dynamik,IV(1/2),S.19-38.

Ploeg, B.U. van der/ Prenzel, J. (1978)
Math. Modellierung der Funktionen des
Bodens im Stoffhaushalt von Oekosyst.
In: Z.Pflanzenernaehr.Bodenk.,142,
S.259-274

Prenzel, J. (1982)
Bodenchemische Gleichgewichtsmodelle
Berechnungsmethoden und Anwendungen.
In: Mitt.Dtsche Bodenk.Gesell.

Prenzel, J. (1982)
Ein bodenchemisches Gleichgewichts-
modell mit Kationenaustausch und
Aluminiumhydroxosulfat.
In: Goett.Bodenk.Ber. 72, S.1-113.

Prinz, B./ et al (1982)
Waldschaeden in der Bundesrepublik
Deutschland.
LIS-Bericht Nr. 28, Essen.

Rao, P.S.C./ et al (1982)
Simulation of nitrogen in agro-
ecosystems: Criteria for model
selection and use.
In: Plant and Soil, 67, S.35-43.

Rehfuess, K.E. (1981)
Waldboeden.
Hamburg/Berlin.

Rehfuess, K.E. (1983)
Ernaehrungsstoerungen als Ursache von
Walderkrankungen?
In: Kali-Briefe, 16, S.549-563.

Reichle, D.E. (ed) (1981)
Dynamic properties of forest eco-
systems.
(Intern.Biol.Programme 23).
Cambridge/London/...

Reinert, R.A./ Heagle/ Heck (1975)
Plant responses to pollutant com-
binations.
In: Mudd&Kozlowski (1975), S.159-178.

Reisch, W. (1983)
Bioelementverteilung in Fichtenoeko-
systemen der Baerhalde (Suedschwarzw.).
In: Freib.Bodenk.Abh., Heft 11.

Reuss, J.O. (1980)
Simulation of soil nutrient losses
resulting from rainfall acidity.
In: Ecol. Model., 11, S.15-38.

Roehrig, E. (1966)
Die Wurzelentwicklung der Waldbaeume
in Abhaengigkeit von den oekologischen
Verhaeltnissen. In: Forstarchiv, 31(10),
S.217-229, 31(11), S.237-249.

Rost-Siebert, K. (1983)
Aluminium-Toxizitaet und -Toleranz
an Keimpflanzen von Fichte (Picea
abies karst.) und Buche (Fagus ...)
In: AFZ, 38, S.686-689.

Ruhr-Stickst.-AG (1983)
Faustzahlen fuer Landwirtschaft
und Gartenbau. Muenster-Hiltrup.

Runeckles, V,C. (1984)
Impact of air pollutant combin-
ations on plants.
In: Treshow (1984).

Runge, M. (1970)
Untersuchungen zur Bestimmung der
Mineralstickstoff-Nachlieferung am
Standort.
In: Flora (Abt.B.), 159, S.233-257.

Runge, M. (1983)
Physiology and ecology of nitrogen
nutrition. In: Lange, O.L./ et al (eds)
Physiological plant ecology Bd. III.
S.163-189. Berlin/Heidelb./New York.

Runge, M. (1984)
Bedeutung und Wirkung von Aluminium
als Standortfaktor.
In: Duesseld.Geobot.Koll., 1, S.3-10.

Russel, J.C./ et al (1925)
The temperature and moisture in
nitrate production.
In: Soil Sc., XIX(5), S.381-398.

Schaefer, H. (1985)
Streuabbauverzöegerung durch Akkumula-
tion von Schadstoffen in Buchenwaeldern.
In: Verh.Ges.Oekol. (Stuttgart-Hohenheim)
Bd. 14. -im Druck-

Scheffer, F./ Schachtschabel, P. (1982)
Lehrbuch der Bodenkunde.
(11. Aufl.) Stuttgart.

Schlatter, J.E. (1974)
Veraenderungen in den Parametern des
Naehrstoffhaushaltes eines Fichtenbe-
standes.
In: Goett.Bodenk.Ber., 31, S.91-230.

Scholz, F. (1984)
Wirken Luftverunreinigungen auf die
genetische Struktur von Waldbaum-
populationen?
In: Forstarchiv, 55(2),S.43-45.

Schroeder, H./ Tietjen, C. (1970)
Statistische Betrachtungen zur Frage
der Abhaengigkeit der Nitrifikation von
Bodentemperatur und Bodenfeuchtigkeit.
In: Agric. Meteorol., 9, S.77-91.

Schuett, P. (1984)
Der Wald stirbt an Stress.
Muenchen.

Shriner, D.S./ Cowling, E.B. (1980)
Effects of rainfall acidification on
plant pathogenes.
In: Hutchinson&Havas (1980),S.435-442.

Shriner, S. (1983)
Interactions of gaseous pollutant
and acid rain effects.
(Acid rain prog. review meeting,
Raleigh - CONF-830216-4).

Simon, K.-H. (1983)
ASS Benutzer-Anleitung.
Kassel.

Smidt, S. (1978)
Die Wirkung von photochemischen
Oxidantien auf Waldbaeume.
In: Z.Pflanzenkrankh.Pflanzenschutz,
85, S.689-702.

Smith, O.L. (1979)
An analytical model of the decom-
positon of soil organic matter.
in: Soil Biol. Biochem. 11,S.585-606.

Smith, W.H. (1981)
Air pollution and forests.
New York/Heidelberg/Berlin.

Sollins, P./ et al (1981)
Analysis of forest growth and
water balance using complex ecosystems models.
In: Reichle (ed) (1981).

Stanford, G./ et al (1975)
Effect of fluctuating temperatures
on soil nitrogen mineralisation.
In: Soil science, 119, S.222-226.

Strand, L. (1980)
The effects of acid precipitation on
tree growth.
In: Drablos&Tollan (eds) (1980)

Taylor, C.O. (1975)
Oxides of nitrogen.
In: Mudd&Kozlowski (1975), S.122-140.

Taylor, C.O. (1984)
Organismal responses of higher
plants to atmospheric pollutants.
In: Treshow (1984), S.215-238.

Teuchert, E./ Teuchert, I. (1983)
Moeglichkeiten der Anreicherung von
Schwefelsaeure in Baumkronen.
In: Forstw.Cbl., 102, S.181-186.

Thompson, L.M./ Troeh, F.R. (1978)
Soils and soil fertility.
New York.

Treshow, M. (ed) (1984)
Air pollution and plant life.
New York.

Trudgill, S.T. (1977)
Soil and vegetation systems.
Oxford.

Tyler, G. (1984)
The impact of heavy metal pollution
on forests: a case study ...
In: Ambio, 13, S.18-24.

Uhlein, E. (1974)
Roempps chemisches Woerterbuch,
Bd. 1,2,3. Muenchen.

Ulrich, B. (1961)
Boden und Pflanze.
Ihre Wechselbeziehungen in physika-
lisch-chemischer Betrachtung.
Stuttgart.

Ulrich, B. (1980)
Die Waelder in Mitteleuropa: Messergebn.
ihrer Umweltbelastung, Theorie ihrer Ge-
faehrdung, Prognose ihrer Entwicklung.
In: AFZ ,44, S.1198-1202.

Ulrich, B. (1981)
Oekologische Gruppierung der Boeden
nach ihrem chemischen Bodenzustand.
In: Z.Pflanzenern.Bodenk.,144,
S.289-305.

Ulrich, B. (1981)
Stoffhaushalt von Waldoekosystemen
II. Bioelement-Haushalt.
Vorlesungsskript (3.Aufl.) Goettingen.

Ulrich, B. (1981)
Theoretische Betrachtung des Ionen-
kreislaufs in Waldoekosystemen.
In: Z.Pflanzenern.Bodenk.,144,
S.647-659.

Ulrich, B. (1981)
Zur Stabilitaet von Waldoeko-
systemen.
In: Forstarchiv, 52, S.165-168.

Ulrich, B. (1982)
Gefahren fuer das Waldoekosystem
durch Saure Niederschlaege.
In: LOELF-Mitteilungen-Sonderheft.
S. 9-25.

Ulrich, B. (1983)
Interaction of forest canopies with
atmospheric constituents: So2,
alcali and earth alcali cations ...
In: Ulrich&Pankrath (1983), S.33-45.

Ulrich, B./ Matzner, E. (1983)
Oekosystemare Wirkungsketten beim
Wald- und Baumsterben.
In: Forst u.Holzwirt, 38(18), S.468-474.

Ulrich, B./ Matzner, E. (1983)
Abiotische Folgewirkungen der weit-
raeumigen Ausbreitung von Luftverunreinigungen.
UBA-Forschvorh. 10402615.

Ulrich, B./ Mayer/ Khanna (1979)
Die Deposition von Luftverunreinigungen
und ihre Auswirkungen in Waldoekosystemen im Solling. In: Schriften forstl.
Fak.d.Univ.Goettingen ...,58, S.1-291.

Ulrich, B./ Pankrath, J. (1983)
Effects of accumulation of air
pollutants in forest ecosystems.
Dordrecht.

Ulrich, B./ et al (1979)
Fracht an chemischen Elementen in den
Niederschlaegen im Solling.
In: Z.Pflanzenernaehr.Bodenk.,142,
S.601-615.

Ulrich, B./ et al (1984)
Untersuchungsverfahren und Kriterien
zur Bewertung der Versauerung und
ihrer Folgen in Waldboeden.
In: Forst-u. Holzwirt, 39, S.278-286.

Ulrich, B./ et al (1984)
Beziehungen zwischen Bodenversauerung
und Wurzelentwicklung von Fichten mit
unterschiedl. starken Schadsymptomen.
In: Forstarchiv, 55, S.127-134.

VDI-Kommission (1983)
VDI-Kommission zur Reinhaltung der
Luft (Hrsg.): Saeurehaltige Nieder-
schlaege - Entstehung und Wirkungen ...
Duesseldorf.

Wentzel, K.F. (1978)
Immissionsgrenzen fuer den Wald.
In: Schweiz.Z.Forstwesen, 129,
S.368-380.

Wentzel, K.F. (1982)
Ursachen des Waldsterbens in Mittel-
europa.
In: AFZ, 45, S.1365-1368.

Wille, F. (1976)
Analysis. Stuttgart.

Zech, W. (1983)
Kann Magnesium immissionsge-
schaedigte Tannen retten?
In: AFZ, (9/10), S.237.

Zech, W./ Popp, E. (1983)
Magnesiummangel, einer der Gruende
fuer das Fichten- und Tannensterben
in NO-Bayern.
In: Forstw.Cbl., 102, S.50-55.

Ziegler, I. (1975)
The effect of SO2 pollution on
plant metabolism.
In: Residue Rev., 56, S.79-105.

Zoettl, H. (1960a)
Dynamik der Stickstoffmineralisation
im organischen Waldbodenmaterial.
III. Ph-Wert und Mineralstoffnachlief.
In: Plant and Soil, 13, S.207 ff.

Zoettl, H. (1960b)
Methodische Untersuchungen zur Bestim-
mung der Mineralstoffnachlieferung des
Waldbodens.
In: Forstw. Cbl., 79, S.72-90.

Zoettl, H.W. (1983)
Wirkung von Luftschadstoffen auf
Waldoekosysteme.
In: AFZ, 38(50), S.1360.

Zoettl, H.W./ Mies, E. (1983)
Die Fichtenerkrankungen in Hochlagen
des Suedschwarzwaldes.
In: Allg.Forst- und Jagdz.,97,S.80-92.

Nachtrag

(LOELF) (1984)
Landesanstalt fuer Oekologie, Land-
schaftsentwicklung und Forstplanung
Nordrhein-Westfalen (Hrsg.)
LOELF-Mitt., 9, Heft 4.

Droste zu Huelshoff, B. von (1970)
Struktur, Biomasse und Zuwachs eines
aelteren Fichtenbestandes.
In: Forstw. Cbl., 89, S.162-171.

Koziol, M.J./ Whatley, F.R. (1984)
Gaseous air pollutants and plant
metabolism. London.